旅游地学原理

辛建荣　著

中国地质大学出版社

图书在版编目(CIP)数据

旅游地学原理/辛建荣著.—武汉:中国地质大学出版社,2006.9
(2020.8重印)
ISBN 978-7-5625-2113-6

Ⅰ.旅…
Ⅱ.辛
Ⅲ.旅游地学-高等学校-教材
Ⅳ.F591.99

中国版本图书馆CIP数据核字(2006)第078334号

旅游地学原理	辛建荣　著
责任编辑:王文生	责任校对:戴　莹
出版发行:中国地质大学出版社(武汉市洪山区鲁磨路388号)	邮政编码:430074
电话:(027)87482760　　传真:87481537	E-mail:cbb@cug.edu.cn
经　销:全国新华书店	http://www.cugp.cn
开本:787毫米×960毫米　1/16	字数:380千字　印张:21
版次:2006年9月第1版	印次:2020年8月第5次印刷
印刷:荆州市鸿盛印务有限公司	印数:5501—6500册
ISBN 978-7-5625-2113-6	定价:39.80元

如有印装质量问题请与印刷厂联系调换

旅游与地学联姻，

开拓地学研究新领域。

殷鸿福

2006.6.6

（殷鸿福：中国科学院院士、中国地质大学（武汉）原校长、我国著名地质古生物学家）

序　言

为了适应市场经济和旅游业发展的需要，地球科学冲出传统的学科理论与实际应用研究，探求新的研究方向和学科领域，开拓新的地学资源利用途径，这就是地学旅游资源的开发和旅游在地学领域的研究。

旅游地学是伴随着世界和中国旅游业的发展而产生的。中国的地学工作者对祖国的旅游资源特别是自然旅游资源有着极为深厚的感情，他们踏遍祖国的东西南北，走遍祖国的原野湿地、高山丘陵、戈壁沙漠、平川草原、江河湖海，他们熟悉祖国的山山水水、一草一木，热爱祖国的每一块土地。他们知道地球资源的分布规律，洞悉它们的生活习性和生存条件与环境，明白应该如何开发利用和保护，也就知晓该如何进行规划和管理。同时，地学工作者们也为旅游资源的破坏所困扰，对于盲目的开发、肆意的破坏和非科学的规划而痛心疾首。一种强烈的使命感和责任心促使他们为人与自然的和谐，为地球资源的可持续发展而行动起来，开始利用科学发展观和地学的理论探讨与旅游产业关系密切的地学问题。

地学工作者最大的思维理念是以地球作为研究对象，高瞻远瞩，高屋建瓴。地球是我们人类共同的家园，是人类共同的生存环境，因此就需要人类来加倍关爱和保护她。

旅游作为一种社会现象，在中国与世界已经存在几千年的历史，但是作为现代人的一种必不可少的生活方式，作为一种产业，在中国只是近三十年的事情，在世界旅游发展史上也是自二战以来兴起的一项产业。不同的学者在限定旅游概念时，具有不同的理解，有些学者认为旅游是一种经济现象，有人认为旅游是一项休闲产业，也有人把它作为一种文化行为，等等，不一而足。但是旅游作为一种特殊的生活方式，已经成为人类生活不可缺少的重要活动内容。尤其是随着人类社会的进步和经济的发展，旅游日益成为人们进行休闲娱乐、健身康体、陶冶情操、调节生活、社会交往、了解世界的重要组成部分。尤其是在世界经济一体化、国际化的今天，旅游更加显得非常重要。

然而，不容我们疏忽的一点，就是一切旅游活动都离不开我们人类生存的地球。旅游要正确、科学地发展，就必须以地球科学为基础，引入多种学科的理论，共同探讨旅游产业的发展。旅游与地学联姻，构成一门崭新的学科体系，这就是旅游地学。旅游地学利用地学的理论和方法，同时吸收其他学科的理论和现代科学的新视点、新思维，为旅游资源和旅游区的调查、评价、开发、规划、管理和保护等研究应用提供最新的科学服务，由此促进旅游业的发展。

诚然，旅游地学作为一门新兴的学科，不是一时的权宜之计，而是一项复杂的系统工程，这就需要一些地球科学工作者去潜心研究和探索。辛建荣同志在这方面付出了自己艰辛的劳动，作出了不懈的努力，认真而系统的研究地球科学与旅游的相互关系和基本规律，研究人类活动对地球的依赖，研究人类活动空间性和由此产生的人类文化的地域性，从中领略人与自然的关系，探寻天、地、生、人的和谐发展和可持续发展的内在联系。

旅游地学诞生至今，已经走过了 20 年的历程，在地学工作者和旅游工作者的共同努力下，已处于发展的大好时期。但是，与其他学科相比较依然是非常年轻的学科，还有许多问题需要探讨、钻研，需要从理论体系和研究方法上进一步深化和日臻完善，由此得到科学的发展。

在《旅游地学原理》出版之际，我衷心祝愿辛建荣同志在这方面有新的突破和进展，为旅游地学研究作出新的贡献。

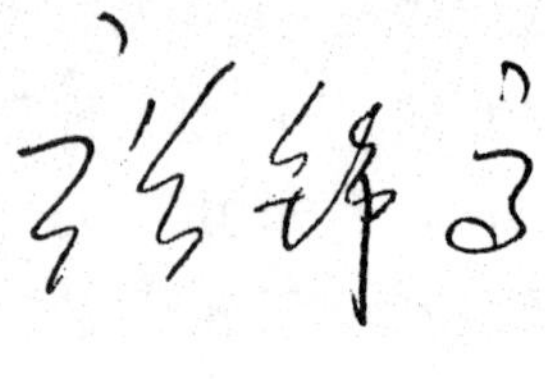

2006. 6. 8

前 言

旅游地学自创立（1985 年首次提出旅游地学术语）至今，经过了 21 年的沧桑岁月，正处于发展的时期——还需要在以后的研究中不断深化、不断提高、不断完善。

我们总是感到有一种满足——那就是和地学结缘。我们不断了解、不断认识我们人类的母亲——地球，从中领悟到人类和地球那种密不可分的关系。

我们总是感到有一种快乐——那就是和旅游结缘，我们走出斗室，放飞于大自然，游历于人类社会，从中感悟古往今来人生的生活真谛。

我们总是感到有一种责任——那就是把地学和旅游联姻，更加透彻地理解地球科学的内涵，更加深刻地认识旅游给人类带来的启迪，旅游带给人们的哲理思考。旅游与地学结合，把我们带到更广阔的世界，让我们科学地开发旅游资源，清醒地把握旅游业的发展，明智地保护我们人类生存的环境（地球）。

今天的人们，需要认识自己生存的环境——地球；今天的人们，把旅游作为人类生活的一种需求，一种现代人的生活方式。人生活在地球上，所有的一切活动、一切行为都和地球有着密不可分的关系。所以，研究地球和旅游，研究旅游地学，很自然地成为一项责无旁贷的任务。

中国 138 处国家级地质公园的建立，中国 12 处世界地质公园申报成功，地质灾害的重视和研究，自然旅游环境保护，中国百余处国家级自然保护区的确立，中国湿地保护区的划定，生态旅游的深化，人类富贵象征的产物——宝玉石的地质背景研究，旅游地形象的设计，旅游地空间结构的科学划分等，这些都明显地体现出旅游地学的最新进展特征。

毕竟，旅游地学从一株稚嫩的幼苗，经历了20多个春夏秋冬的磨砺，在与日月同行的过程中，汲取自然之精华，茁壮成长。旅游地学在一代、两代和多代旅游地学工作者的细心浇灌、精心培育、热心研究、诚心呵护下，到今天已经成长为一棵大树，进而必将要成为参天大树。所以，有必要对旅游地学作一番回顾、作一番总结。

本书的编写过程中，有些章节得到同事和我的研究生的帮助和支持。如：第十三章部分内容得到舒勤荣教授的指导，第十四章由弟子杨杨代笔，第十五章由弟子武晓荣代笔，在此一并说明和致谢。

辛建荣

2006. 6. 1

目　录

第一章

旅游地学概念体系、发展与研究任务

一、旅游地学概念体系

（一）旅游地学概念

旅游地学涉及到旅游和地学两个方面、两大领域。其一是与旅游相关的学科；其二是与地学相关的学科。由于旅游学科综合性强，暂时不去细分，而地学所特指的分支主要有：地质学、地理学、生物学（动物学、植物学）、大气学（气候气象学）、园林学、环境学等，主要支柱是地质学和地理学。

随着旅游活动的发展和深入，旅游地学中所涉及的地学问题，也会进一步深化。所以在给旅游地学下定义时，不同的时期有不同的定义。

关于旅游地学的提出，1985 年春天，在中国地质学会科普委员会的倡导下，召开了一次《旅游地学》学术研讨会，与会的地质、地理、园林、环境、生物和旅游界的学者共聚一堂，相互交流与旅游学结合和服务于旅游业的研究成果，且经商讨，达成共识，决定成立一个各学科相互关连、超越各分支科学的学术团体，以便有利于研究和探索旅游业所涉及的各种地学问题，在此基础上，提出了“旅游地学”这一全新的学科术语。

在这次会议上，为旅游地学下了一个定义：“旅游地学是以地球科学的理论、方法为基础，结合其他科学知识，用以发现、评价、规划、开发、利用及保护具有旅游价值的自然景观和与人类活动有关的古遗迹、遗址，探讨其成因、演变历史，为发展旅游事业服务的一门综合性边缘学科。”这是旅游地学的第一个定义。

也就是说：旅游地学是研究各种自然特征、自然景观和部分人文景观（早期古人类及其活动的遗迹、遗址为主）的起因、沿革、类型、分布规律及其意义的新型学科。其目的：组织规划、开发利用旅游资源，开辟旅游区，从而满足人们参观、游览和科学研究的需求。自然特征与自然景观主要是指：地质、地理以及大气圈、水圈、生物圈、岩石圈等有联系的自然资源。

从研究自然旅游资源的角度来看，旅游地学的研究涉及到与旅游资源成因关系密切的内容，主要研究：各种地质现象、各类地貌特征、植被的发育与覆盖、动物的繁衍、生存与演化、气候气象的变化等。

十多年来，随着研究工作的深入和研究领域的不断扩大，随着世界旅游业的发展变化，面对新形势、新问题，旅游地学的研究从理论到实践、方法都有了新的突破，得到了新的发展。

（二）旅游地学相关体系

旅游地学相关体系主要包括以下几方面的学科：旅游学、地理学、地质学和其他相关学科。其他相关学科涉及到生物学、天文学、大气学（气候气象学）、环境学、建筑学、堪舆学等。关于旅游学、地理学和地质学的各专业学科组成的体系见表 1－1。

二、旅游地学发展和未来的艰巨任务

旅游地学的发展可以分为两个阶段：孕育萌芽时期（20 世纪 70 年代末至 80 年代中期）和成长发展时期（20 世纪 80 年代中期开始到现在）。

（一）孕育萌芽时期

20 世纪 30 年代，国外有人开始注意这方面的研究，即旅游地理研究。地理学家进入近代旅游业研究领域。

20 世纪 70 年代末至 80 年代初，旅游地学在中国产生。

旅游地学（Tourism Earthscience）术语由中国学者 1985 年提出，最早的定义被写进“中国旅游地学研究会章程”第二条中。定义为：“旅游地学是运用地学的理论和方法，为旅游资源调查、研究、规划、开发、改造与保护工作服务的一门新兴的边缘学科。”国外至今尚无“旅游地学”术语及其完整的概念。旅游地学作为一门完整的学科是我国学者首创，或者说是首先使用了这一术语。

表 1-1　旅游地学体系（格架）关系表

<table>
<tr><td rowspan="5">旅游地学</td><td colspan="2">旅游学</td><td>旅游市场学
旅游资源学
旅游经济学
旅游管理学
旅游美学（旅游审美原理）
旅游心理学
旅游开发与规划</td><td rowspan="2">旅游地理学</td><td rowspan="3">旅游地质学</td></tr>
<tr><td rowspan="2">地学</td><td>地理学</td><td>自然地理学
经济地理学
人文地理学
现代地理学
历史地理学</td></tr>
<tr><td>地质学</td><td colspan="2">地层学
古生物学
古气候学
岩石学
矿物学
地貌学
构造地质学
水文地质学
工程地质学
岩相古地理学
矿床学
宝玉石学</td></tr>
<tr><td rowspan="2">其他相关学科</td><td>生物学</td><td colspan="2">植物学
动物学</td><td rowspan="2"></td></tr>
<tr><td></td><td colspan="2">生态学
气象学
气候学
天文学
建筑学
堪舆学（风水）
环境学</td></tr>
</table>

20 世纪 80 年代后期，旅游地学在中国地学界得到认可并得到大发展。自 1986 年，每年召开一次年会暨学术研讨会，至 2005 年，已经召开二十届（表 1-2）。从研究的内容来看，每一届年会都有新的研究内容和新的突破。每年针对一个专题，并结合一个地区进行现场考察和学术交流，提出指导性建议。

表 1-2 中国旅游地学研究会历届年会一览表

届次	年月	地点	会 议 主 题	备注
1	1985.4	北京	建立旅游地学研究会组织	
2	1986.12	湖北，武汉	旅游地学编图	
3	1987.10	浙江，天目山	旅游地学基本理论研究	
4	1988.10	陕西，西安	旅游地学旅游资源评价原则	
5	1990.12	云南，弥勒	层状硅铝质岩石景观资源分类及评价	
6	1991.9	山西，运城	人文旅游资源地学研究	
7	1992.12	广西，柳州	岩溶地区旅游资源开发战略	
8	1993.10	天津，蓟县	中国地学（地质）旅游事业发展战略	
9	1994.10	四川，成都	中国西部旅游资源开发战略	
10	1995.10	浙江，千岛湖	旅游水资源分类及评价	
11	1996.9	辽宁，本溪水洞	东北地区旅游资源开发战略	
12	1997.10	安徽，天柱山	山岳景观资源	
13	1998.10	山东，烟台	海洋景观资源	
14	1999.7	吉林，延吉	火山地质景观资源	
15	2000.5	江苏，镇江	旅游地学回顾与展望	
16	2001.11	福建，漳州	国家地质公园	
17	2002.8	河南，焦作	嶂石岩地貌	
18	2003.9	广西，贺州	国家地质公园建设，喀斯特地貌	
19	2004.11	广东，韶关	年会暨韶关市旅游发展战略研讨会	
20	2005.6	北京，房山区十渡	中国地质学会旅游地学与地质公园研究分会成立大会暨第20届旅游地学与国家地质公园学术年会	

注：资料主要参考了陈安泽（2002），旅游地学回顾与21世纪展望（旅游地学的理论与实践，中国林业出版社）。

旅游地学是从社会需求中发展起来的，因此社会实践是它的源泉。旅游地学工作的主要任务是旅游资源调查、评价和旅游规划、风景区规划的编制。1985年国家计委编制的国土整治规划的旅游资源开发区域就是由中国旅游地学研究会承担的。

（二）成长发展期

从1985年到现在，是旅游地学的成长发展期。这个时期全国各地相继成立了省级旅游地学研究会，成立省级旅游地学研究会的省、市、自治区主要有：四川、湖北、新疆、福建、浙江、陕西、江西、安徽、上海、山东、湖南、河南、江苏、西藏、广西、吉林和内蒙古等。

（三）主要研究工作和承担的任务

各学会会员在各自所在的省、市、自治区承担了大量旅游资源调查工作和区域旅游规划工作。据调查，全国大多数重要的旅游资源调查和省市级、地市级和县市级旅游规划，几乎都有旅游地学专家参与，而且在大多数情况下，他们是这些地区旅游规划的负责人或者是主要参加者。主要成果有：在旅游地学专家主持或指导下，规划和开发了全国300余处旅游洞穴；国家重点风景名胜区资源调查评价和风景区规划，特别是119处国家级重点风景名胜区的规划工作，各地的旅游地学专家做了大量的基础性工作。多年来，申报世界自然遗产的资源调查评价工作，国家级、省市级森林公园开发规划，农业观光区域规划，自然保护区规划，特别是地质遗迹保护区和海洋自然保护区的规划，旅游地学专家们积极、认真地参与了这些规划报告的编写工作。

20世纪90年代，比较突出的研究和实践工作有：承担了国家旅游地学科研课题，如陈安泽承担的国家科委的课题《中国地质事业发展战略规划研究》、《科学利用中国西部旅游资源战略研究》、《重点地质遗迹保护研究》等，参与第30届国际地质大会一百余条地质旅行路线的组织工作。

目前，还有大量的工作需要旅游地学工作者去完成：自然保护区的保护性规划，自然景观旅游资源调查评价，申报世界自然文化遗产，地质遗迹保护区（即国家地质公园、省级地质公园）的建立、申报和预研究，世界地质公园的申报和预研究等。

具体地说，1999年，国土资源部召开了全国地质地貌景观保护会议，制定了全国地质遗迹保护规划（2000—2010），在今后10年内将建立300～330处地质遗迹保护区（地质公园），从而把地质遗迹保护工作提到主要地位；1999年起，联合国教科文组织推出了“世界地质公园计划”（UNESCO——Geoparks Programme）拟定在今后每年建立20个世界地质公园，以期达到500个的总目标。为了响应这一计划，国土资源部正式建立了“中国地质遗迹（地质公园）”专家评审组，在全国范围内建立地质公园网络体系。

（四）可持续旅游的基本方略

1999年7月在吉林延边朝鲜族自治州召开第14届年会上，发表了《长白山宣言》。该宣言指出21世纪旅游地学的发展方向：旅游地学的总体方针是进一步完善发展旅游地学科学理论体系，坚持生态学及可持续发展的方法，加强旅游地学的学术队伍建设。

其中关于生态旅游的思想是旅游可持续发展的基本方略。会议要求旅游地学工作者都要具备高度的生态观念，在旅游地学研究中，不断强化生态系统理论，强化生态旅游项目和产品设计，建立生态型旅游城市和生态旅游区域。研究会成员要积极地帮助各旅游区及景点，加强生态建设和环保管理，使各旅游区和旅游点真正成为实施旅游可持续发展的重要基地。

（五）主要研究成果

20世纪70年代开始，有大量旅游地学论文、论著问世、出版，包括旅游地质学、旅游地理学专著和旅游地质学、旅游地理学综合的论著（旅游地学）。代表性的有殷维翰主编的《中国名胜地质丛书》；周进步主编的《中国旅游地理》（1985，我国最早公开出版的旅游地理教科书）；四川旅游地学研究会主编的《旅游地学研究与旅游地学资源开发》（1986、1992、1995，共三集，陈茂勋为主要组织者）；戴松年主编的《中国旅游地理》（1986）；刘振礼主编的《旅游地理》（1987）；谢凝高主编的《中国的名山》（1987）；雷明德主编的《旅游地理学》（1988，此为一本旅游地理学著作）；卢云亭主编的《现代旅游地理学》（1988）；刘怀仁著《峨眉山地学旅游》（1988）；王兴中主编的《旅游资源景观论》（1989）；张述林著《风景地理学原理》（1991，第一部风景地理学著作）；陈安泽等著《旅游地学概论》（1991，第一部旅游地学专著）；胡济源著《黄山旅游地学志》（1996）；辛建荣主编的《旅游地学》（1996，第一部旅游地学大学教科书）；叶文等著《云南山水景观论》（1996）；冯天驷著《中国旅游地质资源》（1998）；巩杰生著《黑龙江山水风光旅游》（1998）；陈安泽等著《自然景观资源与可持续发展》（1999）。

1979 年至 1986 年期间，地质出版社和地震出版社曾先后出版了一套《中国名胜地质丛书》。主要有《三峡风景》（张寿懋、刘兴诗等编著，地震出版社，1986 ）、《庐山名胜》（黄润祥、李雪编著，地震出版社，1979)、《南京山水地质》（殷维翰主编，地质出版社，1979)、《济南的泉水》（陶良喜编著，地质出版社，1982)、《古城西安》（邵友程编著，地质出版社，1983)、《承德览胜》（石林、春江编著，地质出版社，1983）等。

三、旅游地学主要研究课题

总结近年来旅游地学理论研究和从事的具体工作任务，可以确定旅游地学主要涉及如下几大课题，即：①地学旅游资源分类系统；②自然旅游资源时空背景（地学背景）；③自然景观形成的地质过程；④人文旅游资源地学背景；⑤地学旅游资源评价体系；⑥地学旅游资源开发利用；⑦旅游地分类与规划管理；⑧地学旅游资源环境保护；⑨地质公园的建立与分类；⑩精美的地学珍品宝玉石；⑪旅游地形象设计；⑫旅游地空间结构研究。

第二章

地学旅游资源分类系统

根据地学所涵盖的分支学科领域，不同的研究目的、不同侧重点可以有不同的分类系统。

一、分类系统介绍

（一）基本属性分类

1. 自然景观旅游资源系统

根据旅游资源形成的自然要素与自然状态、形态进行分类。自然旅游资源以四大圈层和近地宇宙星空（或者称为五大自然生态领域）为对象，即：岩石圈自然生态领域、水圈自然生态领域、生物圈自然生态领域、大气圈自然生态领域和近地宇宙星空作为地学旅游资源环境背景。诸如人们所熟悉的地质、地貌、高山、峡谷、丘陵、平原、沙漠、荒原、戈壁、冰川、雪原、洞穴、海洋、河流、湖泊、动物、植物、森林、草原、苔原、气象、气候、日月星空等。

2. 人文景观旅游资源系统

作为地学而言，人文地理、历史地理等，也应该属于地学的广义领域（范畴），本来人类也是地球的一部分。这样的结果，旅游地学则会变成一个包罗万象的万花筒，显然是不太恰当的。在这里只选取原始性强、地学味浓的学科领域划入地学旅游资源予以描述。

人类在其发展演化过程即生活、劳动和生存斗争中，创造了许多与地学密不可分的人类文明。固态文明方面有城市、农村、古建筑、古工程、居住环境（居所）、宗教环境等；动态文明方面有风俗习惯、宗教、艺术等。也就是说，人类在不同历史时期活动的遗迹、遗址、遗存等，往往与地质、地理环境关系密切。可作为地学旅游资源予以考虑。

人文生态学即研究人类与天、地、生（天即宇宙太空，地即地球，生即生物界），或者说与生物（植物、动物）和地理环境的相互作用及其对社会文化发展的影响。人类与环境相互作用的结果，便形成人文景观，成为人文旅游资源的重要组成部分。

本文主要涉及与地学关系密切的有关人文景观旅游资源，作为人文景观旅游资源系统。

（二）自然成因分类系统

1. 自然旅游资源成因分类系统的确定

陈安泽、卢云亭的自然成因分类系统（1991）依据岩石圈、水圈、生物圈、大气圈和近地星空（宇宙）五大空间地域进行考虑，本文在此基础上作了必要的补充和适当修正。本文采取的分类系统为三个级别（层面），第一级别——风景域、第二级别——风景类、第三级别——景观型。具体分类方案见表 2-1。

表 2-1　自然旅游资源成因分类表

风景域	风景类	景　观	典型例证
1 岩石圈风景域 (13)	1.1 地质景观风景类	1.1.1 地层景观	层型剖面、标准剖面
		1.1.2 古生物景观	大型生物礁化石、古人类古脊椎化石地
		1.1.3 内力作用景观	典型构造、火山、地震遗址、大陆裂谷
		1.1.4 外力作用景观	古冰川遗迹、古河流遗迹（雨花台）
		1.1.5 矿产地质景观	现代矿山、古矿山遗迹
	1.2 地貌景观风景类	1.2.1 构造地貌景观	断块山地、侵入体地貌
		1.2.2 剥蚀地貌景观	雅丹地貌
		1.2.3 风化地貌景观	丹霞地貌、石蛋地貌
		1.2.4 溶蚀地貌景观	岩溶地貌
		1.2.5 堆积地貌景观	沙丘、鸣沙山
	1.3 洞穴景观风景类	1.3.1 岩溶洞穴景观	石灰岩溶洞
		1.3.2 熔岩洞穴景观	火山熔岩熔洞
		1.3.3 其他洞穴景观	土洞、垮塌山体巨大滚石洞、砂岩潜蚀洞

续表 2-1

风景域	风景类	景　　观	典型例证
2 水圈风景域 (29)	2.1 海洋景观风景类	2.1.1 滨海海滩景观	海滨浴场
		2.1.2 海岛景观	大陆岛、大洋岛
		2.1.3 珊瑚礁景观	澳大利亚大堡礁海洋公园
		2.1.4 浅海浪潮景观	浙江钱塘江潮
	2.2 河流景观风景类	2.2.1 三角洲景观	黄河三角洲、珠江三角洲
		2.2.2 峡谷景观	长江三峡、虎跳峡
		2.2.3 瀑布景观	黄果树瀑布、黄河壶口瀑布
		2.2.4 湍急河溪景观	台湾秀姑峦溪，金沙江
		2.2.5 缓流溪涧景观	杭州西湖九湾溪（九溪十八涧）
	2.3 湖泊景观风景类	2.3.1 断陷湖景观	青海湖、云南滇池、鄱阳湖
		2.3.2 泻湖景观	太湖、杭州西湖
		2.3.3 河迹湖景观	湖北洪湖、武汉东湖
		2.3.4 冰川湖景观	新疆天池、四川炉霍县马错湖
		2.3.5 风蚀湖景观	罗布泊、居延海、月牙泉
		2.3.6 岩溶湖景观	贵州威宁草海、云南剑池
		2.3.7 堰塞湖景观	黑龙江五大连池、镜泊湖
		2.3.8 火山湖景观	长白山天池
		2.3.9 人工湖景观	富春江千岛湖、北京昆明湖
	2.4 冰川景观风景类	2.4.1 大陆（极地）冰川景观	南极乔治岛、格陵兰岛、冰岛
		2.4.2 山岳冰川景观	坦桑尼亚乞力马扎罗，甘肃乌鞘岭，新疆天山、博格达山，喜马拉雅山等
		2.4.3 高原冰川景观	挪威与瑞典的斯堪的纳维亚
	2.5 地下水景观风景类	2.5.1 泉水景观	济南泉城 72 泉，北京玉泉
		2.5.2 热气泉景观	云南腾冲、北京小汤山、西藏羊八井
		2.5.3 地下河景观	贵州龙宫、本溪水洞、江西龙宫洞
		2.5.4 泥火山泥泉景观	台湾高雄泥火山
		2.5.5 泉华景观	西藏钙华石林
		2.5.6 龙眼景观	辽宁金县东海岸
		2.5.7 坎儿井景观	新疆吐鲁番、库车坎儿井
		2.5.8 古井景观	故宫珍妃井、长沙白沙井

续表 2-1

风景域	风景类	景　　观	典型例证
3 生物圈风景域 (16)	3.1 植物景观风景类	3.1.1 森林景观与森林公园	各地的国家森林公园
		3.1.2 植物自然保护区	海南东寨港红树林自然保护区
		3.1.3 古树名木	庐山三宝树
		3.1.4 植物园景观	北京植物园、西双版纳热带植物园
		3.1.5 花圃花卉景观	武汉磨山梅园、洛阳牡丹园、无锡梅园
		3.1.6 生态农业景观	万亩茶园
		3.1.7 果木园林景观	苹果园、梨园、核桃园、枣园、葡萄园
	3.2 动物景观风景类	3.2.1 特殊动物群落	蛇岛、鸟岛、猴岛，新疆野驴、野骆驼
		3.2.2 野生动物自然保护区	四川卧龙大熊猫自然保护区
		3.2.3 养殖场动物景观	海南丰木鹿场、湖北石首麋鹿养殖场
		3.2.4 其他动物群落与动物园	北京动物园、日本上野动物园
	3.3 生态景观风景类*	3.3.1 自然生态保护区	生物及环境综合保护基地
		3.3.2 海洋生态环境景观	热带海洋生态（红树林、珊瑚岛、河口湾）
		3.3.3 草原生态环境景观	多瑙河温带草原、东非热带稀树草原
		3.3.4 苔原生态环境景观	极地苔原生态环境
		3.3.5 湿地生态景观	（狭义湿地）沼泽景观、泥炭地景观
4 大气圈风景域 (16)	4.1 气象景观风景类	4.1.1 极光景观	北美、北欧、阿拉斯加
		4.1.2 佛光景观	峨眉山、黄山、庐山等地的佛光
		4.1.3 蜃景景观	山东蓬莱、西部沙漠地带可见
		4.1.4 云雾景观	黄山云海、庐山云雾
		4.1.5 雪霰景观	雪景、雪淞、雾淞、冰挂、雪挂
		4.1.6 云霞景观	朝霞、晚霞
		4.1.7 霏（烟）雨景观	江南春雨、南湖烟雨
		4.1.8 风成景观	淡荡春风、萧瑟秋风、大理下关风
	4.2 气候景观风景类	4.2.1 避暑型气候	高山、高原气候、海滨气候
		4.2.2 避寒型气候	海南岛热带海岛气候
		4.2.3 阳光资源	地中海沿岸亚热带气候、滨海阳光
		4.2.4 物候景观	不同季节的动植物景观、时令花卉
		4.2.5 极地白夜	北极、南极的夏季出现
	4.3 空气环境景观类	4.3.1 绝对洁净空气	青藏高原、极地等地无人类活动的大气
		4.3.2 相对洁净空气	空气质量优的地区、人口稀少高山
		4.3.3 森林洁净空气	森林公园洁净空气、原始森林
5 宇宙风景域 (5)	5.1 太空景观类	5.1.1 太空景观	宇宙飞船、航天飞机、航天器
		5.1.2 星体景观	月球、金星（启明星、长庚星）
	5.2 天文景观类	5.2.1 天文现象景观	日食（蚀）、月食（蚀）
		5.2.2 星外来客景观	陨石雨、流星、扫帚星（彗星）
		5.2.3 星（夜）空景观	繁星满天的秋夜、中秋赏月

*根据陈安泽、卢云亭的分类系统（1991）补充和修改

第一层面的五大风景域为：岩石圈（旅游资源）风景域；水圈（旅游资源）风景域；生物圈（旅游资源）风景域；大气圈（旅游资源）风景域；宇宙（旅游资源）风景域。

2. 联合国教科文组织地质遗产工作组地景分类

联合国教科文组织地质遗产工作组地景分类方案（1993），共分为13大类（A—M），具体见表2－2。

表2－2　联合国教科文组织地质遗产工作组地景分类方案（1993）

类型编号	大类名称	类型名称
A	古生物（Palaeobiological）	动物、植物、可疑生物、生物痕迹、叠层石
B	地貌（Geomorphic）	洞穴、火山、瀑布、山地、风化地貌、峡湾、岩溶
C	古环境（Palaeoenvironmental）	古气候、全球沉积变化
D	岩石（Igneous）	火山岩、变质岩、沉积岩结构与构造
E	地层（Stratigraphic）	地层事件、层序地层、主要地层界线、宇和界
F	矿物（Mineralogical）	
G	构造（Structural）	主要区域构造或主要构造现象
H	经济地质（Economic Geology）	所有矿床类型：侵入的、喷出的、接触的，如金刚石金伯利岩管、金矿、金属和非金属矿坑或采场
I	其他（Other）	具有历史意义的地质景点
J	相关关系（Relationship）	板块构造
K	陨石坑（Astroblemes）	地球上被陨石撞击的证据，现代陨石撞击坑
L	大陆、海洋尺度地质特征（Continental/ Oceanic scal efea-ture）	构造板块和其边界等，如非洲大裂谷、南极裂谷、岛弧系，圣安德列斯断层，从太空能清楚看到的地球上的地质体

转引自陈安泽《风景名胜科学基础》（纲要）

3. 地质景观风景资源综合分类

陈安泽为了风景名胜区建设的需要和申报世界自然遗产的需要，提出了一个综合性的地学景观分类方案，即地质景观风景资源综合分类方案，具体见表2－3。

表 2-3 地质景观风景资源综合分类方案

大类	类	亚类	举例说明
地质构造现象大类	1. 地层类	(1) 层型剖面	经国际地层委员会通过的全球性地层界线层型剖面界线点。如浙江长兴二叠纪与三叠纪界线剖面
		(2) 区域标准剖面 、	国内或亚洲具有代表性的典型参考剖面。三峡震旦系剖面，天津蓟县中上元古界地层剖面等
		(3) 典型沉积层序剖面	在层序地层学上有代表性的典型剖面。如四川峨眉山三叠纪剖面
		(4) 事件地层剖面	具有全球意义，反映地球灾变事件的遗迹。如广西泥盆纪弗拉斯/法门阶含铱异常
	2. 构造类	(5) 典型全球性构造	具有全球意义的巨型构造。如反映印度板块与欧亚板块碰撞结合部位的西藏雅鲁藏布江缝合带
		(6) 典型区域性构造	能反映大洲或国家范围内的典型构造。如中国的郯庐断裂，北美的圣安德列斯断裂
		(7) 典型中小型构造	能反映具体构造形式的典型折曲、断裂等。如北京西山的折叠层构造
	3. 岩石类	(8) 典型火山岩（区、体）	在成因、结构构造、类型上有典型意义的岩体或岩区。如北京周口店白垩纪花岗闪长岩体
		(9) 典型沉积岩（区）	在成因、结构构造、类型上有典型意义的岩区或露头。如湖北利川大型生物礁碳酸盐岩
		(10) 典型变质岩（区）	在成因、结构构造上有典型意义的岩石类型或岩区。如河南嵩山变质岩体
	4. 矿物类	(11) 典型金属矿物（产地）	在结晶、种属上有特殊意义的金属矿物产地。如贵州、湖南的辰砂晶洞，江苏东海的水晶矿
		(12) 典型非金属矿物（产地）	在结晶、种属上有特殊意义的非金属矿物产地。如新疆的和田玉产地、缅甸的翡翠玉产地
	5. 矿床类	(13) 典型金属矿床（坑）	在经济价值上有国际或全国意义的金属矿床或矿坑。如内蒙古白云鄂博铌稀土超大型矿床
		(14) 典型非金属矿床（坑）	在经济价值上有国际或全国意义的非金属矿床或矿坑。如南非金刚石、辽宁海城菱镁矿
古生物大类	6. 古人类	(15) 古人类遗址	在人类演化史上有重大价值的古人类遗址。如北京周口店猿人遗址、西安半坡古人类遗址
	7. 古动物类	(16) 古脊椎动物埋藏地	有重大科学意义的古脊椎动物埋藏地。如四川自贡侏罗纪恐龙埋藏地、辽宁北票中生代鸟类化石地
		(17) 古无脊椎动物埋藏地	有重大科学意义的古无脊椎动物埋藏地。如陕西紫阳志留纪笔石群
	8. 古植物类	(18) 古植物化石埋藏地	有重大科学意义的古植物埋藏地。如新疆准噶尔盆地中生代硅化木群
		(19) 古孑遗植物产出地	曾在地质历史时期生活过而现在仍活着的植物，亦称为和植物化石。如湖南柴云万峰山银杉、冷杉群

续表 2-3

大类	类	亚类	举例说明
古生物大类	9. 古生态群落类	(20) 古生物群落埋藏地	种属繁多，保存完整，能反映某地质时代一定地理区生态环境的古生物群体埋藏地。如山东临朐山旺中新世古生物群保护区、云南澄江动物群（Cm1）
	10. 古生物遗迹或可疑古生物遗迹类	(21) 古生物遗迹埋藏地	具重要科学价值的古生物活动留下的足迹、爪痕、印痕等。如内蒙古恐龙足迹
		(22) 可疑古生物遗迹埋藏地	具重要科学价值的可疑生物遗迹产地。如叠层石及前寒武纪可疑化石产地等
环境地质现象大类	11. 地震类	(23) 古地震遗迹	地质历史上重大的地震遗迹。如辽宁大连金石滩震旦系、寒武系地震遗迹
		(24) 历史地震遗迹	有历史纪录以来的重大地震遗迹。如 1679 年河北三河—平谷 8 级地震遗迹
	12. 火山类	(25) 古火山遗迹	地质历史上重要的火山遗迹。如黑龙江五大连池火山群，台湾阳明山火山地质公园
		(26) 现代火山	现正在活动的火山。如美国夏威夷现代火山
	13. 冰川类	(27) 古冰川遗迹	地质历史上重要的冰川遗迹。如四川西昌螺髻山第四纪古冰川遗址
		(28) 现代冰川	现在仍在活动的冰川。四川康定海螺沟冰川
环境地质现象大类	14. 陨石坑	(29) 古陨石坑	地质历史上陨石撞击地球留下的遗迹。如爱沙尼亚卡利陨石坑
		(30) 现代陨石坑	有历史记载的陨石撞击地球遗迹。如 1976 年吉林陨石群陨落遗迹
	15. 其他环境地质现象大类	(31) 滑坡遗迹	大型或特大型滑坡遗迹。如长江三峡新滩滑坡
		(32) 泥石流遗迹	大型或特大型泥石流遗迹。如贵州东川泥石流遗迹，我国西部山地的山麓地带众多的泥石流遗迹
		(33) 地面沉降遗迹	重要地面沉降地区（点）。如上海外滩地面沉降遗迹
风景地貌大类	16. 山石景观类	(34) 花岗岩景区（点）	由岩石组成的重要风景区（点）。如安徽黄山、九华山、天柱山、河南鲁山，石人山风景区等
		(35) 火山岩景区（点）	由基性或酸性熔岩组成的重要风景区点。如浙江雁荡山（酸性流纹岩）、台湾澎湖景区（基性玄武岩）
		(36) 层状硅铝质岩景区（点）	由沉积形成的层状硅铝质岩石，如砂页砾岩组成的重要风景区。如湖南张家界砂岩峰林，广东仁化丹霞地貌，河北赞皇嶂石岩地貌，云南元谋土林，新疆准噶尔“魔鬼城”风蚀砂岩、塔里木盆地雅丹风蚀泥岩、云南陆林彩色砂林（半胶结砂质页岩）景观地貌等
		(37) 碳酸盐岩景区（点）	由碳酸盐岩石溶蚀再沉淀而形成的重要风景区（点）。如峰丛、峰林类的桂林山水，巨型石芽类的云南石林，钙华堆积类的云南白水台钙华流景观，四川黄龙钙华景观等

续表 2-3

大类	类	亚类	举例说明
风景地貌大类	16. 山石景观类	(38) 黄土景区(点)	由黄土状岩石受侵蚀形成的典型地貌景区(点)。如陕北、陇东、山西吕梁等地黄土地貌景观
		(39) 沙积景区(点)	重要由各种沙堆积形成景区。常见两种类型:沙漠型(塔里木沙漠、甘肃鸣沙山景区);海滩型(秦皇岛黄金海岸,美国夏威夷海滩景区)
		(40) 变质岩景区(点)	主要由变质岩组成的景区(点)。如山东泰山风景区,山西五台山风景区等
		(41) 其他山石景区(点)	具有登山探险重大价值的高峰、悬崖等。如中尼边界的珠穆朗玛峰
	17. 洞穴类	(42) 可溶性岩石洞穴	碳酸盐岩等可溶性岩石溶蚀形成的具有重要观赏价值的洞穴。可分为充水(辽宁本溪水洞、贵州龙宫)和非充水(北京石花洞)两类
		(43) 非溶性岩石洞穴	除可溶性岩石以外的各类岩石组成的洞穴。如海南琼山马鞍岭熔岩洞穴(熔岩熔洞)
	18. 峡谷类	(44) 峡谷景区	河流形成的具有重要观赏价值的峡谷。如西藏南迦巴瓦大峡谷,雅鲁藏布大峡谷,长江三峡,美国科罗拉多大峡谷等
	19. 水景类	(45) 风景河流	具重要观赏价值或漂流价值的河流或河段。如浙江富春江、广西漓江等,金沙江漂流河段
		(46) 风景湖泊	具重要旅游度假价值或重要科考价值的湖泊。如浙江杭州西湖、江苏太湖、武汉东湖等
		(47) 风景海湾(岸)	水质良好、景色秀丽的海滨地区。如海南岛亚龙湾度假区,北戴河海滨度假区
		(48) 瀑布	具重要观赏价值的落差或宽度大的跌水。如贵州黄果树瀑布、山西黄河壶口瀑布
		(49) 泉水	具重要观赏价值的泉水或泉水群。如山东济南趵突泉、北京的玉泉、湖北当阳的玉泉等
		(50) 温泉	水温在25°以上具疗养游乐价值的天然温泉。如陕西临潼骊山华清池、湖北赤壁五洪山温泉
		(51) 泥火山与泥泉	与地下水活动有关形成的泥火山与泥泉。如台湾及新疆等地的泥火山
		(52) 其他水景	以上水景不能包括的水景。如地下河景观

转引自陈安泽《风景名胜科学基础》(纲要),“风景名胜地球科学基础”

二、地学旅游资源基本特征

（一）岩石圈（旅游资源）风景域

1.1 地质景观风景类*

1.1.1 地层景观

通常，我们把野外看见的成层的岩石（沉积岩、火山岩及其变质岩）泛称为岩层。当涉及探讨它们的先后顺序、地质年代时，就称为地层。地层演化的某一个特定阶段，都可以找到一个特殊的具有典型性的模式剖面，这个模式剖面称为层型（Stratotype）剖面。层型剖面具有全球同时代地层对比的意义。但是有些地区与层型剖面无法直接进行对比，只能与本区域相对完整、保存比较好、地层发育比较全的地方剖面进行对比，这个在大区域内具有典型性而且可以作为对比标准的剖面称作标准剖面。

标准剖面——长江三峡震旦纪地层剖面，广西南丹泥盆纪海相地层剖面，天津蓟县元古代地层剖面，山西太原石炭纪、二叠纪剖面，云南晋宁梅树村寒武纪剖面，贵州独山石炭纪剖面，长江三峡奥陶纪、志留纪剖面，山东张夏寒武纪地层剖面等。

层型剖面——浙江长兴煤山二叠纪/三叠纪界线层型剖面为国际世界级剖面，被确定为“金钉子”（Golden Spike），广西桂林南边村石炭纪/二叠纪界线层型剖面等。

古地理环境景观——许多地层的岩石层面上可以看到古代各种沉积环境条件下遗留下来的痕迹，如波浪作用形成的波痕、交错层理，下雨留下的雨痕，流水的流痕，河流游移形成的河漫滩遗迹，滨海、滨湖与河床里的鹅卵石等，都可以体现出当时古地理环境的特征。

1.1.2 古生物景观

古植物化石——新疆、江西、浙江以及山西长治等地的硅化木基地。

古动物——云南禄丰的恐龙化石禄丰龙，四川自贡的马门溪龙，湖北利川的大型二叠纪生物礁化石，河南南阳、湖北郧县恐龙蛋化石基

* 本章由于地学旅游资源分类的特殊性，在三级序号上采取与其他章节不尽相同的格式。

地，贵州关岭县中生代动物群（关岭动物群），东北辽宁北票中生代脊椎动物化石（鸟类、龙类，尤其是在这里发现的鸟龙为世界罕见），山东山旺新生代化石基地（犀牛、鹿、青蛙、鱼类、蜻蜓及其他昆虫，多种植物的花、茎、叶）、古脊椎动物等，大型生物礁化石、古人类古脊椎化石地。

1.1.3　地质构造景观（内力）

内力地质作用包括构造运动、岩浆作用、地震作用和变质作用等。作为风景景观就是这些地质作用留下的遗迹。

西藏雅鲁藏布江——为欧亚板块与印度板块的接合带（地缝合线），典型全球性世界级地质构造带。

郯庐大断裂——中国大陆最具典型的是山东郯城至安徽庐江的“郯城一庐江大断裂”。

东非裂谷——世界上典型构造景观有非洲的“东非裂谷”，正处于大陆分离的初始阶段。沿裂谷带有维多利亚湖、坦噶尼喀湖、基伍湖、鲁夸湖、马拉维湖等一系列深湖，常有热卤水气冒出。

小型地质构造景观类比较多，例如：庐山的龙首崖，云南昆明滇池岸边的西山陡壁为断层所致，湖北房县境内横亘东西向的“青峰大断裂”等。

杭州西湖的“飞来峰”（大型推覆构造造成的山峰“搬家”）。

地震遗迹——河北唐山，云南丽江，四川甘孜，新疆喀什（伽师）等。

火山活动——海南琼山马鞍岭，山西大同火山群，吉林长白山天池，黑龙江五大连池，福建漳州火山地质公园，各地的花岗岩地貌。

世界各地的古今火山喷发：菲律宾、印度尼西亚、意大利（庞培城）等。典型构造：火山、地震遗址、大陆裂谷等。

1.1.4　外力地质景观

外力地质作用的主要能源是太阳能。太阳的辐射能到达地表会引起地面的温度变化，产生空气对流和大气环流，由此造成水循环及水流、冰川，并促进生物活动。作为景观以冰川和河流遗迹比较典型。例如：庐山冰川（古冰川），新疆天山现代冰川、古冰川遗迹、古河流遗迹（雨花台）等。

另外，日、月的引力，其他星体的作用和陨石的碰撞等也起着一定作用。

1.1.5 矿产地质景观

矿产地质景观也可以称作矿田（矿床）景观或者矿山景观。矿产资源是指地表和地下（蕴藏在地壳内）的可供人类利用的天然矿物、岩石资源，包括金属、非金属的，固体的，液体的和气体的。作为旅游景观主要是固体的金属和非金属矿产景观，现代矿山和古代矿床遗址，例如大型金属矿的铁矿、煤矿、铝土矿、金矿、铜矿、钨矿、锡矿矿区，非金属矿的石英矿、金刚石矿、方解石矿等矿区。值得一提的是各类珠宝玉石矿床，其制品与工艺加工品具有特殊的观赏、收藏和品味价值。液体和气体的较少，例如石油矿区（油田）、热气地热矿区等。

古矿山——湖北大冶铜绿山古矿山遗址。众多的现代矿山，如甘肃金昌市大型镍矿，广西大厂钨矿山，福建上杭紫金山金矿等。

1.2 地貌景观风景类

1.2.1 构造地貌

由地球内部营力引起的构造变动叫做构造运动，也叫地壳运动。由构造运动起主导作用形成的地貌形态谓之构造地貌。构造地貌从大尺度来看，就是整个地球形态以及外部形貌的主体——大陆和大洋；中尺度地貌主体乃是指山地和平原；小尺度就是断块山、褶皱山、单面山、方山以及侵入体地貌等。

1.2.2 剥蚀地貌

组成地壳的物质受到风力、地面流水、地下水、冰川、湖泊、海洋、生物等各种外动力地质作用的破坏和搬运的总称谓之剥蚀作用。剥蚀作用的基本原理石通过侵蚀作用将基岩或者其他岩层上面的覆盖物质去掉而揭露或者裸露出来。所以岩溶地貌、风蚀地貌、溶蚀地貌等都属于剥蚀地貌。考虑到岩溶地貌的广泛发育和广泛分布的特点，此处剥蚀地貌单取风蚀类地貌为主予以叙述。

风蚀景观有风蚀蘑菇，风蚀柱等，典型风蚀地貌有雅丹地貌——新疆雅丹地貌（拜城魔鬼城）。

1.2.3 风化地貌

风化作用所塑造的地形地貌谓之风化地貌。风化地貌的形态与岩石性质、地层产状以及地质构造发育程度有着很密切的关系。譬如在花岗岩地区常见石蛋地貌，在垂直节理发育的红色砂岩地区形成典型的丹霞地貌等。石蛋地貌以广州的火山炉顶、厦门的万石崖为典型。关于丹霞地貌，实际上是在差异风化、重力崩塌、侵蚀、溶蚀等综合营力作用下形成的。丹霞地貌可以形成多姿多态的形状，诸如城堡状、宝塔状、柱状、棒状（棒棰状）、方山状或者峰林状等。发育典型者有福建武夷山、江西龙虎山、广东仁化丹霞山、浙江方岩山、四川青城山等。

1.2.4　溶蚀地貌

溶蚀作用也就是岩溶作用，所以溶蚀地貌就是岩溶地貌，过去也称作喀斯特地貌。由于岩溶作用发育的典型地区在原南斯拉夫的喀斯特地区首先研究，所以称之。岩溶作用是水流对可溶性岩石进行的以化学作用为主要特征，并伴随有机械作用（如流水侵蚀、重力崩塌等）的地质作用，其结果形成岩溶地貌。自然界最普遍而且规模最大的岩溶现象多发生在石灰岩、大理岩和白云岩等碳酸盐岩中。我国的岩溶地貌主要发育在南方，尤其是广西。岩溶峰林——云南路南石林，广西桂林、柳州众多的岩溶石林。

1.2.5　堆积地貌

此处主要指风力堆积地貌和第四纪堆积的黄土地貌。在风力作用下，由砂粒堆积而成的圆形、椭圆形或者新月形的地貌形态。圆形、椭圆形沙丘为雏形沙丘，新月形沙丘为成熟沙丘形态。沙丘在荒漠、半荒漠地区分布最广，海岸、湖岸与河岸也有分布。典型分布区例子为新疆、内蒙古西部众多的沙漠地带的沙丘和鸣沙山（甘肃敦煌）。

黄土地貌主要类型有黄土塬、黄土梁、黄土峁等。其成因是受坡面水流的片蚀作用、风蚀作用、潜蚀作用以及溶蚀作用所致。晋陕一带的黄土高原最为典型。

1.2.6　其他地貌

各种岩石类地貌景观，例如花岗岩地貌、沉积岩地貌、变质岩地貌、火山岩地貌、黄土地貌、熔岩地貌，水作用形成的河流侵蚀地貌、冰川地貌、海蚀地貌等。

1.3　洞穴景观风景类

1.3.1　岩溶洞穴景观

岩溶区地下水沿着岩层的层面和裂隙进行溶蚀和机械侵蚀而形成的地下空洞。大型的溶洞可以连通成串，构成地下廊道与成串的地下大厅，而且常常有地下河流。地下河在溶洞的陡急地段可以形成瀑布，平缓地段常积水成湖。岩溶作用主要发育在石灰岩地区，即形成石灰岩溶洞，这在世界各地区都有。中国有名的溶洞有：桂林七星岩、芦笛岩、冠岩，浙江瑶琳仙境，辽宁本溪的水洞，江西龙宫洞，贵州安顺的龙宫，湖南张家界的黄龙洞，江苏无锡的范蠡洞等。湖北省各地的溶洞主要有：恩施地区的利川腾龙洞、咸丰黄金洞、玉龙洞，宜昌市的三游洞、白马洞、金狮洞，十堰市的野人洞（房县）、黑龙洞（房县），黄石市的飞云洞，咸宁市的太乙洞，荆门市的空山洞等。

1.3.2 火山熔岩洞穴景观

火山喷发时，熔岩在流动过程中形成的熔岩熔洞。典型景观为海南省的玄武岩熔洞，即海南琼山市石山镇的熔岩熔洞，这里有两个火山熔岩熔洞——仙女洞和卧龙洞，其中卧龙洞长 3km，宽 10m，高 7m。

1.3.3 其他洞穴景观

主要是地表风化作用过程中，垮塌造成的山体巨大滚石洞、巨大砾石堆积洞——山东峄山（济宁曲阜），福建漳州漳浦。另外有些构造潜蚀洞、砂岩潜蚀洞、土洞、差异风化洞穴和人工洞穴（地道、地洞、地窖）等。这类洞穴都是非可溶性洞穴。

（二）水圈风景域

2.1 海洋景观风景类

2.1.1 滨海海滩景观

海滨带是海陆交会的地带，是海洋地质作用最为活跃的地带，主要有潮汐作用、海浪作用、潮流、海流作用等。向陆侧为潮上带，以基岩海岸和砂质海岸（沙滩）为主，基岩海岸可以形成各种基岩地貌河海蚀地貌景观，砂质海滩沙滩和阳光地带，往往与海滨浴场相连。

海滨、海滩景观在我国沿海地区非常壮观，典型景观有：秦皇岛北戴河海滨、海滩，青岛海滨、海滩，山东威海海滨，海南海口桂林洋，三亚大东海、小东海、亚龙湾、天涯海角，天津海滨、海滩，上海外滩，福建漳州海滩、海滨，江苏连云港海滨，大连海滨、海滩（老虎滩），广西北海银滩等。

2.1.2 海岛景观

海岛是浅海地带四面环海的一块露出海平面的陆地（陆块）景观，具有重要的旅游功能，按其成因可以分为堆积岛景观、大陆岛景观和大洋岛景观三种类型。

堆积岛主要发育在河口三角洲地带，其成因是由于河流从上游携带的泥沙在入海处堆积、沉积下来，逐渐形成陆上三角洲平原，其分布一般是在河流入海的海口附近，例如长江入海处的上海崇明岛。

大陆岛为大陆地块经受海流、海浪与潮汐作用的冲蚀作用和海侵作用所致，或者是陆棚区发生构造隆起形成的岛屿。例如浙江普陀岛、舟山群岛，福建鼓浪屿、金门岛等。

大洋岛主要分布于广阔的大洋上，由于构造隆起、火山喷发或者生物作用（珊瑚造礁）等形成的海岛。例如中国的台湾岛、澳大利亚的大堡礁岛、斐济群岛、汤加群岛、新西兰以及印度尼西亚众多岛屿。

2.1.3　珊瑚礁景观

珊瑚礁是由珊瑚虫活体的钙质骨架或珊瑚钙质遗体积聚而成的（石灰质）礁体，主要分布在热带海洋浅海海域，要求海水清澈、盐度适中。一般在大陆架的浅水区域形成庞大的珊瑚体，群体聚合呈现为众多的珊瑚礁和珊瑚岛，其展布形态有堡礁、环礁和珊瑚海等。珊瑚岛上生长有郁郁葱葱的热带植物，有海洋生物的贝壳，景色旖旎，成为难得的旅游景观地。有名的珊瑚岛如中国西沙群岛、南沙群岛；堡礁有澳大利亚大堡礁海洋公园等。

2.1.4　浅海浪潮景观

由于地球在公转和自传运行中，受到太阳和月球引力作用的影响，形成海洋潮汐，海水每天涨落，永无休止。中国自古就有观潮的习俗，由此成为一种旅游景观，最著名的为浙江钱塘江海潮。每年农历的 8 月 15 日至 8 月 18 日为全年的最大潮汐。

2.2　河流景观风景类

2.2.1　三角洲景观

河流由上游的径流进入浅海变为面流，水流流速由快速变为缓流，由于流速的变慢，河流携带大量泥沙很快沉积下来，往往在入海处形成三角形的平原，称作三角洲。世界上各大河流的入海处都有自己的巨大三角洲平原，最大的三角洲是流入印度洋孟加拉湾的恒河三角洲。我国的外流河的入海处都形成有三角洲，如上海的长江三角洲，广东的珠江三角洲，天津的海河三角洲，山东的黄河三角洲等。

2.2.2　峡谷景观

江河的峡谷一般发育在上游地段，河流上游以切割作用为主，由于两岸地形处于抬升状态，所以河流下切非常显著，例如金沙江、澜沧江、怒江，河流的中游和下游以侧蚀作用为主，只能是河面加宽，很少形成峡谷。跨越鄂渝两省的长江三峡，云南金沙江虎跳峡，河南黄河上游和中游交界地带的三门峡等。中小河流的峡谷如北京龙庆峡，重庆巫山小三峡，湖北巴东神农峡等。

2.2.3 瀑布景观

瀑布为河床横断面上陡坡或悬崖处倾斜下来的水流。按瀑布的成因可分为五种类型：①岩溶型瀑布——发育于碳酸盐岩分布区，这类瀑布往往形成于断层带的断崖处，上升盘为造瀑层，下降盘形成瀑布深潭，由水流的溶蚀作用而形成的瀑布，这类瀑布常常伴生有溶洞，形成水帘洞式瀑布。例如贵州黄果树瀑布，广西漓江瀑布，湖北南漳县香水河七彩瀑布等；②构造岩层型瀑布——由于构造运动，使河流横穿硬度不同的岩层，坚硬的岩层形成造瀑层，软弱的岩层则被冲蚀下切，逐渐形成深潭。例如黄河壶口瀑布，就是在三叠系地层的硬度不同的岩层上形成，坚硬致密的厚层状细砂岩为造瀑层，软弱的粉砂岩或粉砂质泥岩形成深潭；③火山熔岩型瀑布——由于火山喷发，熔岩堵塞河道造成上游段与下游段地形高差，由此导致水流的落差而形成瀑布。例如吉林长白山天池瀑布，黑龙江镜泊湖瀑布；④山崩、泥石流、冰川型瀑布——在外力地质作用下，堆积物堰塞河道形成瀑布，例如四川叠溪瀑布；⑤山岳瀑布——主要发育在陡峭的山地，在雨季，山上的雨水向下倾泻造成间歇性瀑布，或者由于山上有长流的泉，向山下倾泻所致。我国许多风景名山大都有这类瀑布，例如雁荡山瀑布群，庐山的黄龙潭、黑龙潭瀑布等。

2.2.4 湍急河溪景观

湍急的河流主要发育于山地地区，尤其是河流的上游段，河床底部坡度较陡，落差较大，水流下泻急促，由此形成湍急河流景观。小溪分布于山区，少雨季节，溪流平缓安闲，雨季则水流量大增，形成湍急的溪流。比较有名的湍急河溪景观有：长江上游的金沙江段，大渡河，重庆巫山小三峡上游段，湖北巴东神农溪上游段，台湾秀姑峦溪等。

2.2.5 缓流溪涧景观

在地形比较平缓的丘陵地带，地形高差小，山间小溪缓缓流淌，给人以安闲恬静的感受，如杭州西湖九湾溪（九溪十八涧）。我国许多地形差异小，比较平坦地区的河溪、溪涧都是缓流状态。

2.3 湖泊景观风景类

2.3.1 构造湖景观

也称断陷湖。由地壳运动（褶皱、断层等）造成的凹陷积水形成的湖泊。其特点是湖岸平直而狭长，岸坡陡峻，湖水深，容积大，往往沿构造带排列。断陷湖往往与断块山相伴生，例如青海湖与日月山、江西鄱阳湖与庐山、云南滇池与西山、大理洱海与苍山等。世界有名的构造湖，如俄罗斯的贝加尔湖，非洲的坦葛尼喀湖、尼亚萨湖、基武湖、阿伯特湖，约旦的死海等。

2.3.2　泻湖景观

泻湖又称海成湖。由海岸地带的沙坝、沙嘴和海堤与海洋隔开的浅水湾，浅水海湾的湾口被泥沙淤积形成的堤坝隔开、封闭而成的湖泊。有些泻湖在高潮时海水可以涌进，低潮时以蒸发作用为主，由此而形成咸水湖，这种咸水泻湖也叫潟湖；有些泻湖基本不与外海相通，在海岸带又发育河流或者雨量充沛，这类泻湖在经历较长年代的滨海地质作用后，完全与海隔离，海水逐渐淡化，咸水逐渐变成淡水。这类泻湖以我国江苏的太湖、浙江杭州的西湖等为典型。

2.3.3　河迹湖景观

也叫河成湖。因河流的变迁或者河流改道、截弯取直、淤积等而使得河道的一部分形成湖盆，被叫做河迹湖。蛇曲形河道在长期的地质作用过程中，自然取直截弯常常形成牛轭湖。河迹湖一般面积较小，保持原来河道段的外形，时间久远者外形也完全改变。例如湖北江汉平原的洪湖，南京的玄武湖、莫愁湖，武汉的东湖，江苏扬州的瘦西湖，以及淮河下游由于河道变迁而形成的洪泽湖等。

2.3.4　冰川湖景观

由于冰川作用所产生的凹地积水而成的湖泊，可以分为冰蚀湖（掘蚀作用而成）和冰碛湖（冰川的冰积作用而成）两种，在掘蚀洼地形成冰蚀湖，冰积洼地形成冰碛湖。波兰东北部的希尼亚尔德维湖属于冰碛湖，我国藏北和北欧等地多分布冰川湖，如四川霍炉马错、新疆天池。

2.3.5　风蚀湖景观

在气候干旱地区，由于风力长期作用于地面，形成风蚀洼地，积水而成的湖。其水源可以由地下水或河流注入，一般湖底平坦，湖岸较规则，面积较小，水浅无出口，湖水经常变化，属于间歇性湖泊。我国西北地区的许多湖泊多属此类，如内蒙古的居延海，甘肃的月牙湖（泉），新疆的罗布泊等。

2.3.6　岩溶湖景观

岩溶湖主要分布于碳酸盐岩地层发育的地区，主要由岩溶地区的溶蚀洼地或溶蚀漏斗底部积水而成。一般规模较小，但是由于岩溶湖与其周边的岩溶地貌相伴，相映成辉，所以具有较大的游览价值。中国西南地区的云南、贵州、广西等地岩溶湖比较多，例如贵州威宁的草湖，云南石林的剑池等。

2.3.7　堰塞湖景观

由于地震、山崩、滑坡、泥石流、冰碛或者火山喷发出熔岩阻塞河流而形成的湖泊。例如四川迭溪湖为1932年岷江地震，在其上游迭溪地带发生山崩、滑坡，其滑塌的山体阻塞河道形成三个湖泊（当地叫做海子，目前还有两个）；东北松花江上游由于受到玄武岩流阻塞形成镜泊湖；还有黑龙江省的五大连池等也是火山喷发阻塞河道所致。

2.3.8　火口湖景观

也称火山口湖。火山喷出的熔岩和火山碎屑物堆积在火山口周围，使得火山口形成一个洼地，积水而成湖泊。吉林长白山天池为典型火口湖，另外日本、意大利、冰岛等国分布有较多的火口湖。

2.3.9　人工湖景观

人工湖也就是水库，一般在河流的中上游段（山区）截流筑坝而成。我国的许多人工湖现在都成为游览胜地，诸如浙江富春江截留而成的千岛湖风景区，湖北武汉木兰湖风景区，湖北赤壁陆水湖景区，吉林松花湖风景区；也有挖土堆山而成的山和湖，如北京颐和园的万寿山和昆明湖。

2.4　冰川景观风景类

冰川景观分类有两种方案，一是按冰川形成区的形态和特点分类，可以分为山岳冰川、山麓冰川、高原冰川和大陆冰川四种。由于山麓冰川为山岳冰川和大陆冰川的过渡类型，作为旅游景观意义不大，不再作为独立景观描述；按照其地理位置则可以分为极地冰川、亚极地冰川、温带冰川和热带冰川等。陈安泽、卢云亭在冰川景观分类中，采用极地冰川、亚极地冰川和高山冰川的方案。这种分类的依据不清楚，比较混乱，所以本文采用形成区形态和特点进行分类。具体如下：

2.4.1　大陆冰川景观

又称作大陆冰流或者冰盖。是面积巨大，冰层很厚，不受地形限制，覆盖了大片陆地的冰流。其中心凸起，向四周降低，作放射状流动，总体轮廓大致呈盾形，所以也叫冰盾。因为主要分布在两极地区，所以又叫极地、亚极地冰川。典型大陆冰川景观主要有南极乔治岛、格陵兰岛、冰岛和阿拉斯加冰川等。

2.4.2　山岳冰川景观

山岳冰川又称高山冰川。是在山区范围内形成、流动和消亡的冰川。我国西部的现代冰川，大多数属于这种冰川类型。甘肃乌鞘岭，新疆天山、博格达山，喜马拉雅山，四川海螺沟冰川公园等，以及东非坦桑尼亚与肯尼亚交界的乞力马扎罗山。

2.4.3　高原冰川景观

在北半球高纬度地区，当某些高原地面达到雪线以上时，能够发育连续的冰流，覆盖着高原的中央部分或向边缘溢流，这种冰川叫高原冰川。典型例子是挪威与瑞典交界的斯堪的纳维亚（也叫斯堪的纳维亚冰川）。

2.5　地下水景观风景类

2.5.1　泉水景观

中国自古至今，名泉很多。比较有名的如：山东济南“泉城”72 泉（尤其以“天下第一泉”之称的趵突泉著名）、湖北当阳玉泉、北京玉泉、山西晋祠泉、山西霍州泉（广胜寺）、浙江杭州虎跑泉、江苏无锡的惠山泉、江苏镇江的中泠泉。

泉为地下水涌出地表的天然露头，自古以来有泉的地方大多成为有名的自然风景景观。按照泉水涌出的水动力条件可以分为上升泉、下降泉；按照泉水涌出的地质环境综合条件可以分为侵蚀泉、接触泉、溢出泉、悬挂泉、堤泉、断层泉、岩溶泉等；按照泉水涌出的奇异特征和功能可以形成间歇泉、多潮泉、喊泉、笑泉、羞泉、鱼泉、火泉、冰泉、乳泉、甘泉、苦泉、药泉和矿泉等。

2.5.2　热气泉景观

由于地壳深部的地热能作用，在特定的地质构造、水文地质条件下，地下热水和热水蒸气喷出地表形成奇特的热气泉自然景观。由于泉水在特殊的地质环境下经历了漫长的地质作用过程，由此形成了特殊的物理性质与化学成分，从而使这类热气泉具有较大的旅游功能和健身医疗价值。热气泉景观典型例证有：美国黄石公园热气喷泉，中国云南腾冲热气泉、北京小汤山温泉、南京汤山温泉、陕西骊山华清池、西藏羊八井热气泉等。

2.5.3　地下河景观

地下河主要发育于岩溶地貌区，岩溶地区溶洞的地下通道在地下水聚集汇合作用下，常常形成地下河流，或者地表河流在流经岩溶发育地区时潜入地下的溶洞中，从而形成地下河。地下河也是由主干流和支流组成地下河系。我国有名的地下河景观有：湖北利川腾龙洞、贵州龙宫、本溪水洞以及江西龙宫洞等地下河。

2.5.4　泥火山、泥泉景观

在特定地质条件下，由于地下水、地下油气或其他气体在地质构造或岩浆侵入等应力的作用下，往往会有大量泥沙、岩石碎屑、气体及少量地下水喷出地表，其喷发状况有类似火山作用形成的自然景观。泥火山锥高度一般不足十米，直径数十米，最大的泥火山位于里海西岸的阿塞拜疆巴库油田附近。中国台湾高雄泥火山在长约 20km 的地带共有十余处。

2.5.5　泉华景观

泉华一般是指溶解有矿物质或矿物盐的地下水、地下热水和蒸气在岩石洞隙或地表的化学沉积物。自然界常见的泉华主要有钙华、硫华、硅华、盐华和金属矿华五种类型，最常见的是钙华或石灰华。泉华由于是气态状况下形成，往往受到周围空气、温度和其物质和因素的影响、干扰，使其形态奇异，颜色多变。具有较大观赏价值的有：西藏龙马尔热泉区的“钙华石林”，云南中甸碳酸泉沉积物堆积的白水台泉华，其高长 150m，宽度达 120m，如若瀑布。

2.5.6　龙眼景观

在滨海、湖泊、河流底部地层中涌出的承压上升泉。在海滨近岸地带涌出的淡水泉称为“海龙眼”，如辽宁大连至金县东海岸，有一系列淡水上升泉在海底涌出，构成“海龙眼”奇观，不但具有旅游功能，而且可以为渔业供水。

2.5.7　坎儿井景观

坎儿井为我国新疆特有，它是我国干旱地区劳动人民开发利用地下水的杰出创造，是新疆地区几千年以来开发利用地下水资源的输水廊道，是一种特殊的灌溉系统。坎儿意为井穴，其基本特点是在地下开挖引水渠道，将深部地下水变为浅层地下水，最后引出地面。坎儿井由直井、地下渠道（地廊道）、地面渠道（明渠）及涝坝（沙坝）四部分组成。新疆的坎儿井主要分布在吐鲁番、哈密、木垒、库车等地，尤以吐鲁番盆地最多，多达1 100道。

2.5.8　古井景观

如北京故宫博物院的珍妃井，山西汾阳杏花村汾酒古作坊的古井（亭），安徽古井贡酒的古井（亭），河南汝阳杜康酒厂的古井，台湾台南市乌鬼井（延平街古井），浙江杭州西湖的龙井。湖南长沙的"白沙古井"，在湖南传有"常德德山山有德，长沙沙水水无沙"的民谣，这里的"长沙沙水"即指白沙井水。广东潮州古井（位于潮州八景的北阁景区）。浙江杭州的"钱塘六井"——相国井、西井、方井、金牛井、白龟井、小方井（据 www.google.com 搜索）。

（三）生物圈风景域

3.1　植物景观风景类

3.1.1　森林景观与森林公园

森林是地球的"肺"，是植被繁育、林木密集的地带。森林具有调节气候、净化空气、吸收尘埃的功能，在目前全球环境质量急剧恶化的状况下，森林是维护生态环境的重要基地。森林公园成为健身康体旅游的好去处。我国各省市都建立了国家森林公园和地市级森林公园。例如张家界国家森林公园，上海共青团森林公园，昆明西山森林公园，哈尔滨森林公园等。世界有名的如莫斯科伊兹麦尔森林公园等。

3.1.2　植物自然保护区

以植物为主的自然保护区，在我国这类保护区计有一百余处，这些植物保护区分布于热带、亚热带、温带、暖温带以及干旱草原和沙漠地区。每一处自然保护区都具有各自的特殊自然景观和生态系统，具有珍贵的植物属种，且具有较高的科学研究价值和旅游观赏价值。例如浙江天目山自然保护区，海南东寨港红树林自然保护区，海南陵水县白水岭热带森林自然保护区，海南白沙县霸王岭自然保护区，海南昌江县斧头山自然保护区，海南尖峰岭热带原始森林区，四川卧龙自然保护区等。

3.1.3　古树名木

古树名木主要是指树龄长（一般在500年以上者）、树种稀有的大而古老的树木（大树王）。古树有自然环境中的，也有人文环境里的，人文环境中的古树往往体现出当地的人文历史背景。例如山西吕梁中阳县有一株春秋战国时期的古槐，与其相伴的有当时的古城遗址，从中投射出两千多年前的人类生活景象。全国各地的许多寺庙宫观都保存有古树名木，尤其是千年银杏、千年古槐比较多，有名的如庐山三宝树。

3.1.4 植物园景观

植物园一般有两种类型，一种是大型综合性植物园，一种是具有特色的某种植物为主的专科性植物园。前者如英国皇家植物园，中国北京植物园、江西庐山植物园、南京植物园等。特种或特色类的植物园有体现气候带的，如云南西双版纳热带植物园、海南的热带植物园、杭州的亚热带植物园等。反映物种特色的植物园比较多而小，例如山茶园、秋海棠园、蔷薇园、梅园、牡丹园等，武汉植物园也很著名。

3.1.5 花圃、花卉景观

花圃、花卉景观大多数实际上是特色植物园。我国有名的花卉植物园有武汉梅园、无锡梅园、南京梅园、洛阳牡丹园、山东菏泽芍药园等。也有野生花卉景观地，例如湖北保康县境内的万亩野生腊梅，鄂西、陕南等地的高山迎春等。

3.1.6 生态农业景观

生态农业景观是一种新的旅游资源，一道新的风景景观。随着现代农业的发展，高科技不断应用于农业，在农村出现了专业性很强的特色农业基地，除了常规的农业基地（庄稼园地）外，具有旅游功能的主要是新开辟的经济农业基地或农业园区，如万亩茶园、苎麻园、油菜园、荷花园等，海南的橡胶园也是一道吸引游人的风景景观。

3.1.7 果木园林景观

主要以水果基地或干果基地为特色，最常见者有苹果园、梨园、核桃园、枣园、葡萄园、桔园、猕猴桃园等，在热带地区（主要在海南、福建、广东等地）有荔枝园、龙眼（桂圆）园、芒果园、胡椒园等。

3.2 动物景观风景类

3.2.1 特殊动物群落景观

特殊动物群落只是人为的，并没有特定的含义。它们或者是人们豢养的，或者是野生的，只是这些动物容易群居，也有人为地把它们养在一起的。比较有名的有：黑龙江的蛇岛，新疆的野驴、野骆驼，海南陵水的猴岛，武汉木兰山的白鹭岛，以及许多地方的鸟岛等。另外也有一些候鸟栖息地，如山东、天津等地的大雁栖息地和鹤类栖息地等。

3.2.2　野生动物自然保护区

我国已经建立了为数不少的动物保护区，大多数属于濒临绝灭的动物，如四川卧龙大熊猫自然保护区，东北丹顶鹤自然保护区，海南霸王岭长臂猿自然保护区，海南东方大田坡鹿自然保护区，陕西朱鹮保护区，青藏高原可可西里的野牦牛和藏羚羊保护区等。

3.2.3　养殖场动物景观

由人工饲养的动物群，家畜类有养鸡场、养兔场、养猪场、养鸭场，特殊皮毛动物的养殖场有养貂场等，其他保护性的养殖场，如有名的海南枫木鹿场、湖北石首麋鹿养殖场等。

3.2.4　其他动物群落与动物园

其他动物群落主要是指专门性的动物参观地和动物园类，包括综合性动物园和专门化动物园，其旅游功能主要为观赏、科学研究、驯化表演和保护性繁育养殖。例如北京动物园、武汉动物园，日本上野动物园，以及许多地方新建立的鸟语林、水族馆、昆虫馆、蝴蝶园、爬行动物馆（鳄鱼馆、蛇馆）等。

3.3　生态景观风景类

地球表层的三大生态系统是：海洋、森林和湿地，有些生态环境理解可能超出了这种限定，森林似乎不可能囊括所有的植被。

3.3.1　自然生态保护区

自然生态保护区为生物及环境综合保护基地。我国的大多数自然保护区都可以认为是自然生态保护区。诸如海洋、湖泊、森林、沼泽、河流、水库以及农业生态环境等，凡属于保护基地者都可以认为是自然生态保护区。

3.3.2　海洋生态环境景观

重点是热带海洋生态环境，主要有滨海、浅海带、大陆斜坡、深海盆地、海沟、海岛等，海滩生态景观有基岩海岸、沙质海滩、潮坪、红树林、珊瑚岛、河口湾等。

3.3.3　草原生态环境景观

如中国的内蒙古大草原，新疆、西藏、甘肃、青海的草原，多瑙河温带草原，东非热带稀树草原等，小型的草原（草甸）在许多地区都有。

3.3.4　苔原生态环境景观

苔原——也称冻原。分布于极地附近或高山的无林沼泽型植被。主要的植物是苔藓或地衣；此外还有种类不多的禾本科和莎草科草本，杜鹃花科的常绿性低矮小灌木（如越橘、岩高兰、矶踯躅等）和垫状匍生性的矮桦、北极柳。苔原主要分布于亚欧大陆北部和北美洲，局部出现于树木线以上的高山（地衣—藻类与菌类为主的低等植物构成）。典型例子如极地苔原生态环境。

3.3.5　湿地生态景观

广义的湿地生态环境包括：海洋、湖泊、河流、沼泽、人工湿地（水田）等。此处特指狭义的湿地景观，主要有沼泽景观、泥炭地景观等。

（四）大气圈风景域

4.1　气象景观风景类

4.1.1　极光景观

极光是高纬度地区高空中出现的一种光的现象，常呈弧状或带状，白色或黄绿色，有时带红、灰、紫、蓝等色。极光的产生主要是由于太阳的带电微粒发射到地球磁场的范围时，受到地球磁场的影响而形成的一种光电效应。这些带电微粒从高纬度进入地球的高空大气层，激发高层空气而造成的发光现象。在北半球距地球22°～27°的地带，有一个极光带，主要出现在北欧、北美、阿拉斯加等地。

4.1.2　佛光景观

佛光一般出现在太阳相对方向处的云雾层之上，是围绕观测者影子的彩色光环，它是山岳中的一种特有自然美景。佛光是一种大气折射现象，主要是由雾气中的小水点对光线折射或者衍射而产生的大气光学现象。在太阳高度角不大时，人背太阳而立，光线通过云雾区小水点经过衍射便可以形成佛光。光环内人影是阳光照射人体时，人影透映在云雾层上而成。我国出现佛光较多的地方有峨眉山、黄山、武当山、庐山、衡山、泰山，山西五台山也有报道。

4.1.3　海市蜃楼

大气造成的一种奇异光象，是由光线在大气层中的折射作用而产生的自然现象。当空气各层的密度有较大的差异时，远处的光线通过不同的空气层就发生折射或全反射，折射的光线把远处的景物显示在空中或地面，形成奇异的幻景——在空中或者地面以下有远处物体的影像。这种现象多在夏天出现，一般发生在沙漠地区和海边，古人误认为是蜃（大蛤蜊）吐气而成，所以叫做蜃景。沙漠地区白天地面增温快，空气下热上冷差别大，密度下疏上密，造成倒影幻景位于实物下面，称为“下现蜃景”；海边的空气是下密上疏，造成的幻景位于实物上面，称为“上现蜃景”。

经常出现蜃景景观的地方有：山东蓬莱（上现蜃景），新疆、甘肃、内蒙古等地的沙漠地带（下现蜃景）。

4.1.4　云雾景观

云——大气中的水蒸气，凝聚而成小水滴或水粒，或与雨共存时肉眼可见的集合体，叫做云，在高空的云可以是冰晶（如高积云）。雾——接近地面的空气中的水蒸气，由于接触较冷的地表，因而凝结成小水滴或冰晶，使能见度不足 1km，就叫做“雾”。雾与云的区别只是雾较贴近地面；有时区别于霭的是不太透明。主要景观有高山云雾、云海（黄山、张家界、庐山、衡山）等。

4.1.5　雪霰景观

雪霰也称作雪珠，在高空中的水蒸气遇到冷空气凝结成的小冰粒，多在下雪前或下雪时出现。如“夜深烟火灭，霰雪落纷纷”（白居易《秦中吟》）。主要景观有：雪景、雾凇、雪挂、冰挂。

4.1.6　云霞景观

日出或日落时天空云层因受日光斜射而呈现的光彩（彩色的云）：彩霞、云霞、霞帔、霞光、红霞、烟霞、朝霞、晚霞等。朝霞和晚霞是最为常见的云霞景观，这与人类生活中的起居活动有关，早晨和晚上，是人们出行和归来的时刻，早晨出门仰望天际会有东边天空中的朝霞相映照，为你送行；黄昏时分，忙碌一天的人们，踏上回家的归途，在放松心情的时刻西天的彩霞给人一种平安归来的温馨。

4.1.7　霏（烟）雨景观

霏，其本意是雨雪很盛的样子，人们一般的认识是弥漫的云气。如“若夫日出而林霏开，云归而岩穴暝，晦明变化者，山间之朝暮也。”（宋·欧阳修《醉翁亭记》）。又如“云霞收夕霏。”霏霏（雨、雪、烟、云很盛的样子），霏微（雾气、细雨弥漫的样子，烟雾、细雨等到处飘散），霏红（飞红。指花瓣飘落），霏烟（飘飞的云雾），弥漫，笼罩，如霏雾（飘浮的云雾）、霏弥（飘溢）。

作为景观，主要有：春夏时节，常常会遇到蒙蒙细雨，烟笼雾罩小雨霏霏的景观。

4.1.8 风成景观

原来有些学者称作“风景观”，其实风只是一种感受，是看不见的，所以并没有什么可以观赏或者欣赏的景观。人们看到的一些与风有关的景观是一种“被动性”的景观或者景象，如春风摇曳柳枝，秋风扫落叶，狂风大作掀起巨浪，飞砂走石，撼动大树，风起云涌等，都是由风引起“风成景观”。另外，在云南大理下关风，应该是一种感受。

自然界不同地区、不同地理部位或者不同地貌带可有不同的风感效应。有三种风感较为典型：海陆风、山谷风、峡谷风。

海陆风——近海地区以昼夜为周期风向发生显著变化的风。其范围限于海陆相交的数十里之内。白天陆地增温快于海洋，气压相应降低，低层空气从海洋流向陆地，形成“海风”；夜间陆地冷却快于海洋，气压相对较高，低层空气从陆地流向海面，形成“陆风”。

山谷风——发生于山区小范围内的以昼夜为周期的地方性风。白天，山坡上的空气比同高度山谷上空的空气增温强烈，空气不断上升，谷底空气顺坡上升补充，形成“谷风”；夜间，山坡上的空气冷却快，顺坡面下注到谷底，形成“山风”。一般在中低纬度地区东南坡、夏季发生。

峡谷风——空气由开阔地区流入峡谷口形成的强风。在两侧山岭、象喇叭状的特殊地形条件下，空气流经狭窄处时，使流速加快而造成。常见于台湾海峡、松辽盆地等地。

人类利用自然风而制作的风车，尤其是欧洲的荷兰最为典型。在中国的新疆和宁夏这些少雨多风的地区，建立了风力发电站，气势非常壮观，不失为一道旅游风景线。

4.2 气候景观风景类

4.2.1 避暑型气候

避暑型气候是人们在炎热的夏季，寻找凉爽的地区避开高温去休闲、度假，一般选择高山、高原气候、海滨气候地带、森林地带，比如庐山、北戴河海滨、张家界森林公园等。

4.2.2 避寒型气候

严冬季节，人们为了避开寒冷的时段，寻找温暖的地区去休闲度假，一般选择热带亚热带地区的海滨、海岛。我国最理想的避寒型旅游胜地是海南岛的热带雨林、热带亚热带海滨，热带亚热带海岛。

4.2.3　阳光

应该说在地球的每个地方都应该能够享受到阳光。阳光作为旅游资源，主要考虑在不同气候带、不同时段（季节）、不同地区、不同环境氛围里，对阳光的享受。一般作为旅游资源利用，其场所以海滨、沙滩、海岛、江湖岸滩、高山草原等为佳，主要强调其休闲、健身效应和疗养功能。例如地中海沿岸亚热带气候及其滨海阳光。

4.2.4　物候景观

物候是指动植物的生长、发育过程及活动规律对气候的反应。如植物的萌动、抽芽、开花、结果、落叶，动物的冬眠和复苏，候鸟的来去。作为旅游资源主要有不同季节的动植物景观、时令花卉等。作为非生物的物候有降霜、解冻等特征明显的气候季节变化景观。

4.2.5　极地白夜

极地白夜也叫极昼。高纬度地区出现的一种自然现象，黄昏与黎明相接。由于地球自转和公转的规律，在地球的南、北极圈内出现日不落山而在地平线上兜圈子的现象。北半球的夏半年，极昼出现在北极圈内，夏至出现约 24 小时的极昼。南半球的夏半年与北极地区相同。极地白夜景观主要在北极圈观赏，因为南极圈没有人类居住和活动。夏天，在欧洲（尤其是北欧），“极圈白夜”已经成为避暑、观光的好去处。

与极地白昼相对的是极夜，就是南、北极圈内在冬半年出现的太阳昼夜不升起的现象。

4.3　洁净空气风景类

4.3.1　绝对洁净空气

当今，我们人类生活的地球，能够作为绝对洁净空气的地区主要有青藏高原、极地等几乎无人类活动的地区的大气。

4.3.2　相对洁净空气

主要指在人口稀少的高山和海滨，空气质量优的地区，这些地区空气污染非常轻微，成为当前健身、疗养和休闲的理想之地。

4.3.3　森林洁净空气

森林公园中的洁净空气、原始森林中的洁净空气，富含对人身体有益的负氧离子，由此成为人类健身、疗养和休闲旅游的比较理想场所。

(五) 宇宙风景域

5.1 宇宙太空景观风景类

5.1.1 太空景观

所谓太空，实际上就是星空，也就是近地的宇宙天体和远地的星云、星空。但是这些作为旅游资源似乎有些牵强附会，因为人类的眼睛（目光）能够看到的最远距离是非常有限的。只能凭借某些仪器设施，或者某种工具来实现对宇宙太空的了解。这种工具最容易实现的就是航天飞机、宇宙飞船或者航天器。这三者并不是宇宙景观，而是游览、观赏宇宙景观的乘载工具。

5.1.2 星体景观

星体景观主要是指与地球距离最近的“近地”星球——月球、金星（启明星、长庚星、太白星）、水星（中国古代称“辰星”）、火星（中国古代称“荧惑”）等。尤其是月球和金星，与人类有一种非常亲近的关系。其中嫦娥奔月的故事，太白金星的故事，几乎是家喻户晓。

星体景观在白天往往不易看到，只有在晚上才能观察到。尤其是没有月光的夜空，或者伴有弯月的星空，可以观察得很清楚。

5.2 天文景观风景类

5.2.1 天文现象景观

与人类活动、生活关系密切的天文现象主要有日食、月食，具体可有日全食、日环食、日偏食、月偏食、月全食等。

5.2.2 星外来客景观

陨石、宇宙尘等引起的陨石雨、流星、流星雨，另外还有多年一遇的彗星。

5.2.3 星（夜）空景观

一年四季中，秋天的夜空最令人神往，繁星满天的秋夜，坐在庭院里，指点牵牛星、织女星、北极星和北斗星，此乃孩提时代的一大乐事。中秋赏月，全家团圆，乃是人生亲情之间难得的相聚。

第三章

自然旅游资源时空背景

一、宇宙、银河系与太阳系

我们人类居住的地球，是太阳系的一颗普通的行星，太阳是一颗恒星，是银河系 1 500 亿颗恒星中的一员，地球是太阳系九大行星之一，按照距离太阳的远近排列，由近而远依次是水星、金星、地球、火星、木星、土星、天王星、海王星、冥王星。按行星的体积大小排列，由大而小依次是木星、土星、天王星、海王星、冥王星、地球、金星、火星、水星。

我们研究地球，有必要对其周边的星体环境有所大致的了解，尤其是太阳系在宇宙间和银河系的位置，在这里作简要的概述。

（一）宇宙

所谓宇宙乃是指时空的总称。宇指空间，宙指时间。中国古代言：上下四方之曰宇，古往今来之曰宙。

关于宇宙，自然科学家和哲学家都有极为精辟的论述。辩证唯物主义哲学家认为宇宙是由运动着的物质组成的，在时间上既没有开始，也没有终结，只有从一种存在状态转化为另一种存在状态。空间上是无限的，既无中心，也没有边界，这种无限的空间是由一个个有限的物质世界构成的。

人类在很早以前就对宇宙空间感兴趣。还在旧石器时代，就对天文有了相当的认识，诸如昼夜的交替，月亮的圆缺，满天星斗的旋转循环，流星的出没，日蚀月蚀等。如今，不仅具有装备精良的光学天文望远镜，射电望远镜，而且在人类进入太空时代以来，已经开展了全波段的天文观测。尤其 X 射线和红外射线天文观测发展很快，成果也很多。今天人类已经可以探测到 150 亿光年以内的天体，因而也就可以看到 150 亿年前的宇宙空间。

(二) 银河系

晴朗的夏夜，我们可以看到一条星星十分密集的光带横挂在夜空，这就是银河系。银河系是一个漩涡状的星系（图 3 - 1a），侧面呈盘状（图 3 - 1b）。银河系由大约 1 500 亿颗各种类型的恒星、河内星云、星际气体和星际物质以及各种射线组成。从正面看，银河系由银盘（正面形状轮廓）、银臂（恒星密集的光带）、银核（银河中部的恒星密集光团）和核球（银核的中心）组成。我们人类居住的地球和太阳系，位于银盘的中部边缘，距离银心（银河中心）27 770 光年。银盘的半径大约为 40 000～50 000 光年，银盘中心的厚度约 1 万光年。太阳系所在位置处，银盘的厚度为 3 000 光年。

图 3 - 1a　银河系图（漩涡状）

图 3 - 1b　银河系图（盘状）

（三）太阳系

太阳系（图 3-2）是受太阳引力约束的天体系统的总称。地球围绕太阳公转，和地球一起围绕太阳运转的还有九大行星和 2 100 颗小行星，60 颗已知的卫星和 600 颗以上的彗星。太阳系的成员多而不乱，它们大体上分布在黄道面上下，绝大多数成员都沿着同一方向运行，这是一支非常整齐而有规律的团队。以冥王星轨道为边界，太阳系的直径为 118 亿公里（约合 80 个天文单位）。

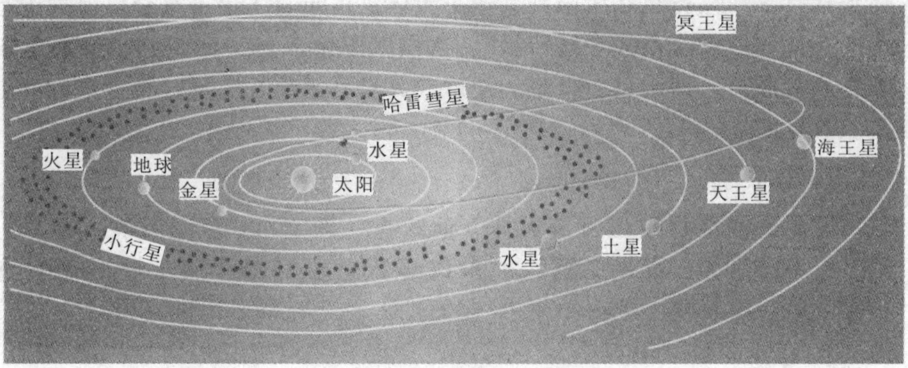

图 3-2　太阳及九大行星图示

1. 太阳

太阳是距离地球最近的恒星，日地的平均距离，国际上采用 $1.495\ 978\ 70\times10^{8}$ km（即一个天文单位）。是地球所属太阳系的中心天体，是整个太阳系的质量中心，运转中心。

太阳的质量占太阳系总质量的 99.86%（1.989×10^{33} g）；太阳的半径为 $6.959\ 9\times10^{5}$ km，约是地球半径的 109 倍；太阳的体积为 $1.412\ 2\times10^{18}$ km^{3}，为地球体积的 130 倍。

太阳密度较低，为地球的 1/4。根据光谱分析，太阳大气中有 73 种元素，氢占首位，为 71%，其次是氦，占 26.5%，氧、碳、氮、氖等约占 2%，镁、镍、硅、硫、铁、钙等约占 0.4%，其余 60 多种元素不足 0.1%。

太阳表面温度高达 6 000℃，内核温度推测可达 2×10^{7}～3×10^{7}℃，

所以太阳物质呈气态。

2. 行星

围绕恒星运行的天体主要是行星。传统的太阳系有九大行星，水星、金星、地球、火星、木星、土星、天王星、海王星、冥王星。分三类：类地行星——水星、金星、地球、火星；类土行星——木星、土星；远日行星——天王星、海王星、冥王星。

特别说明：国际天文学联合会（IAU）于 2006 年 8 月 24 日提出关于行星的新定义：围绕太阳运行、自身引力足以克服其刚体力而使天体呈圆球状、并且能够清除其轨道附近其他物体的天体。同时指出，太阳系的天体包括行星、矮行星和太阳系其他小天体。由于冥王星不符合以上关于行星的条件，所以降格为“矮行星”。这样太阳系成员又回归到“经典太阳系”八大成员，即水星、金星、地球、火星、木星、土星、天王星和海王星（参见图 3-2）。*

3. 卫星

卫星是围绕行星运行的天体。地球有一颗卫星，就是月亮（月球）。其余行星分别为：火星 2 颗，木星 16 颗，土星 17 颗，天王星 15 颗，海王星 8 颗，冥王星 1 颗。

4. 彗星

彗星是太阳系的一个成员，虽然它绕太阳旋转，但是它运行的轨道与行星不同，呈长而扁的椭圆形，有时类似于抛物线。如著名的哈雷慧星（1682、1986 两次回归地球），海尔—波普彗星（1997）。

彗星特点（结构）：扫帚状（俗称扫帚星），由彗发、彗尾组成。

5. 陨星

分为石陨星和铁陨星两种。这是目前人类能够获取的地球以外的最多的宇宙物质。

（四）太阳的结构

太阳是一个气态的球体，没有一个清晰界线的表面。

---

* 2006 年 8 月 24 日，在捷克首都布拉格召开的国际天文学联合会（IAU）第 26 届大会第 5 次会议上作出的决议。

天文学家把发出强烈而有连续光谱的光和光线，而且又无法穿透的球面称为太阳表面。这也就是太阳大气最下层的底部，叫做光球。光球以上（以外）的部分为太阳大气层。

太阳的结构，自中心向外可分作几个层区：核心—核辐射转移区—对流区—大气。

核心——核心约占太阳半径的10%的范围，其密度达 135～150 g/cm^3，温度达 15×10^7K，是氢进行热核聚变的反映区。

核辐射转移区——从核心向外，到半径75%以上的区域。

对流区——核辐射转移区以上（以外）的层区，厚约15km。

大气——太阳大气是通过直接观测对其进行研究的。从里到外，太阳大气可分为光球、色球、日冕。

（五）太阳和地球的关系（对地球的影响）

太阳对地球的重要性是众所周知的，人类和万物从太阳得到光和热，使得地球万物生机勃勃，繁荣昌盛。与此同时，太阳的活动也给地球带来各种影响。其中主要有：辐射能影响，太阳活动现象（耀斑、谱斑、日珥、日冕、黑子、磁暴、电离层突然骚扰），气候变化、台风、热带风暴，潮汐、地震，生物变异、生物生长，人类健康等。

二、地球及其结构

（一）地球及其圈层结构

1. 地球形状和地球运动

我们人类居住的空间、星球就是地球。

地球是太阳系九大行星之一，是太阳系唯一具有生命，特别是人类居住的星球。按距离太阳远近计，仅远于水星和金星，居第三位。地球的形状是圆球形，是一个扁球形的扁球体，其轨道偏心率为0.016 722，地球的表面更接近于一个不规则的梨形。

地球围绕地轴自转，又绕太阳公转，同时还随太阳系在星际空间运行。自转周期为23时56分4.1秒，自转速度为0.465km/s；公转周期为365.256 4日，即365日9分10秒（1恒星年），公转速度为29.79km/s。

2. 地球的有关参数

根据 1971 年第 15 届国际大地测量和地球物理协会决议采用的数据：地球平均半径为 6 371.100km，地球的长半径为 6 378.160km，短半径为 6 356.755km，两者相差 21.385km；赤道周长为 40 075.696km（另一数据为：40 076.604km）；经线周长（子午线）为 40 008.548km（又：40 008.40km）；地球表面积为 5.101×10^{8} km^{2}（又：$5.100\ 7\times10^{8}$ km^{2}）；海洋面积为 3.62×10^{8} km^{2}（3.61×10^{8} km^{2}），陆地面积 1.49×10^{8} km^{2}；地球体积为 $1.083\ 316\times10^{12}$ km^{3}（$1.083\ 2\times10^{12}$ km^{3}）；地球质量为 5.976×10^{27} g；地球平均密度为 5.518g/cm^{3}，其中大陆平均密度为 2.67g/cm^{3}，地壳平均密度为 2.8g/cm^{3}。

3. 地球的圈层与南北极

地球的圈层分为外部圈层和内部圈层（图 3-3）。外边圈层有水圈、大气圈、生物圈，内部圈层为地核（内地核、外地核）、地幔（上地幔、下地幔）、地壳（岩石圈上部）。

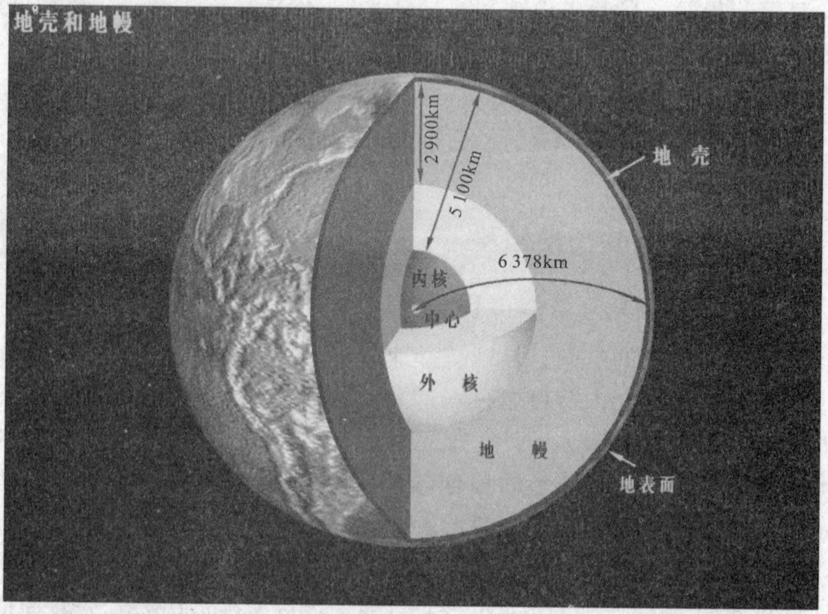

图 3-3　地球的内部结构

地球有三极，即地极、北极和南极。地极是指地球自转轴与地球表面相交的点，叫做地极。在南半球叫南极，在北半球叫北极。

4. 地球的物理性质和化学成分

地球的主要物理性质有：重力和重力异常，密度和压力，地磁场，地热，地球的弹塑性。

地球的化学成分主要是指地球各部分的主要化学元素或物质种类及其存在的相对量。它主要根据地质、地球物理和陨石等方面的资料推算得出。通常用百分比来表示。地壳的化学成分由地球外表岩石的化学成分的分析结果直接求得，其中氧 46.8%、硅 27.3%、铝 8.7%、铁5.06%、钙 3.6%、钠 2.6%、钾 2.6%、镁 2.08%、其他 1.26%。地壳下部的物质成分主要根据地球物理和陨石资料推测的，因为地球密度随深度而增加。作为天体之一的陨石，可能是具有与地球相似的同心环带构造的行星的碎块，两者的平均化学成分应当接近。可以认为铁陨石类似地核，石陨石类似地核外部，球粒陨石相当于地幔，而无球粒陨石与地壳化学成分接近。

5. 地球的年龄

地球作为太阳系的独立行星，它大致形成于 46 亿年前。地球在形成以前是处于类似星际空间星云物质的气体状态，原始气体的物质分异成液体和气体，又进一步分异成固体。在聚集过程中，重元素向中心聚集，轻元素向地球表层聚集，部分气体逃逸到空间中去，最后形成一个固体地壳。把这个时间作为地球的地质历史开始的时间。根据地球上最老的陨石、月岩的同位素年龄测定结果表明地球形成的时间大约在 46 亿年前。

（二）地球的外部圈层

1. 大气圈

大气圈是地球表层和生命的盾牌。大气的物质成分以氮和氧为主，其他成分还有氩、氦、氢、碳（二氧化碳）等。

（1）大气圈的分层。根据大气圈在不同高度上温度的变化及其表现出来的特点，通常将大气圈划分为对流层、平流层、中间层、暖层和散逸层（图 3-4）。

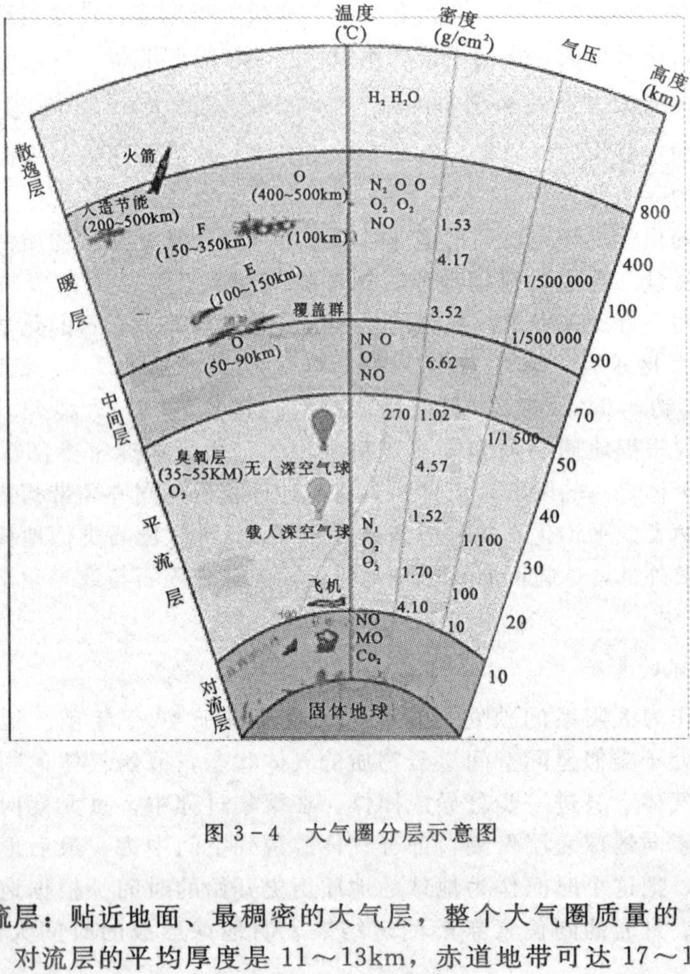

图 3-4　大气圈分层示意图

对流层：贴近地面、最稠密的大气层，整个大气圈质量的75%集中在这里。对流层的平均厚度是11～13km，赤道地带可达17～18km，两极地区只有8～9km。这是地球自转产生惯性离心力作用的结果，使得大气圈在赤道一带凸出。

在对流层中，越往高处温度越低。降低的数值在不同高度、不同地区、不同季节均有所不同，平均每升高1 000m，大约降低6.5℃。靠近海面的气温，平均约15℃，到对流层顶部，一般降到－50℃以下。上下温度相差很大，由此促成对流层中的大气不断运动，气体可以产生垂向对流。大气圈的水蒸气几乎全部集中在对流层中，特别是在高度5 000m以下的空间内。由此大气产生的风霜雨雪、寒潮热浪等天气气象现象，主要集中在对流层的下部，尘埃也主要散布在这一空间。

平流层：平流层主要限于从对流层的顶面到达距离海平面向上55 000m的空间带。它几乎占有大气圈质量的25%。在平流层中气温总体上是随高度增加而升高，到平流层顶部，温度从底部的－80℃以下，升到0℃左右。大气的垂直对流几乎没有，而是沿着水平方向运动。这里几乎没有水蒸气和尘埃。飞机进入平流层时，尽管下面电闪雷鸣，风雨交加，但这里总是晴空万里，依然可以平稳飞行。在平流层上部，气温增加最快，因为这一带的大气中含有较多的臭氧。我们把大约自35～55km之间臭氧含量相对较多的层段称为臭氧层。臭氧能吸收太阳辐射来的紫外线，使得这里得到更多的热量。这里集中了地球上90%的臭氧。

中间层：越过平流层，大气圈的质量已经很小，所剩无几，但是弥漫期间的仍然有稀薄的空气。在这里，温度再次随着高度增加而下降，到中间层顶部（80～90km），已经降到－83℃左右。中间层里再次出现显著的空气垂直对流运动，这里由于空气实在太稀薄，又缺少水蒸气，所以这里不可能形成风和雨。

暖层（电离层）：在中间层之上，温度转变为直线上升。这里的大气更加稀薄，其密度在底部已经只有海平面的百万分之一。到120km的高度时，减低到百亿分之一。而温度则迅速升高，在300km高空，温度达到1 000℃以上。暖层除了底部有少量的氮分子外，主要为原子状态的氧。我们知道，氧能吸收紫外线，从中得到许多热量，所以暖层温度增加得很快，同时有电子脱离出来成为自由电子在太空中流动，原子变成离子，从而处于电离状态。所以暖层也叫作电离层。

电离层对无线电波的传播是至关重要的。无线电波发射出去，遇到电离层就会反射回地面来，如此多次重复，便可以传输到很远的地方去，由此给人类创造了极为方便的通讯环境条件。

散逸层：散逸层也叫作扩散层。在暖层（电离层）之上，物质更为稀疏和稀少，继续以原子、离子状态出现，由低到高分别以氧、氦、氢为主。这里气温也高，带电离子运动的速度快，受地球的引力作用又很小，而且时刻都要受到太阳风的冲击和太阳电磁场的影响，其上部边界模糊而不稳定，不断地有粒子散失到太空中去。散逸层构成地球的外磁场，也称作磁层。

(2) 大气的运动。整个大气圈的物质都在不停地运动。但是长期以来，人们只对低层的大气，而且主要是对对流层的物质有所认识。直到第二次世界大战后，火箭升空探测大气，人类这才知道，近地的高层空间，仍有以分子、原子或离子状态存在的气体。这里的大气运动是人类感官所不能感觉和体察到的，人们通过仪器的测定才可以观测得很清楚。

大气环流：影响人类日常生活的大气运动，主要是低层大气，也即对流层中空气分子的运动。在对流层中，由于受到太阳辐射对大气圈的影响，热空气因体积膨胀，密度降低而上升；冷空气则体积收缩，密度增大而下沉。赤道及其附近地带，常常受到太阳光的直射，日照时间长，得到的太阳辐射量多，空气受热膨胀上升，在地面附近形成低气压区。两极附近，得到的热量少，空气冷却下沉，在地面形成高气压区。这样，在贴近地面一带的空气就会从两极向赤道地带流动；而赤道地带的空气在上升到对流层上部之后，应该流向两极地区的高空，再从两极上空冷却而下沉。从理论上解释，如果只考虑太阳辐射对大气圈影响，在赤道和两极之间似乎应该形成一个理想的“环流”。

但是，由于受到地球自转偏向力（也叫作科里奥利力）的影响，地球在自转时，处于不同纬度的地区自转线速度不同（角速度相同），致使由极地向赤道的气流在北半球向右偏转，在南半球则向左偏转。愈是靠近两极地区，这种地球自转偏向力（科里奥利力）的作用就愈强，相反在赤道附近则等于零。因此在科里奥利力的影响下，结果没有形成从两极直接流到赤道的大气环流，因为气流运行到南北纬 60°处和 30°处时，风的方向已经大幅度地改变了。在地表南北纬 60°附近，形成亚（副）极地低压带，大气气流形成以向上流动的东风为主。在地表南北纬 30°附近，形成高气压区，称为亚（副）热带高压带，大气气流形成以向下流动的西风为主。其结果，在南、北半球各自分别形成三个大气环流圈（图）。以北半球为例说明：从极地到北纬 60°处，地表附近形成极地东北风，而在高空处则以西南风返回极地；在北纬 60°～30°之间的地面附近，盛行西风（以西南风为主）；北纬 30°到赤道之间，地面附近发育东北信风（当人们依靠帆船航海时，常常借助于此风航行，由此带来信息，故将此风称为信风，也称作贸易风），赤道附近空气温度最高，气流垂直上升，在这个地带的高空处则以西南风的形式返回亚热带高压带。

气旋——大气的旋涡状运动：地球自转偏向力还会使大气围绕低气压区或高气压区的中心作旋涡状运动，即：以低气压区为中心形成的气旋（顺时针方向旋转），以高气压区为中心形成的反气旋（逆时针旋转）。我们人类所熟知的台风、飓风、龙卷风等热带风暴都是大气气旋运动的表现形式。

天气气象与气候：在对流层中，可以发生各种天气现象——气象。由于空气的温度和空气中水分的含量（湿度）不同，从而在对流层形成许多冷暖、干湿不同的气团。一个气团在水平方向上可以延展数百万米，最小也有几十万米，其厚度则为几百米至几千米，直达对流层顶部。在垂直方向上，随着高度的变化则有所不同。

气团是在一定的地理环境中形成的，譬如冬季对我国影响极大的寒冷气团，大多形成于俄罗斯的西伯利亚地区；而夏季对我国影响强烈的暖湿气团多形成于西太平洋中的热带区域。

冷暖气团相遇时，在两者交界的地带便形成一个狭窄的过渡带，这个过渡带称作“锋”。锋在空间中看起来是一个倾斜面，冷气团在下，暖气团在上。锋面两边的气温陡升陡降，高低可相差 10℃左右。如果是冷气团向暖气团方向推进，称为冷锋；反之，称为暖锋。如果冷暖气团相持不下，锋面很少移动，这时称为准静止锋。

天气的变化与气团的活动、锋面的坡度与移动的速度，以及空气的垂直运动关系非常密切。当我们的住地为干冷气团所笼罩时，人们便感觉到天高气爽；当暖湿气团笼罩大地时，则给我们带来了闷热和潮湿（湿度大）的感受。我们所熟悉的寒潮或热浪，就是冷、暖气团到来时产生的天气变化。冷暖气团相遇，暖气团中的水蒸气受冷凝结，这时锋面附近天气剧变，便产生云雨。

由于地球表层纬度的高低和地面状况的不同，使得地球表层不同地区的气候各具特色。气候的分区分带大致是以纬度来控制的，这是因为控制气候的最主要因素是太阳辐射和大气环流。目前通常把全球划分为热带、亚热带、温带和寒带四大气候分带单位。热带大致在南北回归线，南纬 25°至北纬 25°之间；亚热带区域为南纬 25°～35°和北纬 25°～35°之间；温带范围是南纬 35°～60°和北纬 35°～60°之间；寒带是指南纬和北纬 60°到极区。

从时间上来看，由于地球围绕太阳是“斜着身子”在椭圆轨道上绕太阳公转，所以有了春、夏、秋、冬一年四季的变化。

对生物圈和水圈的影响：正是有了春夏秋冬四季的更替，才带来生物界变化，尤其是植物界娇艳的花季与累累硕果，产生了各种物候景观。春天的艳丽，夏日的葱绿，秋季的成熟，冬令的休眠。大气圈直接影响着生物圈生命的活动，大气环境的改变，使得物种兴衰、生态环境变异等。

由于大气的运动而产生“风”。风不但摇曳树木，拨动森林，摆动小草，而且可以使得水体动荡不定。江河湖海的翻腾，往往有风的参与，尤其是大海的波涛，在风的作用下，海洋中可以形成几米到几十米高的大风浪，巨浪滔天，惊涛扑岸，巍然可观。它可以巨大的震撼力激起人们的心潮。定向风可以在大洋中形成长驱万里的洋流。

2. 水圈——万物的生命之源、之本

(1) 水圈的构成。地球上的水圈成为地球区别于太阳系甚至银河系其他星球的环境优势。科学研究表明，地球上的水是在地球圈层分异过程中从地球内部析离出来的。而且不少学者认为，时至今日，保存在地幔中的水仍比已进入到水圈中的水要多得多。近年来还有人提出，在地球受到彗星撞击的时候，由于彗核主要由冰组成，这些冰也成为地球上水体的一种来源。

地球上的水，按其质量计算，97%以上是液态，约有2%的水冻结在两极地区和高山地区形成冰川，其余的水在地面流动或者渗透在岩石、土壤、大气和生物体内。70.8%的液态水淹没了地球岩石圈表面而形成海洋。就水圈的质量而言，它仅占地球总质量的1/5 000左右，但是它对生物圈以及人类能在地球上生存和发展具有决定性的意义。

在常温下，水表现为液态，温度升高到沸点（一般是100℃）便可以变成气态（水蒸气——汽），当温度下降到冰点时，则变成冰——固体。水的流动性好，表面张力强，热容量大，有一定的粘性，但是比较弱。水具有溶解许多物质的特性，这样为分散在水中的溶解物相互作用提供了良好环境，从而使得水成为地表一切变化的主要媒介。

水体的分布大致有五大领域：海洋水，水量134 990×10^{13} m^3，占据水体总量的97.272 5%；陆地水包括河流（水量为0.125×10^{13} m^3）、湖泊（水量为22.9×10^{13} m^3）、冰川（水量为2 920×10^{13} m^3）及其他湿地；地下水的水量为840.7×10^{13} m^3；生物水的水量为0.12×10^{13} m^3；大气水的水量为1.3×10^{13} m^3。地球上水体的总体积为138 775.145×10^{13} m^3。

(2) 海洋。海洋是海和洋的通称。一般地，海是指大洋边缘部分与陆地相连的水域称之为海，水深通常不超过200m。远离陆地的水域叫做大洋，其面积宽广，深度较大。在海与洋之间并没有一条明确的界线，全球的海洋相互之间是贯通的，实际上就是一个大洋，海只不过是大洋的边缘。全球海洋的总体格局是围绕南极洲有一个连续带，从这里向北，由于被几块大陆分割而形成太平洋、大西洋和印度洋。亚洲大陆与美洲大陆之间为太平洋（其总面积为 813×10^6 km^2，平均水深为 4 188m，最深处为菲律宾附近的马里亚纳海沟，水深 11 022m），美洲大陆与非洲大陆之间为大西洋，澳洲大陆之间是印度洋，北冰洋为环绕北极的大洋实际上是大西洋的北延部分。

全球海洋平均水深为 4 000m。根据水深，一般把海洋从海岸线到大洋中心依次划分为滨海、浅海、半深海和深海四种环境，与其相对应的海底地形分别为海岸带（滨海带）、大陆架（浅海，即大陆架，或者浅海陆棚带）、大陆坡和海沟（半深海）、大陆基（深海与半深海之间的过渡带）、深海盆地和大洋中脊（深海海域）。

目前，作为旅游资源开发和游乐项目开发的海洋资源，主要限于滨海地带和浅海较浅的地段。潮上带和潮间带为主，潮下带（即浅海浅部）部分开发利用。这个地带是非常重要的旅游资源地带，风景区和风光带。许多度假区、休假地都在海滨地带。我国的秦皇岛北戴河海滨，青岛海滨，海南的亚龙湾、大东海、小东海、天涯海角、桂林洋，广西北海银滩，山东威海的成山角，福建厦门的鼓浪屿等海滨、海岛，风光优美，景色宜人。

海水中主要物质成分为氯化钠和硫酸镁，所以海水又咸又苦。海水中的平均含盐量为 3.5%。其他化学元素还有硫、镁、钙、钾、碳、溴、锶、硼、氟等。

(3) 陆地水。陆地水可以分为四大类：地面流水（江河）、地下水（泉水）、湖泊沼泽水和冰川。

河流景观和湖泊景观在旅游资源中占有非常重要的地位，世界许多有名的风景名胜区都离不开江河、湖泊，还有泉水。瀑布是河流的一种下落水体，也是重要的风景景观。

人类维持生命的水源主要是陆地水，河流和湖泊是人类最重要的生活取水地。世界所有的重要城市、大都市都建造在河流或者湖泊附近。譬如两河流域（伊拉克境内的幼发拉底河与底格利斯河），埃及的尼罗河，南美的亚马孙河，中国的黄河和长江，欧洲的多瑙河、莱茵河，美国的密西西比河，印度的恒河、印度河等，这些地带都是古人类的发祥地。

湖泊由陆地上的低洼地区积水而成，很多湖泊与江河贯通相连，可以看作是河流的一部分，河流在湖泊休息，随后又向前方流去。有些河流由于与外界相通，所以形成淡水湖泊。也有些湖泊不与外界相通，是封闭的，河流与这类湖泊的关系，可以把湖泊看作是河流的终结。

冰川拥有水量是河流、湖泊水量的一百二十多倍，是陆地上最大的淡水资源，不过大部分聚积在南北两极地区。

泉水可分为温泉、冷泉、矿泉和普通泉水等。

（4）水圈的循环。地球上各种形态的水，在太阳辐射和重力等作用下，通过蒸发、水汽输送、凝结降水、下渗以及径流等环节，不断发生相态的转换和周而复始运动的过程，被称为水的循环。地球上各类水体，通过水循环形成了一个连续而统一的整体。水循环可以设想从海洋的蒸发开始，蒸发的水汽升到空中，并被气流输送到各地，大部分留在海洋上空，少部分进入内陆，在适当的条件下，这些水汽便凝结成降水。其中，海面上的降水直接回归海洋，而陆地表面的降水，除了部分重新蒸发回到空中外，另一部分经过植物的截留、地面拦蓄、下渗等环节转化为地表和地下径流，最后也汇入海洋，从而构成全球性巨大的、统一的和连续有序的动态大循环系统（图 3－5）。

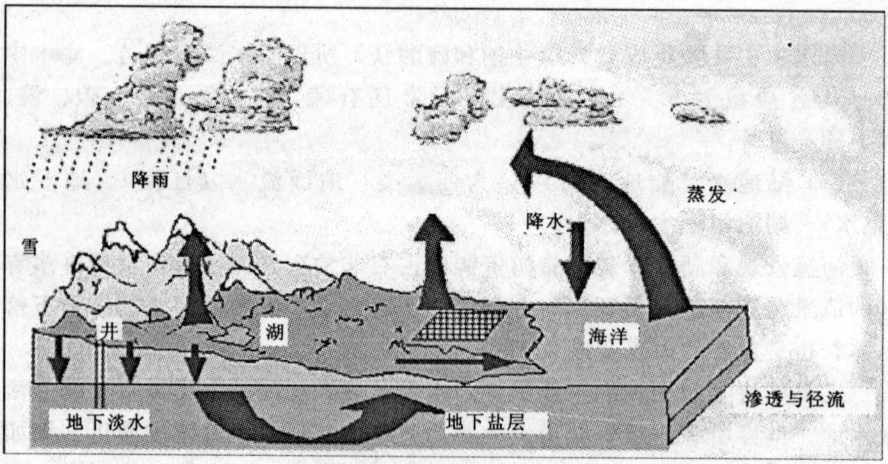

图 3－5　水圈的循环

（5）水孕育了生命和人类。地球上有了水，生命才由此在这里孕育、产生、发育、演化。生命首先在海洋里发生，海洋既是生命的发源地，也是演化的大舞台。从原核生命到真核生命，从单细胞生物到多细胞生物，从无脊椎动物到脊椎动物，这些生命演化的重大转折都是在海洋中完成的。直到今天，生活在陆地上的动物也依然保持着某种联系，例如动物（包括人类）的血液中的元素组成与大洋水的元素组成就非常接近。

3. 生物圈——大自然的精华

（1）生物圈的组成。地球上已经被认识和分类定名的生物近200万种。据估计可能有千万种以上，若是把曾经在地球上生存过的生物也算上，至少有上亿种之多。

瑞典科学家林奈（C. Linneus，1707—1778）在1753年首先提出生物的分类原则，后来经过许多科学家补充完善后，成为现在采用的生物分类系统。现在采用的分类单位由大到小是：界（Kingdom）、门（Phylum）、纲（Class）、目（Order）、科（Family）、属（Genus）、种（Species）。

界是地球上生物分类的最高层次，根据它们如何取得食物及细胞组成的特点，分为原核生物界（Monera）、原生生物界（Protista）、真菌界（Fungi）、植物界（Plantae）、动物界（Animalia）。

原核生物界（Monera）：没有细胞核的单细胞生物，主要是细菌和蓝绿藻。

原生生物界（Protista）：单细胞生物，但是有细胞核，构造较原核生物复杂，包括某些细菌、藻类和原生动物。如草履虫、变形虫等。

真菌界（Fungi）：低等的真核生物，没有叶绿素，不能进行光合作用，自己不能制造食物，而是从死亡腐烂的生物体上摄取营养，或寄生在活的生物体上。如青霉素、蘑菇、木耳、灵芝等。

植物界（Plantae）：植物界主要包括苔藓植物、蕨类植物、裸子植物、被子植物等，已知的大约30余万种，遍布自然界。自养的绿色植物，借光合作用以水、二氧化碳和无机盐等无机物，制造有机物，并放出氧。植物是自然界能量转化和物质循环的必要环节，植物的活动及其产物与人类经济文化生活关系极其密切，人类的衣、食、住、行、医疗和工业原料（纺织、橡胶、造纸、酿造、香料、油脂等），都依赖于植物。在生态文明的今天，植物是保护自然环境、修复自然环境的重要依赖。如防沙造林、水土保持、城乡绿化等都离不开植物。

动物界（Animalia）：动物界主要包括原生动物、海绵动物、腔肠动物、蠕形动物、苔藓动物、腕足动物、软体动物、节肢动物、棘皮动物、笔石动物、脊索动物（包括脊椎动物亚门）等门类。已知大约一百万余种，遍布自然界。在自然演化过程中，有些动物门类已经绝灭，例如笔石动物。动物一般不能将无机物合成有机物，只能以植物、动物或者微生物为营养，以进行摄食、消化、吸收、呼吸、循环、排泄、感觉、运动和繁殖等一系列的生命活动，因此具有与植物不同的形态结构和生理功能。动物与人类关系非常密切，家养动物（家畜）、鱼类、毛皮兽类等都是人类的食物及其他生活、生产原料，如工业、农业、医疗、商业等的原料。有些动物对于人类和植物有害，传播疾病。应该说大多数的动物是人类的朋友，诸如牛、马、驴、羊、猪、兔、狗、猫、猴子、猩猩、鹿、骆驼，海生动物的鲸鱼、海豹、海狮、海狸、海马、海豚等，各种鸟类、禽类都是人们喜欢的动物。

（2）生物圈系统。地球上的生物，形形色色，它们共同构成一个生物圈系统。在一定的空间和时间内，有一定的动植物群在生存，它们相互依存。

生物圈的生物能够进行能量流动、物质循环和信息传递，能自我调节和自我组织的系统，这种具有生命力的系统被称为生态系统。阳光、气候、土壤、水、地理位置等环境条件，决定着不同生态系统的特征。生态系统是构成生物圈的一级单位，包括这些动植物群落及其占有的空间中的非生物物质。其中的生物按其作用可分为生产者、消费者、分解者三大类，在它们之间起纽带作用的是食物链。

食物链：就是一种生物以另一种生物为食，通过食物为纽带形成的锁链关系。如：蚜虫吃树叶，瓢虫吃蚜虫，蜘蛛吃瓢虫，小鸟吃蜘蛛，猛兽吃小鸟等。在这个食物链中，一种生物以另一种生物为基础而生存，同时它又是第三种生物生存的基础，形成环环相扣的关系。从表面上看，它们好像毫无关系，事实上它们是一个谁也不能缺谁的有机整体。其实从人们习惯的语言“大鱼吃小鱼，小鱼吃虾米”、“螳螂捕蝉，黄雀在后”中都可看到这种关系。

营养级：是指处于食物链同一环节上的所有生物的总和。在一个食物链中，绿色植物是这个食物链的第一个营养级，它把太阳能转化到植物体内储存起来，是供应食料的原始生产者；食草动物是第二个营养级，如牛、马、兔等，它们从第一个营养级获得能量；第三个营养级包括所有食肉动物；再往下分，还可以细分出第四个营养级、第五个营养级；等等。而最后一切生物在它们死后都要被细菌分解，回归泥土或水体沉淀，又成为植物或者低等动物的营养。

食物链和五个营养级之间的依赖循环关系大致为：绿色植物——食草动物——食肉动物——（食腐物）细菌——分解、回归泥土——植物界吸收。

能量转换与平衡：生物的能量是从一个营养级流到另一更高一层的营养级，一级一级的流动下去，最终又回到宇宙空间。由于生物界具有能量的流动和物质的循环，这条食物链可以循环往复地运转，但是必须首先有植物从太阳获得能量，所以保护绿色植物是非常重要的。

这种依靠层层相食建立的锁链关系，似乎感到有些残酷，但是正因为存在着这样一种关系，生物圈内才能保持能量转换的平衡。各类生物也因此才能维持自己这个物种的生存。在生态系统中，只要这种生物能够生存下去，就说明它有存在的方式和能力，这正是李白所说的“天生我才必有用”。

（3）生物圈对地球外部圈层的影响。生物圈的形成是地球外部圈层（大气、水、生物和岩石圈）相互作用的产物，同时生物圈对地球外部其他圈层产生巨大作用，使得外部各圈层的物质成分或面貌发生变化。

对大气圈的影响：由于地球上生物的发生和发展，使得大气圈逐渐演化为适宜于人类生存的性质和环境，这里主要是绿色植物起着决定性作用。大气中氧气的积累、臭氧的形成、二氧化碳的降低以及气温的调节等，都需要生物的参与和作用。从地球历史记录研究表明，植物的大发展与大气的CO_2含量呈现反相关关系（图3－6）。大气中的各种成分与植物—动物—地质作用三者间趋于平衡，地球外部圈层便出现一种暂时稳定的状态。这也就是我们人类目前生活在地球表层所处的环境条件，一旦这种平衡遭到破坏，将会产生巨大的自然灾害。

人类作为生物圈的组成部分，对现今大气环境的污染起着明显的作用。人类把大量的有害、有毒气体和粉尘排入大气，就是依靠植物来化解、吸附、消除大气中的有害气体和粉尘的。乔木和灌木类的植物相结合形成的林带，其减尘率可达到95.7%，有些植物具有吸收某些有害物质的特殊功能，例如刺槐、柽柳（红柳）能吸收氯气，柳杉能吸收二氧化

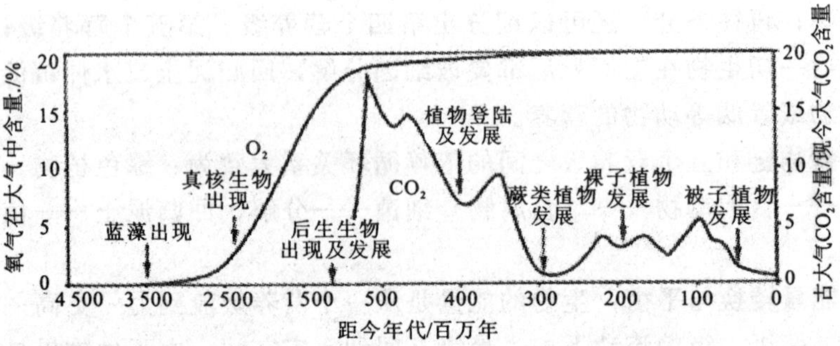

图 3-6　生物圈对地球大气圈中氧气和二氧化碳的影响

硫，茶树、山茶可以除去氟化氢，杨树、桑树的叶子对铅粉尘有较强的吸收作用等。由上可以看出，控制城市大气污染的一个重要途径就是要发展绿地，建设山水园林城市。

对水圈的影响：生物对水圈的依赖性很强，有水才有生命。反过来，生物在水圈中的无所不在对水圈也产生重大影响。其一是影响一些元素在水体中的迁移和沉淀过程，其二是影响水圈的运动和循环。

在自然界里，水对金属、非金属元素的溶解作用、离子交换作用和沉淀作用等，并不仅仅是纯化学作用，常见者是与生物活动密切相关的生物化学过程。例如放射虫、硅藻类生物吸收海水中的二氧化硅，成为控制海水中二氧化硅含量的主要因素，基于生物的这种活动，大致每年可以从大洋中沉淀出 5×10^{14} g 的二氧化硅。浮游生物每年可以把大洋中2×10^{11} g铅沉淀下来，相当于进入大洋中铅总量的一半。浅海海底大量的碳酸盐堆积，大多数是在生物化学作用下形成的。

生物体中的水通过被吸收、排除和在生物系统内部的运动，参与水圈的循环。生物体内被吸收且存留在生物体内的水并不多，但是经过生物体转运的水量却很大。比如，植物的根部从土壤中吸收 1 000g 的水，真正用于生物组织建造上的也只有 1g 左右，99.9%的水通过蒸腾作用又进入大气，具有调节大气湿度的作用。所以，城市里的绿地不仅具有降温防暑的作用，而且具有湿润空气之功效。林带可以大大地减缓地表水的运动速度，延长循环时间，这种作用可以解决一些地区的缺水问题。

对岩石圈的影响：生物圈对岩石圈可以起到破坏作用，尤其是在风化作用中，很容易看到这一作用过程。生物风化作用、机械（物理）生物风化作用，如根劈作用，也有化学风化作用，主要有生物分泌的或者生物死亡后腐烂产生的有机酸和腐殖质对岩石的腐蚀。由于微生物分解盐类和吸收某些元素的功能和作用，所以在岩石圈造成某些元素（如铜、铁、金、银、钨、锰、硫、磷、硅、钒、铀等）的富集形成各种矿产资源，同时生物的埋藏形成煤、天然气和石油。

另外，生物作用也是影响土壤形成的重要因素。生物的风化作用在土壤中形成有机质和腐殖质，从而形成具有肥力的土壤。有肥力的土壤又有利于生物的生长，反过来植物对土壤起保护作用，与此同时，也保持了水。

第四章

自然旅游资源的地质环境

一、地壳岩石圈

地球的外部圈层主要是指大气圈、水圈、生物圈。地球的内部圈层主要划分为地壳、地幔（又分为上地幔、下地幔）和地核（又分为外核、过渡层、内核）。岩石圈由地壳和上地幔上部构成。由于旅游地学所涉及的旅游资源与地幔和地核关系不大，所以本文着重讨论地壳岩石圈部分。

（一）地壳的结构类型

地壳分为大陆地壳和大洋地壳两种类型。

1. 大陆地壳（Continental Crust）

包括大陆和大陆架（Continental Shelf）。

大陆架是海与陆地接壤的浅海平台，其范围是由海岸线向外海延伸，直至海底坡度显著增大的转折处。大陆架部分的海底坡度平缓，一般小于0.3°，平均约0.1°，其水深一般不超过200m，最深可达550m，平均为130m。

陆壳的上部为硅铝层（Sial），其物质组成与大陆出露的花岗岩层成分近似，所以又称为“花岗岩层”（Granitic Layer）；下部为硅镁层（Sima），其物质组成可能与玄武岩成分相当，故称为玄武岩层（Basaltic Layer）。上下地壳之间的界面成为康拉德面（Conrad面），或称C界面。组成陆壳的岩石是在地球形成以后逐渐形成的，最古老的岩石形成于38亿年以前。陆壳的平均厚度为33km。但是各地区的厚度很不均匀，高山和高原地区比较厚，平原地区较薄。

陆壳类型划分，从地质构造角度分，可分为相对稳定的地台（包括地盾）、相对活动的造山带和大陆裂谷系。实际上，从地理、地貌形态上也可以直观地划分出来。具体划分如下：

地台——华北、新疆塔里木盆地、江南扬子江地带；

地盾——地台上古老变质岩为主分布的区域；

古生代造山带——华南西部（粤西、广西、贵州等地的山脉）；

中、新生代造山带——中国东部的山脉、喜马拉雅山脉、阿尔卑斯山脉等；

大陆裂谷系——东非裂谷、海湾红海裂谷带。

2. 大洋地壳（Ocean Crust）

大洋地壳简称洋壳，与大陆地壳有明显差异。其厚度较薄，平均仅 5～6km，一般缺乏硅铝层，即不具有地壳的双层结构。洋壳的岩石一般比较年轻，最老的岩石形成于 2 亿年前，大部分岩石则是 1 亿年以来形成的。

洋壳的划分主要考虑其与大陆和大陆边缘的关系来划分。主要划分为：

火山岛屿——如：夏威夷、冰岛；

岛弧——大陆边缘外围的弧形岛屿。如：日本岛、中国台湾岛、印度尼西亚群岛、菲律宾等；

大洋盆地——如：大西洋、太平洋、印度洋等；

洋隆——大洋盆地中部的隆起地带；

边缘海盆地——如：中国的东海、南海外海区，日本海等；

内陆海盆地——如：中国的渤海、黄海等。

3. 大陆边缘

陆壳与洋壳之间的过渡地带称作大陆边缘，即大陆至大洋深水盆地之间的地带。全球大陆边缘综延 3.5×10^5km，总面积 8 000km^2，占全球总面积的 15.9%左右。大陆边缘内部可分为大陆架、大陆坡和大陆裾三部分。大陆边缘根据其有无火山活动情况分为两种类型，主动大陆边缘（活动大陆边缘）与被动大陆边缘。主动大陆边缘主要分布于西太平洋海岸带，其大陆边缘体系为岛弧－海沟－边缘盆地；被动大陆边缘展布于南美西缘（东太平洋）海岸带，其体系为海沟－大陆山系，没有火山岛弧带。

关于大陆边缘及海底地形示意图见图 4－1。

（二）组成岩石圈的主要物质基础——矿物和岩石

地壳由矿物和岩石组成其物质成分。矿物是地壳中由化学元素组成的

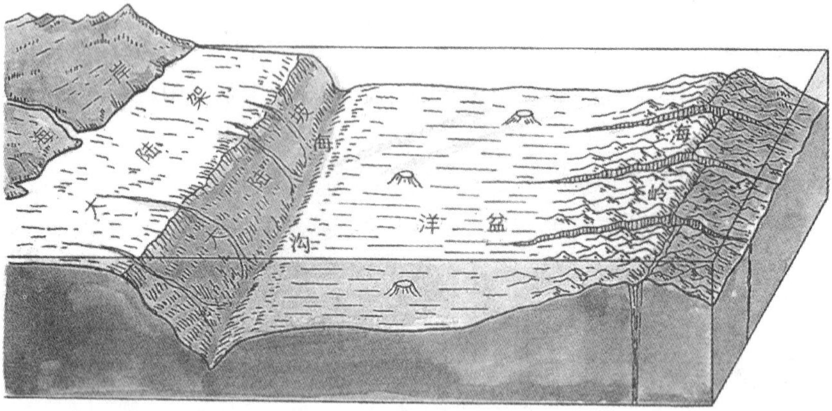

图 4-1　海底地形示意图

天然化合物。大多数矿物是由两种以上的元素组成的化合物，少数是由一种元素构成的单质矿物。如金刚石、石墨、自然硫、自然铜、自然金等。

1. *矿物*

(1) 晶质与非晶质矿物。绝大多数矿物呈固态，也有少数矿物呈液态(如天然汞)。固态矿物按其内部结构特点可分为结晶质 (Crystalline) 和非晶质 (Amorphous) 两类。

结晶质矿物内部质点（原子、离子、分子）呈有规律排列，如石盐，形成正方形（体）的晶格；非晶质矿物内部质点呈不规则排列。

大部分固态矿物是结晶质。如石英（水晶）、方解石、金刚石（钻石）、石榴石、电气石（碧玺）、刚玉（红宝石、蓝宝石）、石膏、云母、黄铁矿、长石、角闪石等。

(2) 常见矿物。石英、长石、方解石、辉石、橄榄石、角闪石、云母等为常见矿物。这七种矿物为造岩矿物。

(3) 非金属矿物与金属矿物。非金属矿物如上述的石英、方解石、长石、辉石、橄榄石、云母、角闪石，以及白云石、绿泥石、绿帘石、刚玉、金刚石、高岭石、石盐、锆石、石榴石、阳起石、石墨、电气石等。

金属矿物如自然铜、自然金、黄铁矿、黄铜矿、天然汞、辉锑矿、磁铁矿、自然银、自然铂、赤铁矿、褐铁矿、孔雀石等。

矿物类典型微景观有水晶晶簇、方解石晶簇、钻石、红宝石、蓝宝石、海蓝宝石、祖母绿、孔雀石、橄榄石、电气石、锆石、石榴石等。

2. *岩石*

岩石（Rock）是由一种或多种矿物或岩屑组成的集合体，是地质作用的产物。地壳上各种岩石形成的原因和过程是各不相同的，按照岩石的成因，通常把岩石分为岩浆岩、沉积岩、变质岩三大类。

（1）沉积岩

沉积岩（Sedimentary Rock）是由各种外力地质作用形成的沉积物（包括碎屑物、化学和有机化学沉淀物、粘土等，通常还包括火山喷发物的坠落堆积物等）。这些物质在地表或近地表条件下，经过固结成岩作用而形成岩石。沉积岩按岩石成因、成分、结构、构造等分为三大类：碎屑岩类（包括陆源沉积碎屑岩和火山碎屑岩）、粘土岩类、化学岩和生物化学岩类。

①主要沉积岩类型介绍

陆源碎屑岩：碎屑岩按碎屑颗粒大小可分为：砾岩（砾石直径大于2mm）；砂岩（砂粒直径为0.05～2mm）；粉砂岩（砂粒直径为0.05～0.005mm）。

砂砾岩景观——紫红色、灰紫色的丹霞地貌，甘肃天水麦积山石窟、山西大同云冈石窟是由中生代砂砾岩组成。福建武夷山丹霞地貌，江西龙虎山丹霞地貌等。

砂岩景观——湖南张家界砂岩峰林地貌。湖北武汉东湖风景区磨山、龟山、蛇山，湖北赤壁市的三国赤壁，黄冈东坡赤壁为细砂岩和粉砂岩（紫红色）。粉砂岩微景观（观赏石）有木鱼石。

火山碎屑岩：火山碎屑岩按颗粒大小划分为：集块岩（砾径大于100mm）；火山角砾岩（砾径为2～100mm）；凝灰岩（砾/粒径小于2mm）。典型例证为浙江杭州西湖宝石山。

粘土岩：粘土岩按固结程度分为粘土、泥岩、页岩。

化学岩和生物化学岩：按其成分分为铝质岩、铁质岩、猛质岩、硅质岩、磷质岩、碳酸盐岩和可燃性有机岩等。

碳酸盐岩地貌典型例证：广西桂林岩溶地貌，云南石林（路南石林），长江三峡中西陵峡的灯影峡、牛肝马肺峡等。

生物化学岩类的微景观与观赏石类有百合玉（湖北鹤峰县、五峰县、利川市等地，当地称其为百鹤玉）。

硅质岩类以微观景观与观赏石为佳，玛瑙类最典型。

②沉积岩的结构构造

沉积岩的结构主要是指其粒度大小，粒状、砾状结构，可细分为粗砾、中砾、细砾和砂状结构（可细分为粗粒、中粒、细粒）、粉砂质结构、泥质结构，以及致密结构、块状结构、均匀结构、不等粒结构等。

沉积岩构造最显著特征是其层理构造和层面构造。

层理构造主要有水平层理、交错层理、波状层理，交错层理可细分为板状交错层理、楔状交错层理、粒序层理（自下而上由粗变细或由细变粗）、滑塌（层理）构造等。

层面构造主要有波痕、雨痕、生物爬痕、底面擦痕、泥裂、流水流痕等。

沉积岩综合地貌景观典型例证：山西恒山，四川峨眉山，长江三峡中的巫峡、瞿塘峡。

（2）花岗岩（火成岩）

①岩浆岩形成及产状

岩浆岩（Magmatite/Granite）是熔融状态的岩浆（Magma）冷凝而成的岩石。岩浆是地下深处形成的具有高温、高压的熔融状态的硅酸盐物质。岩浆的主要成分是 SiO_2，此外还有其他元素、化合物和挥发物。

岩浆沿着地壳的薄弱地带上升，或侵入到上升通道周围的岩石中，或喷出地表。在这个过程中，岩浆逐渐冷却，造岩矿物根据自己的冷凝温度逐渐冷却，依次结晶，最后凝固形成岩石。根据岩浆上升情况，未喷出地表，又根据侵入的深浅，可分为深成岩、浅成岩；若喷出地表即是喷出岩或者火山岩等。

②岩浆岩类型及代表

岩浆岩分类比较复杂，既要考虑其形成的产状，还要考虑其所含 SiO_2 的百分含量。

根据 SiO_2 含量分类，可分为：

超基性岩（SiO_2 含量小于 45%）类：深成岩——橄榄岩、辉岩，浅成岩——苦橄玢岩，喷出岩——金伯利岩、苦橄岩。

基性岩（SiO_2 含量为 45%～52%）类：深成岩——辉长岩，浅成岩——辉长玢岩，喷出岩——玄武岩。

中性岩（SiO_2 含量为 52%～66%）类：深成岩——闪长岩、正长岩，浅成岩——闪长玢岩、正长斑岩，喷出岩——安山岩、粗面岩。

酸性岩（SiO_2含量大于66%）类：深成岩——花岗闪长岩、花岗岩，浅成岩——花岗闪长斑岩、花岗斑岩，喷出岩——英安岩、流纹岩。

块状构造的浅成岩，不考虑其SiO_2的含量（即不分基性岩、中性岩和酸性岩，没有超基性岩），只根据晶体结构（细晶、粗晶、煌斑）分为细晶岩、粗晶岩和煌斑岩。

③岩浆岩地貌景观典型例证

中国东部众多的名山，如安徽的黄山、九华山，辽宁鞍山的千山，山东青岛的崂山、威海的成山头景观，秦皇岛祖山风景区、长寿山风景区、燕塞湖湖岸山体，浙江天目山、方岩山、普陀岛，江西三清山，福建鼓浪屿，海南五指山、尖峰岭、六连岭、霸王岭、天涯海角等。

喷出岩地貌景观典型例证：黑龙江五大连池，海南琼山马鞍岭，福建漳州火山地貌景观，吉林延边长白山。

（3）变质岩

①变质岩成因

变质岩（Metamorphic Rock）是地壳中已经形成的岩石（岩浆岩、沉积岩或变质岩）在高温、高压及化学活动性流体的作用下，使原来岩石的成分、结构、构造发生改变再造而形成的岩石。岩浆岩变质而成的变质岩称正变质岩，沉积岩变质形成的变质岩为副变质岩。

变质岩按变质作用类型可分为以下四大类：

接触热变质岩——主要受岩浆的高温影响而成。

气成水热变质岩——主要受岩浆的热水溶液影响。

动力变质岩——主要受地壳运动的定向应力作用影响。

区域变质岩——主要是在大面积范围内，原有岩石受岩浆活动、地壳运动的综合影响而成。

②变质岩最典型的特点

变晶结构——是组成岩石的矿物重新结晶而形成的结晶质结构，称为"变晶结构"（Crystalloblastic）。

片理构造——变质岩的第二个特点，片理构造的表现是片状矿物（如云母等）或柱状矿物（如角闪石等），按一定的平面（片理面）呈定向排列，沿片理面岩石容易劈成薄片。片理面多数比较平整，少数为波状弯曲的。

③变质岩类型代表

接触热变质岩——石英岩、角岩、大理岩等。

气成水热变质岩——矽卡岩、云英岩、蛇纹岩等。

动力变质岩——碎裂岩、糜棱岩等。

区域变质岩——石英岩、板岩、大理岩、千枚岩、片岩、片麻岩、麻粒岩、变粒岩、混合花岗岩等。

④典型变质岩地貌景观

如山西五台山，山东泰山，陕西华山，河南嵩山，秦皇岛旅游风景点的联峰山、老虎石海滩基岩、山海关老龙头基岩，贵州梵净山，江西庐山，湖北武汉木兰山、咸宁九宫山、十堰市武当山，陕西太白山等。

二、地壳运动与构造阶段

地壳运动（Crustal Movement）也称作构造运动（Tectonic Movement），是由于地球内部原因引起的组成地球物质的机械运动。它可以引起岩石圈的变化；促使大陆、洋底的增生和消亡；形成海沟和山脉；引起岩石产状和构造形态的改变，并导致发生构造地震。

（一）中国古代关于地壳运动的认识——沧海桑田

中国古代一些著名的科学家、理学家、书法家等，对海陆变迁、地壳运动有种种认识和描述。

东晋道教理论家葛洪（284—364）在《神仙传》写道：“东海三为桑田。”

唐朝书法家颜真卿（709—784）在《抚州南城县麻姑山仙坛记》碑文写道：“南城县有麻姑山，顶有坛，……东北有石崇观，高石中犹有螺蚌壳，或以为桑田所变。”

北宋科学家沈括（1031—1095）在《梦溪笔谈》中进一步指出：“予奉使河北，遵太行而北，山崖之间，往往衔螺蚌壳及石子如鸟卵者，横亘石壁如带。此乃昔之海滨，今东距海已近千里。所谓大陆者，皆浊泥所湮耳。”

理学家朱熹在《朱子语类》中写道：“尝见高山有螺蚌壳，或生石中，此时乃旧日之土，螺蚌即水中之物，下者变而为高，柔者却变而为刚。”他们根据实际观察，运用现实主义原理（将今论古）分析了地壳的升降变化，阐述了化石的成因，以及山脉和岩石形成的概念。

（二）地壳运动的表现形式（类型）

地壳运动主要有两种形式：一种是大面积的地壳抬升；一种是小区域的带状挤压。

1. 升降运动

地壳的升降运动（Vertical Movement）是一种波及面较广泛、相对比较缓慢的地壳运动，常表现为波状运动特点，主要引起海洋和陆地的变化，地势高低的改变，层状岩石平缓弯曲等，一般也称为造陆运动（Epeirogeny）。

地壳升降运动最容易观察的、感觉到的是海滨地带。这里有一个天然的对比参照物和参照对象。中国的东南沿海地区这类实例很多。例如秦皇岛的鸽子窝、联峰山的莲花石，所谓的鸽子窝实际上是海蚀拗槽，海蚀拗槽本来在海平面上下，由于海浪作用而形成，但是现在离海平面已经很高；联峰山的莲花石是海蚀作用的结果，现在莲花石离海平面的垂直高度有 20m 以上，这些现象说明，这是由于海平面下降，陆地抬升所致。广州七星岗海岸地带的海蚀拗槽和波切台距离海平面约 5m 左右，说明海平面的下降和陆地的上升。

世界上最有名的例子是意大利那不列斯海湾的普佐奥利小城北面的塞拉比斯镇遗迹。这个镇建于公元前 105 年的古罗马时代，1749 年从掩埋废墟的火山灰下面发掘出来。在该镇的废墟中，耸立着三根高 12m 的大理石柱，石柱自地基以上 3.6m 是光滑无痕的，其上有 2.7m 的一段，被海洋生物双壳类（瓣鳃类）钻凿了无数小孔，在虫蛀以上又是洁白无瑕。这说明，这三根柱子曾经被海水淹没过，淹没深度为 3.6～2.7m，由于 3.6m 被火山灰掩埋，所以没有虫蛀。现在这些石柱又升出地面，所以上部没有虫蛀。

2. 水平运动

水平运动（Horizontal Movement），这种运动使地壳受到水平挤压、拉伸、平移或者旋转，使层状岩石呈带状发生褶皱、隆起，形成山脉，所以也称作造山运动（Orogeny，Orogenic Movement）。造山运动是造成板块消减、碰撞，形成海洋中的海岭和陆地上的山脉的主要动力，是使岩石产生大规模变形（弯曲、褶皱）和形成断裂的主要原因。

造山运动的例子很多，中国西藏的喜马拉雅山脉，青藏高原，欧洲的阿尔卑斯山等，其实，所有的山脉可以认为都是造山运动的产物。

水平运动的另一个表征是板块的漂移（大陆漂移），比如印度板块与欧亚板块相撞、缝合，继续作用便形成山系——喜马拉雅山，即造山运动。另外，太平洋板块向欧亚板块下俯冲，形成海沟，使大陆发生地震和火山爆发。日本是最典型的例子，日本地处太平洋板块与欧亚板块的接合带，日本东部有日本海沟，日本岛多火山、多地震，就是这个原因。

3. 地壳运动的主要表现形式及地貌景观

主要表现形式有地震、火山活动，岩层发生断裂和褶皱，岩石的变质等。张裂断层形成地堑和地垒，如庐山的龙首崖；挤压断层带有飞来峰，如杭州西湖的飞来峰。火山作用形成火山地貌，有火山锥、火山湖（火口湖），如海南省琼山市的马鞍岭火山口、山西大同的火山口、黑龙江的五大连池、吉林的长白山、福建漳州海岸带的火山地貌（火山地质公园）等。大断裂带上往往有地热资源，温泉资源非常丰富，我国的许多温泉与大断裂有关。日本的地热资源非常丰富，所以日本的温泉也很多。

地壳运动形成的山岳地貌景观是重要的地貌旅游资源，世界上众多的山脉可以说都是地壳运动的产物。地壳活动频繁的地带，风景景观也非常优美，如云南省丽江、腾冲地区，西藏雅鲁藏布江地带，都是世界级的自然风光。

（三）地壳运动的阶段性——构造阶段

地质历史时期的地壳运动，实际上是板块运移、运动或者说是大陆漂移的不动阶段的表现形式。地球的岩石圈总是在不停的运动，或者是大陆开裂形成海洋，或者是大陆对接、相撞形成山系。这样一个周期大致有 6 个阶段：孕育期、初裂期、成年期、衰退期、残余期和消亡期。

1. 孕育期

也叫胚胎期，在陆壳基础上因拉张开裂而形成大陆裂谷，但是还没有出现海洋环境，如非洲裂谷带。

2. 初裂期

陆壳继续开裂，开始出现狭窄的海湾，局部已经出现洋壳，如中东地区的红海。

3. 成年期

由于大洋中脊（大洋中部的山岭）向两侧不断增生，海洋边缘与大陆的结合地带（大陆边缘）还没有出现俯冲、消减现象，这是大洋迅速扩大，如大西洋。

4. 衰退期

大洋中脊虽然继续扩张增生，但是大洋边缘的一侧或者两侧开始出现强烈的俯冲、消减作用，海洋的总面积在逐渐缩小。如太平洋，其东侧（东海岸）的北美洲和南美洲沿海带，有一系列的深海沟，其西侧（西海岸）的日本、中国、菲律宾等，这里有一系列的岛弧，岛弧的外侧有海沟，而且这个地带多火山、多地震，这就是太平洋板块向美洲板块俯冲和向欧亚板块俯冲的结果。所以，太平洋是一个逐渐萎缩变小的海洋，大西洋是一个在扩张的海洋（目前已经停止扩张）。

5. 残余期

随着洋壳海域的逐渐缩小，终于导致大洋两侧的陆壳地块相互逼近，期间仅存残留的内陆海，如地中海。

6. 消亡期

大陆漂移的和大洋萎缩的结果，其最后使两侧的大陆直接拼合、碰撞，海域完全消失，转变成高峻的山系，如喜马拉雅山、阿尔卑斯山等。

这样一个大陆开裂、海洋出现、扩大、萎缩、封闭，大陆碰撞，形成山系的全过程，大致需要 2 亿年左右的时间，这样一个周期，我们称作“构造旋回”，或者称“构造阶段”。

值得注意的是，在这样一个全过程中，不仅仅是大洋的开合，大陆的碰撞，与此相伴的各个地区的古地理环境、古气候条件、古生物面貌等，都在发生相应的变化。所以，地质学家利用构造阶段来划分地质历史发展的阶段。以生物演化划分的地质历史阶段为：前古生代、早古生代、晚古生代、中生代和新生代。与此相对应的大地构造运动有：前古生代（前寒武纪）构造运动（前寒武构造阶段），早古生代的加里东构造运动（加里东构造阶段），晚古生代的海西构造运动（海西构造阶段），中生代的印支运动和燕山运动，新生代的喜马拉雅运动（喜马拉雅构造阶段）或阿尔卑斯运动（阿尔卑斯构造阶段）等（参见表 4-1）。

三、地层与地质历史演化概况

（一）地层概念格架

1. 岩层与地层

（1）岩层。成层岩石（包括沉积岩、火成岩和变质岩）泛称为岩层。

（2）地层。在一定地质年代内形成的层状岩石（岩层）称为地层（Stratum/Strata），包括成层的沉积岩、花岗岩和变质岩，其中以沉积岩为主。实际上地球表面所有的岩石都可以称为地层，因为所有岩石都具有严格的时间和空间限定。

2. 地层的基本规律——地层层序律

地球表面的沉积岩总是一层层依次先后沉积下来的，时代老的岩层先沉积，较新的岩层再叠覆在较老的岩层之上。只要地层未经过强烈的地壳运动（构造变动）而发生倒转，地层的顺序总是下老上新，这就是地层叠覆律（地层层序律）。

3. 地层的接触关系类型及其地质含义

一个地层与相邻地层的关系，由于经历的地质过程和地质演化的差异而出现不同的情况。主要有两种接触关系：整合接触和不整合接触。

（1）整合接触关系

如果在一个沉积环境（沉积盆地）内，沉积作用不断进行，则所形成的地层接触关系称为连续沉积的接触关系（Continuity）。连续的两套地层间没有明显的、截然的岩性变化，它们往往是逐渐过渡的。

如果在沉积过程中，曾经有一段时间沉积作用停止，但是并没有发生明显的大陆剥蚀作用，而后又接受沉积，这样便出现了地层的间断。间断面上下的地层岩性改变有时很明显，这时上下容易识别，有时候上下岩性并无显著变化，这时要区别连续和间断常常是很困难的。我们把地层的这种连续的沉积接触和有沉积间断的接触都认定为整合接触类型（Conformity）。

（2）不整合接触关系

有两种情况：一种为平行不整合（图 4－1），一种称角度不整合（图

4－2)。

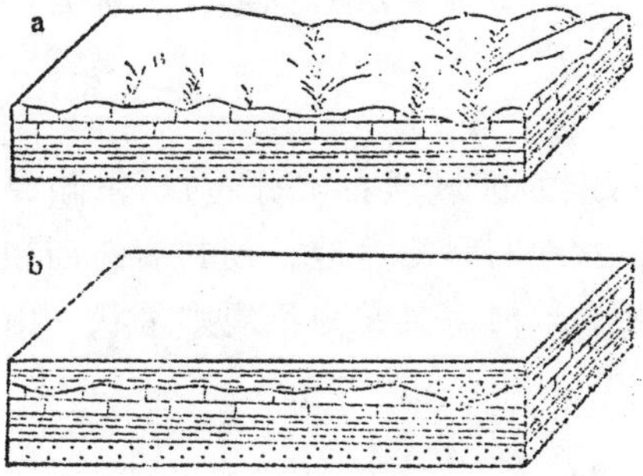

图 4－1　地层的平行不整合接触关系形成示意图

a—地壳抬升造成的大陆剥蚀面；
b—地壳重新下降接受新的沉积

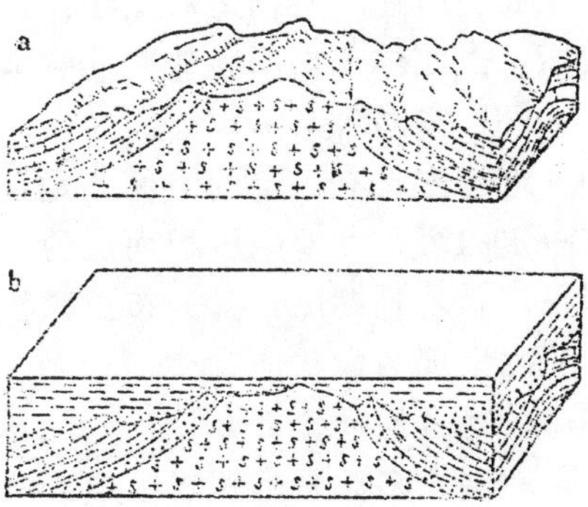

图 4－2　地层的角度不整合接触关系形成示意图

a—地层褶皱、上升后形成的大陆剥蚀面；
b—地壳重新下降接受新的沉积

平行不整合——平行不整合（Parallel Unconformity），或称作假整合（Disconformity），有的学者也称作拟整合。形成平行不整合的地质环境和条件是地壳运动的结果。原来接受沉积物的沉积区（盆地）地壳上升（整体抬升）变成剥蚀区，沉积作用转化为侵蚀作用，这时不但没有新的沉积物继续沉积，原有的沉积物反而被剥蚀，一直到这个地区再次下降为沉积区，接受新的沉积。如此，先前和后来的两套沉积物（成岩后的地层）之间隔着一个大陆侵蚀面（且有一个时间的间隔），由于地壳抬升并没有造成下部地层发生褶皱和变形，两者的产状依然平行一致，这样的一种接触关系称为平行不整合。

角度不整合——角度不整合（Angular Unconformity），或者称作截合。形成角度不整合的地质环境条件也是地壳运动的结果。这类地壳运动不仅是整体的抬升使沉积区上升为大陆剥蚀区，而且是造山运动，其结果使得下部地层发生强烈的褶皱变形。待到该地区再次下降接受了新的沉积物层时，上部地层和下部地层之间存在一个大陆剥蚀面，而且两者之间的岩层产状还呈现截交关系，这种接触关系称之为角度不整合。

4. 地层体现的地学含义

（1）时间含义

如上所述，根据地层层序律，我们知道下部岩层时代老，上部岩层时代新，由此体现出明显的时间含义。

（2）空间含义

地层占具有一定的空间，地层在一定的区域展布（分布），沉积岩是在一定的沉积盆地内沉积而成的。沉积盆地若是海盆地，则其展布面积可以很广，若是湖泊，其分布面积相对要小。河流沉积为不规则带状，山麓堆积则呈现为扇状体。

（3）古地理含义

地层大多数是沉积岩组成，沉积岩是沉积盆地里的沉积物，这个沉积盆地可能是海洋，也可能是湖泊，或者其他沉积环境，如河流、山麓、三角洲等，从而显现出很强的古代地理环境特征。

古地理环境识别标志主要是根据岩石的岩性特征（包括沉积结构、构造、沉积物成分和特殊矿物标志等）和古生物化石。鹅卵石表明为河流沉积物，含有海洋生物的碳酸盐岩为浅海环境。地层中含有海洋生物，表示沉积岩是海洋沉积物；若是陆地的生物，表明为湖泊、河流环境；含有珊瑚化石，代表温暖清澈的浅海环境；恐龙化石说明湖泊环境，恐龙蛋代表湖岸环境；大量植物化石，表示沼泽环境；大量浮游生物体现为深水（深浅海、半深海或深湖）环境。沉积构造如泥裂表示浅水环境，有时可以露出水面。

（4）事件含义

地层中的一些特殊沉积构造往往反映出当时发生的一些地质事件。如风暴岩，表明当时的气候特征，地层的包卷构造，表示当时地理环境处于一个斜坡地带，由沉积物滑塌所致。生物的突然消失，或者生物的突然改变，也是地质事件引起的，还有沉积物颜色的改变，显示出沉积环境的改变或者气候条件的变化等。

（二）地质历史概述

1. 地质年代表

地质历史时期的地质时代与构造阶段划分以及生物演化如表 4－1 所示。

表 4-1　地质时代、构造阶段与生物演化简表

宙	代	纪	代号	距今大约年代（百万年）	主要生物进化：动物		主要生物进化：植物		构造阶段
显生宙	新生代Kz	第四纪	Q	—1—	人类出现		现代植物时代		喜马拉雅阶段
		晚第三纪	N	—2.5—	哺乳动物时代	古猿出现 灵长类出现	被子植物时代	草原面积扩大 被子植物繁殖	阿尔卑斯阶段
		早第三纪	E	—65—					
	中生代Mz	白垩纪	K	—137—	爬行动物时代	鸟类出现 恐龙繁殖 恐龙、哺乳类出现	裸子植物时代	被子植物出现 裸子植物繁殖	燕山构造阶段
		侏罗纪	J	—203—					
		三叠纪	T	—251—					印支构造阶段
	晚生代Pz₂	二叠纪	P	—295—	两栖动物时代	爬行类出现 两栖类繁殖	孢子植物时代	裸子植物出现 大规模森林出现 小型森林出现 陆生维管植物出现	海西构造阶段
		石炭纪	C	—355—					
		泥盆纪	D	—408—	鱼类时代	陆生无脊椎动物发展和两栖类出现			
	早生代Pz₁	志留纪	S	—435—					加里东构造阶段
		奥陶纪	O	—495—	海生无脊椎动物时代	带壳动物爆发			
		寒武纪		—540—					
元古宙	新元古	震旦纪	Z	—1 000—		软躯体动物爆发			前寒武构造阶段
			Pt	—1 800—	低等无脊椎动物出现		高级藻类出现 海生藻类出现		
	中元古			—2 500—					
	古元古			—2 800—					
太古宙	新太古		Ar	—3 200—	原核生物（细菌、蓝藻）出现 原始生命蛋白质出现				
	中太古			—3 600—					
	古太古			—4 600—					
	始太古								

2. 地球历史概述

地球的历史是复杂的，经历了 45 亿年左右的漫长岁月，很多的证据已经不复存在，我们只能通过一些最为敏感和最能体现其发展特征的一些物质、遗迹等来作出判断。尤其是生物的演化、古气候的变化和古地理环境的变迁，而这些变更都与地壳活动有着最为密切的内在联系。下面我们通过岩石特征所体现出的古气候、古地理标志和古生物演变、更迭，对地球演化历史作简明扼要的论述。

（1）前寒武纪

前寒武纪是一个非常笼统的概念，实际上它包括了冥古代、太古代和元古代。

①冥古代。前期为地球的天文时代，涉及到地球的诞生和形成，也就是原始地球形成的时期。在这个阶段，地球的诞生与太阳系的形成是相联系的。关于太阳系的形成有几种假说，主要有星云说、碰撞说、俘获说及新星云说（现代星云说）。

星云说——即康德-拉普拉斯假说。1755 年，德国哲学家康德（Immannel Kant，1724—1804）在《自然通史和天体论》一书中，提出气云缓慢旋转形成太阳系的“星云假说”。他认为星云以某种不定的方式凝聚成许多分散的球体。到 1796 年，法国天文学家拉普拉斯（Pierre Simon de Laplace）也独立地提出了他的星云假说，他的图象要细致一些。康德-拉普拉斯的假说认为，一些巨大的、收缩着的物质云团从一开始就是旋转着的。随着云团的收缩，旋转的速度越来越快，随着云团速度的不断增大，球状星团逐渐变成扁平的快速旋转的星云盘，物质集中在中心。中心继续收缩，其结果形成原始太阳，随后又开始从其快速旋转的赤道抛出一个物质环来。这个物质环逐渐凝聚成沿着椭圆轨道旋转的行星。

星云假说在 19 世纪末遭到否定，因为它难于解释太阳系角动量分布不均匀的实际情况。

碰撞说——法国科学家布丰（Georges Louis Leclerc de Buffon，1749）曾提出一种相当流行的理论，他认为，太阳系是由太阳和一颗彗星发生碰撞时飞出的碎片产生的。不过，当人们发现彗星是由及其稀薄的尘埃组成时，该理论便自然崩溃了。

俘获说——1946 年原苏联天文学家施密特提出。他设想旋转着的太阳在运行时穿过一个暗星云并俘获了一团有气体的尘埃云，尘埃云被太阳俘获后，绕太阳旋转，渐渐形成扁平状，并相互聚集，碰撞，使得运动方向平均化而趋于同一个平面，在太阳引力与星云自身凝聚引力作用下扁平体发生分裂，大裂块形成行星，小裂块向大裂块聚集形成行星的卫星。不过，施密特的学说也难于解释太阳系角动量分布特征，当尘埃云的角动量很大时，理论计算证明，俘获是不可能的。

现代星云说——也叫新星云说。20世纪40年代以后出现的星云说被称为“现代星云说”。

几十种现代星云说中影响较大及比较成熟的有以下几个人提出的学说：1945年德国的魏扎克（Weizcker）、1955年英国的霍伊尔（F. Hoyle）、1962—1976年瑞典的阿尔文（H. Alfven）等。中国著名天文学家戴文赛于1977—1978年提出了能比较全面、系统、有内在联系地论述太阳系主要特征及其各类天体起源的新星云说。

下面介绍以霍伊尔（F. Hoyle）为代表的新星云说。他认为太阳系起初是一团星云，温度不高，转速也不大，其后由于冷却收缩，旋转加快；当其半径缩小到现今太阳与水星的距离时，星云外部不再收缩，两极变扁，物质沿着赤道抛出，形成一环绕原始太阳的盘状物，圆盘的质量，只有原始太阳质量的百分之一；圆盘中心的原始太阳继续收缩，温度继续增高，旋转也继续加快，最后与圆盘脱离，形成现今的太阳，圆盘脱离太阳后，形成一环状物，环绕太阳旋转，质量也不再增加；环状物又冷凝聚集，最后形成环绕太阳运行的行星；由于原始太阳具有磁场，而环状物中也有电离的气体，太阳与环状物之间就产生了磁力距，遂使原始太阳的角动量转移到环状物之上，因此，由环状物形成的行星具有较大的角动量；在距太阳较近地区（地球轨道附近）的环状物中，那些低沸点物质、挥发性物质相继逃逸，不易挥发的铁、镁、铝、硅等元素，则形成密度较大的类地行星；在距原始太阳较远的木星和土星附近区域，挥发性物质增多，则形成密度较小的类木行星。

冥古代末期，大约38亿年前后，原始地球形成。

②太古代。太古代开始，地球上开始具有明显的地质记录，也即有了地史演化发展的物质记录，或者说开始有了最初的岩石圈、水圈和大气圈，有了水和大气也就有了地质作用，以有地质作用为重要标志，地球的发展开始进入地质时代。

太古代最显著的地质事件是：水圈、大气圈的形成；生命的起源和出现；开始有了地质作用、地质记录。

关于无机向有机的演化，大致演化过程为：

无机界——有机界——无核细胞——有核细胞——生命出现。

地球周围的化学成分主要有N、C、H、O，为无机的化学分子，在太阳光和雷电的作用下（光电效应），相互作用，出现氨（$N+H=NH_3$）、甲烷（$C+H=CN_4$），氨和甲烷为有机质。

$N+H_2O——NH_3+O_2$

$C_2+H_2O——CH_4+O_2$

这里的 H_2O 是一种原始的水蒸气，由于原始地球表面还没有形成 O_3（臭氧层），这些氧气都逃逸（跑掉）了。后来，由于光电效应的进一步作用，$3O_2—2O_3$，臭氧增加形成臭氧层。

以后形成的 O_2、CO_2 等气体就没有再跑掉，氧气和氢气作用，形成水。原始水圈和大气圈形成，有了大气圈和原始的水圈，地球上也就有了地质作用。

氨和甲烷进一步起化学作用，（有机质、有机界）出现核糖核酸、核苷酸等。这些成分乃是生命的物质基础。

生物的出现和最早的生物化石——氨基酸、脂肪酸等生命物质。可疑生物化石就是指这类物质的化石。

随后有了原核细胞（无核细胞），即最早的藻类、菌类。藻类的地层记录（化石）就是古老的叠层石。

太古代主要岩石为变质岩。这些山系作为旅游景观主要分布于华北、东北地区，五台山一太行山一线（局部）、冀东迁安一带、东北辽宁鞍山、内蒙古乌拉山一带等地，地质学家把这些地带称作陆核。

③元古代。生物界——主要是藻类和菌类，地质上称为菌、藻时代。大量的藻类、宏观的叠层石，也叫作微古植物，主要分布在我国的华北地区（北京、河北等地）。

沉积物（变质岩）也分布在这些地区。主要的变质岩山貌（变质岩地貌），典型例子有：山东泰山、山西五台山、河南嵩山、贵州梵净山等，是我国有名的山岳景观。广西北部的龙胜和贺县一带也有分布，但是风景景观不出名，作为典型地层剖面者是天津蓟县元古代地层剖面，目前已经列为国家级地质公园。

河北秦皇岛北戴河海滨地带的地貌，其岩石类型主要是元古代时期的混合花岗岩类，联峰山、老虎石、老龙头景点的基岩、鸽子窝的鹰角石等；鸡冠尖，江西庐山的主体地层等。

辽宁鞍山铁矿基地为大型矿山旅游资源。

震旦纪，其地质年代为元古代晚期，由于其生物比较明显，岩石变质轻微或者不变质，所以在研究中，往往单独考虑。震旦纪地层在我国华北、华南都有分布，以华南为主，华北很少。典型地层剖面是湖北宜昌的峡东震旦纪地层剖面，这也是国家级、甚至世界级地层剖面。该剖面由我国著名地质学家李四光建立、研究，目前也确定为国家地质公园（候选）。

震旦纪生物主要是叠层石、宏观的藻类、微古植物三大类型，多数产在灰岩中，是很好的大理石建筑材料，北戴河联峰山公园的大门就是叠层石灰岩。长江三峡宜昌的三游洞、白马洞主体岩石为震旦纪。三峡中的灯影峡（唐僧、孙悟空、猪八戒、沙和尚造型）主体为震旦纪地层（岩石）。另外，三峡地区的名胜风景有兴山县的高岚风景区。

神农架地区的岩石主要是元古代和震旦纪地层。

（2）早古生代

早古生代有三个纪：寒武纪、奥陶纪、志留纪。

①生物发展概况。寒武纪是早古生代的第一个纪，此时，地球上第一次出现了生物的大繁盛。典型代表性生物化石有：三叶虫、笔石、角石和小壳动物化石。奥陶纪开始生物出现了新的物种，主要有鹦鹉螺、腕足类、腹足类（蛇卷螺）、珊瑚类等。志留纪在继承奥陶纪的生物种类的基础上，增加了棘皮动物的海百合类，晚期开始出现最早的脊椎动物——盾皮鱼和棘鱼类，主要是无颌类。这是地球上生物演化的一个重大事件。

②古地理概况。中国华北和西北大部地区为浅海海洋古地理环境，以华北为典型。山东张夏（济南市）寒武纪地层剖面（区域标准地层剖面），唐山地区奥陶纪地层剖面，北京周口店寒武纪奥陶纪地层剖面等，为华北的标准剖面。华北地区没有志留纪地层记录。

华南寒武纪、奥陶纪、志留纪都有地层发育。长江三峡地区（宜昌）寒武纪、奥陶纪、志留纪剖面，为华南标准地层剖面；云南梅树村寒武纪地层剖面为南方的标准剖面；南京地区奥陶纪、志留纪剖面也有一定的区域对比意义。这些地区将来都有可能成为地质公园。

作为旅游景观而言，寒武纪和奥陶纪多处为岩溶地貌和溶洞景观。寒武纪、奥陶纪地层大多是碳酸盐岩石，所以华北（包括东北）的溶洞大多发育在早古生代的地层中。三峡地区也是发育在寒武纪、奥陶纪灰岩中。江苏茅山为志留纪地层，主体是砂岩地貌景观。

（3）晚古生代

晚古生代有三个纪：泥盆纪、石炭纪、二叠纪。

生物演化特征：泥盆纪——鱼类时代，总鳍鱼、沟鳞鱼；石炭纪-二叠纪——两栖类时代。植物蕨类植物（裸蕨、种子蕨为主）。珊瑚、腕足最为繁盛，大量的珊瑚礁、鸮头贝发育。

晚古生代的旅游景观主要是地层景观，分布区域以长江以南为主。如桂林山水（岩溶地貌）和溶洞，张家界砂岩峰林，湖北赤壁市的三国赤壁地，江苏宜兴的紫砂陶器，广西柳州岩溶地貌，贵州的岩溶地貌，黄果树瀑布。另外，我国的大多数煤炭资源主要发育在晚古生代，尤以华北地区的山西、河北为主要产地，作为旅游资源的矿山景观具有一定的开发价值。作为旅游商品，山西大同的煤雕艺术是重要的旅游艺术品。

（4）中生代

中生代有三个纪：三叠纪、侏罗纪、白垩纪。

中生代生物显著特征是爬行动物时代——爬行动物的恐龙，鸟类，植物是裸子植物。近年来在中国东北、华北新发现的恐龙和鸟类有中国鸟龙、中华龙鸟等，2005 年在河北省丰宁晚中生代地层发现世界最原始的鸟类化石华美金凤鸟。

主要旅游景观是火山岩、岩浆岩地貌和碳酸盐岩地貌。安徽黄山、九华山，山东青岛崂山、威海成山角，海南五指山、霸王岭，北京、河北的燕山山脉等为典型岩浆岩地貌。长江三峡中秭归县境内的金盔银甲峡一带主要为中生代碳酸盐岩地貌。

（5）新生代

新生代包括第三纪（老第三纪、新第三纪）、第四纪。

新生代生物——哺乳动物和人类出现。

植物——被子植物。

西部地壳抬升，青藏高原崛起，形成喜马拉雅山。东部形成渤海、黄海、东海、南海四大海，形成四大平原和山地、丘陵地貌，平原主要有：东北松辽平原、华北平原、长江中下游平原、珠江三角洲平原。各种地貌景观在自然演化中更加成熟，其中花岗岩地貌、变质岩地貌、喀斯特地貌（岩溶地貌）、丹霞地貌、砂岩峰林地貌呈现出很高的美学观赏价值。东北、华北形成吕梁山、太行山、大兴安岭等山脉。我国的大多数山脉都是这个时期形成的。可以这样认为，新生代是我国各种地貌景观的主要形成时期。

四、大地构造运动与地学旅游资源的形成

中、新生代的大地构造运动对中国东部和西部的旅游景观具有很强的影响（此处中国东部和西部主要是以贺兰山-四川龙门山-云南横断山一线为界划分）。

此线以西的中国西部地区主要呈现为近东西向展布的山脉，如青藏高原为主体的喜马拉雅山、冈底斯山、唐古拉山、昆仑山、可可西里山、巴颜喀拉山、阿尼玛卿山、阿尔金山、祁连山，新疆的天山、阿尔泰山等。

此线以东的中国东部地区主要呈现为北北东-南南西（*NNE*-*SSW*）向展布的风景景观，李四光将其命名为新华夏构造系，由西向东大致展布特征是：以鄂尔多斯、四川盆地组成的第三拗陷带，以大兴安岭-太行山、吕梁山-武陵、雪峰山组成的第三隆起带；以东北平原、华北平原、江汉平原、长江中下游平原等为主组成的第二拗陷带，以长白山、山东半岛诸山、武夷山等组成的第二隆起带；以日本海、黄海、东海、南海组成的第一拗陷带，以日本列岛、中国台湾、菲律宾等组成的第一隆起带。

中、新生代的三次大区域性的地壳运动（印支运动、燕山运动和喜马拉雅运动），直接显现出其控制作用。在此期间，由于东部太平洋板块向欧亚板块的俯冲，西部印度板块与欧亚板块（大陆）的碰撞、挤压，引起板块接合带大规模的火山活动、岩浆作用和地壳变动，东部的火山活动和岩浆作用波及面积广大，南北方向从东北黑龙江大小兴安岭一直向南延续到海南省，东西方向自中国台湾岛直到太行山-武陵山一线；西部导致青藏高原的抬升和喜马拉雅山的崛起。

新华夏构造系对中国东部旅游资源的形成和展布具有明显的控制作用，由于火山活动和岩浆作用，中国东部形成许多花岗岩名山，如东北辽宁鞍山的千山风景区，吉林长白山，北京与河北的燕山，河北秦皇岛的万寿山、祖山，山东半岛的成山角、崂山，江苏的连云港，安徽的黄山、九华山，浙江的天目山、方岩山、普陀山、莫干山、雁荡山，江西的三清山，福建的鼓浪屿，海南的五指山，湖南南岳衡山等。

变质岩山和沉积岩山主要有：山东泰山，江西庐山，湖北、安徽、河南交界的大别山（湖北天堂寨、薄刀峰，安徽天柱山），湖北与河南交界的鸡公山，湖南的张家界武陵源风景区等。

第五章

自然景观形成的地质过程

地球自形成以来，在漫长的地质年代中，其结构、构造、物质成分和表面形态都在不断地运动和变化着。裸露的地表岩石在风化作用下会变得松散和破碎，在各种地质营力作用下会不断脱离岩层向坡下滑动、滚动，或者被风、流水等搬运到适当的地点再沉积下来形成新的沉积岩层。强烈的地震活动不仅给人们的生命财产造成巨大的损失，而且还会引起山崩地裂，改变地面的自然面貌。火山作用也会使地面形态发生变化。

另外，喜马拉雅山的崛起，青藏高原的抬升，四川盆地的凹陷，沿海一些城市地面的下沉，海平面的升降，大陆陆地地面的缓慢上升与下降，甚至有些地方的地块发生缓慢的水平位移等。

这些活动和作用有时缓慢不易觉察，有时急剧显著，它们共同作用使得地球的面貌在漫长的地质年代里，发生着巨大的变化。沧海桑田，海陆变迁，江河游移，山洪爆发，火山喷吐，地动山摇（地震），高山崛起，平原凹陷等，这些现象都是不同地质营力作用（地质作用）的结果。

一、地质作用及类型

地质学家把自然界引起地壳的物质成分、结构、构造及地表形态发生不断改变和发展的各种作用称之为地质作用（Geological Process）。或者说，地质作用是指促使组成地壳的物质成分、构造和表面形态等不断变化和发展的各种作用，通称地质作用。地质作用是地质动力引起的。产生地质动力的能源来自太阳辐射、日月引力、地球自转、重力和放射性元素蜕变等。

根据地质作用的动力来源或者发生作用的主要部位，可以将地质作用分为外力地质作用（Exogenic Process）和内力地质作用（Endogenic Process）两大类。这两种地质作用彼此之间，既互相排斥和对立，又互相联系和依存。这种对立统一的矛盾运动，推动着地质作用的进行，也推动着地壳的运动和发展。

(一) 外力地质作用

外力地质作用主要是由地球以外的能源，如太阳及宇宙空间能等引起的。其中太阳辐射能起着重要作用，它引起了大气圈、水圈、生物圈的物质循环运动，形成了风、流水、冰川等地质应力，由此产生各种地质作用。外力地质作用主要发生在地球表面，它使地球表层原有的矿物、岩石不断遭受破坏，并不断形成矿物和岩石，还可以使某些元素富集或分散形成可供开采和利用的矿产，与此同时也引起地表形态的不断变化。

(二) 内力地质作用

内力地质作用是由地球内部的能源引起的，地球的主要内能有热能、重力能以及地球自转和转速变化的动能。内力地质作用可以促使岩石圈的某些区域的块体（板块）发生缓慢的水平位移和垂直方向的上升和下降，并使其发生分裂、分离或者俯冲、碰撞，还可以导致发生地震活动、火山作用及各种构造变动等（图 5－1）。

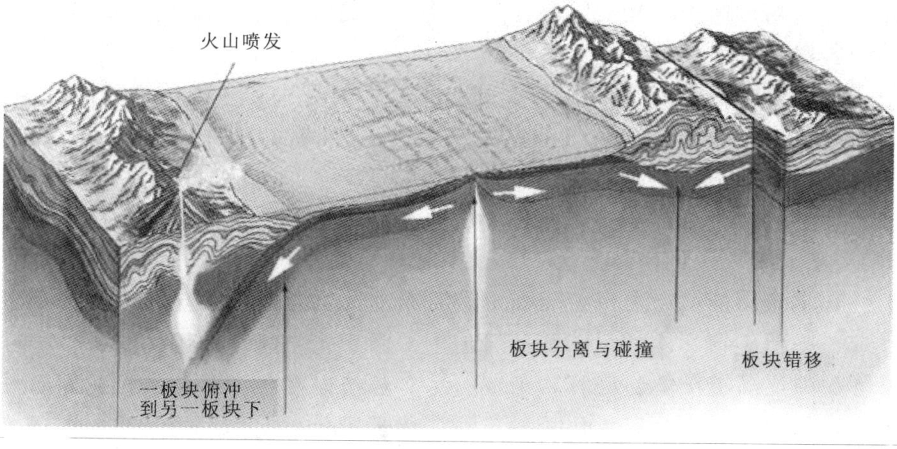

图 5－1 板块与板块的分离、碰撞、错位和俯冲作用

二、外力地质作用类型及其景观特征

大陆和海洋是地球表面的两个基本地形单位，这两大区域的外力地质作用类型和方式有很大的不同。海洋外力地质作用比较简单，主要是通过海浪、潮流、浊流及各种海流等方式进行。大陆上的外力地质作用比较复杂，按照地质营力的方式和介质条件，一般可以分为风化作用、风的地质作用、地面流水作用、地下水地质作用、冰川地质作用、湖泊地质作用和块体运动等。

下面结合旅游景观和旅游生态环境介绍几种主要的外力地质作用。

（一）风化作用及其景观

在地表环境下，由于气温、大气、水及生物等作用，使地壳的岩石或者矿物在原地分解和破坏，这种地质作用即风化作用（Weathering）。

1. 风化作用类型及其特征

按其产生的原因可分为物理风化（机械破坏）、化学风化和生物风化。

物理风化作用（Physical Weathering）主要是在温度变化等因素的影响下，岩石在原地发生的机械破坏作用。它使得岩石裂开或者崩塌，形成大小不等的碎块，但是其成分却未发生显著变化。物理风化作用方式有温差风化、冰劈作用、盐类结晶作用、潮解作用以及粘土质岩石因干湿产生的膨胀、干裂等。

在化学风化作用（Chymic Werthering）过程中，水起着重要的作用。自然界不存在纯水，在大气降水中溶解了或多或少的气体（如 O_2、CO_2 和其他可溶性物质），使得雨水成为酸性（H_2CO_3）或者碱性的复杂溶液。化学风化有溶解作用、氧化作用、水解作用、水化作用和碳酸化作用等。

化学作用的结果可以使岩石分解，某些矿物分离，甚至在水的作用下形成一些新矿物。比如，碳酸盐岩地区，由于化学风化作用的结果，岩石沿着裂隙逐渐被溶解、破坏，形成石芽、丛峰以及各种各样造型的山石景观。桂林山水首先是风化作用的产物。化学风化长期作用的结果，在湿热的气候条件下，岩石和矿物逐渐被分解，同时新形成许多表生矿物，如高岭石等粘土矿物。如果原岩富含铁质矿物，则其颜色呈红色、砖红色或者黄褐色。我国北方的黄土高原以褐色土为主，南方广东、江西大面积分布着红色土壤（红层），这些都是化学风化作用的产物。

由生物的生命活动引起的原岩破坏作用称为生物风化作用（Biological Weathering），生物风化有动物的挖洞、钻穴、植物的根劈等。

2. 风化作用对环境的影响和产物

风化作用多数是沿着岩石的节理缝而起作用的，岩石长期遭受风化，使得裂隙越来越大，最后使山体被分割成各种形状的小型块体。许多山体受风化作用影响，沿裂隙带产生球形风化，花岗岩山貌可以风化成许多小的岩石块体，出现各种形态造型。山体长期风化，节理缝逐渐扩大，直至受重力影响垮塌。冰劈作用主要是沿节理缝的水冷却结冰、膨胀，使得裂隙变大，最终垮塌，使岩石崩解成岩块和岩屑，在山坡地带形成倒石锥。

风化作用是形成各种形态和造型山石的主要外营力之一。风化作用的最终产物是形成土壤。土壤是植被的主要依托。森林、花卉、小草、果林、乔木、灌木等都依赖于土壤而生长，人类赖以生存的食物农作物也必须依赖于土壤。

总而言之，土壤是人类和世界万物生命得以维持的基础和依托。

（二）地面流水作用及其景观

地面流水是沿陆地表面流动的水体，是地球水圈的一部分。它在大陆上分布非常广泛，是陆地上一种重要的地质营力，在塑造陆地地貌形态方面具有突出的作用。

地面流水的主要水源有雨水、冰雪融水、地下水，有些河流以湖泊为水源。大河的水源往往是多方面的，例如我国的长江，发源地在唐古拉山主峰格拉丹冬雪山一带，由冰川融化的雪水供给，沿途不断有雨水、地下水和支流河水予以补给，最后汇聚成世界闻名的第三大河流。河流是陆地表面上最重要的地面流水，它是具有固定水道的常年流水，在改造陆地面貌过程中占有主要位置。

1. 地面流水的运动状态

地面流水的运动状态，按照流体内部水质点的运动轨迹，可以分为层流、紊流和环流等不同的水动力结构。一般地，水流在低速运动时保持层流状态；水质点的运动速度和运动方向随时发生任意改变的水流称之为紊流，其运动轨迹呈不规则状态；地面流水水质点的运动方向常在垂直其流动方向呈螺旋状有规则的变化，这种螺旋状水流称为环流，在河流的弯曲河段常常发生环流作用。河流作为重要的径流水系，其不同地段和部位具有不同的景观（图 5－2）。

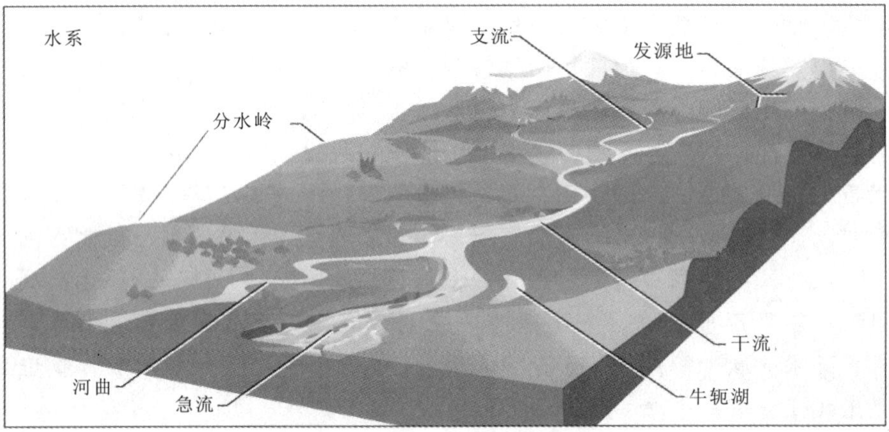

图 5－2　水系主要景观示意图

2. 河流的侵蚀作用与造景机理

河流的上游以切割、剥蚀作用为主。河流的上游地带，由于地形高差（纵比降）大，流水湍急，所以主要表现为切割和剥蚀，即下切作用明显，往往形成峡谷或者“V”形河谷。“V”形谷是谷坡高度远远大于谷底宽度的深谷，例如长江上游的金沙江以峡谷为主，其中最险要的一段是著名的虎跳峡。

在河流的下游，其纵比降小，或者河谷开阔，这里河流的下切（也称下蚀）作用变弱，侧蚀作用大大增强，侧蚀作用的结果，使得河谷展宽，河床变弯曲。河水进入弯道河段后，水流受到惯性离心力的影响，其主流线逐渐向凹岸偏移，至河湾顶部，主流线便紧靠凹岸，使得弯顶的凹岸受流水的强烈冲刷。由于弯顶附近凹岸受到强烈的冲蚀使岸脚被掏空并导致岸壁塌落和后退。与此同时，弯道产生的环流，将其从上游携带下来的部分较细的沉积物淤积在凸岸，这样使凸岸不断前伸，从而致使河谷或者河床愈来愈弯曲。这种作用长期发展的结果，使河床产生连续弯曲，形成河曲或者曲流。随着弯道河曲的增加河床便在两侧摆动，形成“九曲回肠”。河道的弯曲度继续变大，相邻的河弯会愈加靠近，使两个河弯间的陆地形成曲颈状，在洪水期，由于水量突然增加，侧方侵蚀能力也突然增强，水流便冲溃曲颈直接流向下一处河弯，这种现象叫做河流的截弯取直，被遗弃的弯曲河道演变成牛轭湖，例如湖北石首至湖南城陵矶段的下荆江河弯段，有十余处牛轭湖，比较有名的有石首市的天心洲河弯（六合垸）。

由于组成河床的岩石软硬不均，河流下切的速度也有差异，因而造成谷底在纵向上常常呈现为阶梯状。在河流纵剖面上，沿水平方向，若软硬岩石之间出现缓坡段与陡坡段的突然转折，并且这种转折形成流水落差较高的陡坎，这样便造成流水明显的跌水现象，这就是瀑布。我国著名的瀑布有贵州黄果树瀑布，山西吉县黄河壶口瀑布等。

3. *河流沉积作用与地貌景观、旅游功能*

河流的沉积作用主要发生在下游段的平原区，尤其是河口区（河流入海处的三角洲，参见图 5－3）。

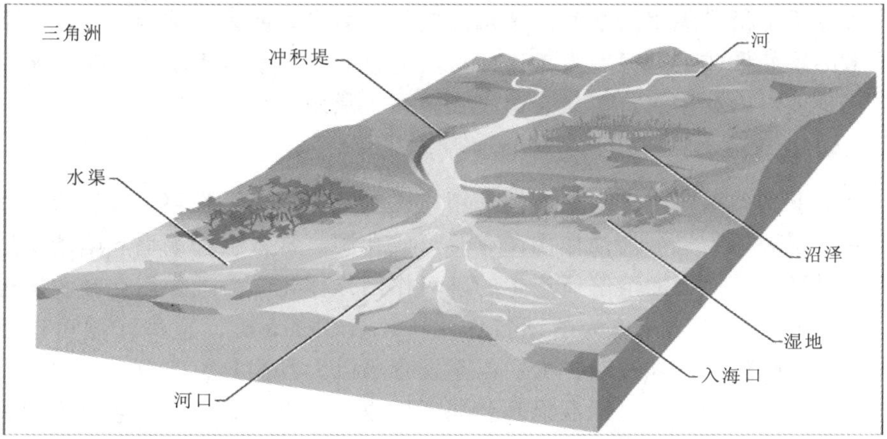

图 5－3　河流入海处——三角洲景观示意图

典型河流作用景观有河谷、峡谷、瀑布、河流阶地、三角洲、河滩、牛轭湖等。

地面流水的另外一种形式是洪流，洪流形成泥石流、山麓堆积、洪积扇、侵蚀沟等。这些地面流水作用往往形成地质灾害，在旅游景区应该加以防范。

（三）地下水作用及其景观

1. 地下水运动状态

地下水（Ground Water）是埋藏在地表以下岩石和松散堆积物空隙中的水体。泉水、井是其露头。地下水在岩石的空隙中缓慢的渗流，其地质作用很显著，例如岩溶地貌和地下纵横交错的溶洞，就是地下水溶蚀作用的产物。地下水多数是以重力水状态运动，它既可以是层流状态，也可以呈现为紊流状态，或者两种并存。

2. 地下水垂直分带

地下水根据垂直分带情况，可以分为包气带水、潜水、承压水三种基本类型。包气带水为靠近地表的空隙水，由于这些空隙中并未充满水，所以称之为包气带。在这里可以形成悬挂泉。潜水发育在地表松散堆积物与地表以下第一个稳定隔水层以上的地带，这里可以形成上升泉。承压水是埋藏在两个稳定隔水层之间的透水层内的重力水，所以也称为层间水。承压水出露处形成上升泉，人工凿井可成为自流井。承压水水量稳定，水质好，是理想的饮用水，矿泉、温泉大多属于承压水泉。

3. 地下水的潜蚀作用及其造景机理

地下水最重要的作用是潜蚀作用，也叫地下水剥蚀作用。地下水对岩石的冲刷破坏为机械潜蚀作用，有时形成孔洞，常常引起崩塌和陷落；地下水对岩石、矿物的溶解所产生的破坏作用称作化学潜蚀作用，在我国也叫作岩溶作用，国外称为喀斯特作用（Karstfication），这种作用可以使岩石中的孔隙或裂隙逐渐扩大，以至发育成巨大的洞穴。

岩溶作用的结果可以在地表和地下形成各种岩溶景观，一般分为地表岩溶和地下岩溶两种，地下岩溶主要形成溶洞。

4. 主要地下水作用景观

地下水景观主要有泉、井、地下河、溶洞等，由于地下水的作用，形成特殊的地貌景观天坑（溶洞塌陷而成）、泉华、溶洞、沟谷、洞穴等。云南路南石林、鄂西利川腾龙洞、广西的天坑。我国众多的溶洞中有钟乳石、石笋、石柱等。

（四）冰川作用及其景观

1. 冰川成因

冰川是大陆上常年积雪的地区，由积雪形成能运动的冰体。它主要分布于极地附近或者中低纬度的高山区。积雪层在较长时间的压力等作用下，经过一系列的物理变化，形成可塑性的冰川冰。冰川冰在其自身的压力和重力作用下，沿着斜坡或者一定的谷道缓慢地流动，就形成了冰川。现代冰川集中了全球85％的淡水（参见第三章，水圈部分）。

冰川作用塑造了许多奇特的地形形态，即地貌景观。

冰川的形成需要有两个基本条件：一是年平均气温在0℃以下，大气降水（以雪线为主）比较丰富，雪的积累量大于其消融量；二是要有适合冰雪大量堆积的场所（积雪盆地等），并且具备有一定的坡度，以利于冰川的流动。

2. 冰川的刨蚀作用

冰川是一种固体流，冰川冰呈块状运动。冰川作用主要是刨蚀作用，是冰川及其携带的岩石碎块对冰床产生的破坏，或者说是冰流对其依托的山体岩石（基岩）进行的机械破坏作用。冰川以其自身的重量挤压和破坏冰床上的岩石，在其运动过程中对基岩又有挖掘和锉磨的破坏作用，这些作用概括起来称之为刨蚀作用。与此同时，在刨蚀作用过程中，始终伴随有冰劈作用。

3. 冰川类型

根据冰川所处的气候、地形条件及冰川分布的规模和形态特征，冰川可以分为下列主要类型：

（1）大陆冰川（Continental Glacier）：分布于高纬度和极地地区的冰川。年平均温度很低，一般低于0℃，雪线位置很低，积雪面积很广，冰层厚度多达千米以上，形成中间厚边缘薄，由中心向四周流动的冰流，称为冰盾或者冰盖。大陆冰川分布很广，如南极洲（总面积1 410.7×10^4平方公里，冰川覆盖面积占该岛面积的80％），格陵兰岛（172×10^4平方公里，占该岛面积的80％）。

大陆冰川的冰层厚，覆盖区地形相对比较平缓，冰川运动主要靠冰川自身压力，以挤压流的方式，由冰层较厚处向四周呈舌状流动，因而不受地形限制，可以逆坡而上覆盖在起伏不平的地面上。

(2) 山岳冰川 (Mountain Glacier)：是分布于中低纬度高山地带的冰川。其特点是雪线位置高，规模小，冰层薄，受地形控制，常呈现带状分布。山岳冰川按其形态可以分为冰斗冰川、悬冰川、山谷冰川和山麓冰川等。

现代山岳冰川的覆盖面积虽然不足 $100\times10^4km^2$，但是它的地质作用结果却相当可观。中国的现代冰川均属山岳冰川，全部分布于东经 102° 以西的高山地区，覆盖面积约为 $4.4\times10^4km^2$。中国的冰川主要分布于青藏高原，覆盖面积为 $3.4\times10^4km^2$；其次是天山，覆盖面积为 9 548km^2。天山山脉腾格里山的木扎特冰川，长达 66km，是世界八大山谷冰川之一，也是中国最长最大的冰川系。

4. 冰川景观

由冰川作用形成的地貌称作冰川地貌，尤其是冰川刨蚀作用形成的地貌具有更高的观赏价值和科学研究价值。主要的冰蚀地貌有：冰川槽谷（冰川谷或者冰川谷地）、冰峰、角峰、冰斗等（图 5-4）。

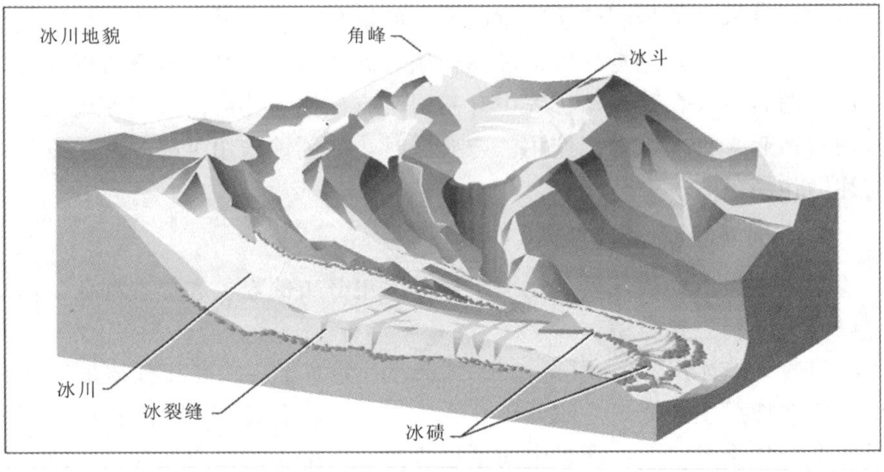

图 5-4 冰川地貌主要景观示意图

(1) 冰川槽谷：又称冰川谷 (Glacial Valley)，或者冰川谷地，主要是由于山谷受冰川掘蚀，锉磨，在横剖面常形成“U”形谷地，所以也叫“U”形谷。

(2) 冰斗：是刨蚀作用造成的三面环山、后壁陡峻的半圆形洼地。冰斗常由雪蚀坑发育而来。

(3) 冰峰：也叫角峰，被三个或多个冰斗，或者冰窖包围的、岩壁陡立的金字塔形山峰称作冰峰，它是由山峰周围或冰窖中的冰体向后啮蚀山坡而形成的。

其他冰川景观主要有：羊背石、冰臼、鼓丘、冰碛扇、冰砾扇、冰碛丘陵、冰碛阶地等。

(五) 风的作用及其景观

风是地表环境中经常发生的一种自然营力（或者地质营力）。风作用的结果，在干旱气候区的荒漠地带及其邻近地区最为显著，其次在某些植被稀疏、松散沉积物大量裸露的潮湿气候区也很显著。风的作用主要表现为风蚀作用（包括吹扬和磨蚀作用）和风沙运动（风沙搬运）。

1. 吹扬作用

风蚀作用是指风以其自身的力量和所携带的砂石对地表岩石进行冲击和磨擦，致使地表岩石遭受破坏的地质作用。风的冲击力及其紊流作用，把在地表的疏松物质吹离原地，持续的吹蚀会使地表形成大小不等、大体顺主要风向伸长的椭圆形洼地（风蚀洼地）。一般被吹扬离开地面的碎屑物，是直径在 2mm 以下的砂粒和粘土，砾石则留在原地。持续强劲地吹扬，该地区只留下砾石，在条件适宜时，便形成以砾石为主的砾漠——戈壁（Gobi）。

2. 磨蚀作用

磨蚀作用是指在风砂流动过程中所携带砂粒对地表岩石的冲击、摩擦及其使岩石发生破坏的作用。风沙流中的含砂量是影响磨蚀作用的主要因素。换言之，风的磨蚀作用与风速和砂粒离地面高度及粒径有关。风沙流的含砂量具有垂直分布的特点，而且磨蚀作用最显著的范围是离地面 30cm 以内的地带。风速受到地形的控制，一般情况下，沟谷纵横的盆地边缘的风速，要比一望无垠的沙漠腹地大，磨蚀作用更显著。总体是山谷垭口和正对风口的迎风地段或者迎风面的磨蚀作用最强烈。

3. 风蚀景观

风蚀作用的结果往往形成蜂窝石或者风蚀壁龛。对于岩性软硬不均的岩石，在风蚀作用下可以形成不规则的洞穴，即风蚀穴；对于盆地边缘独立的巨石或岩块，在风砂长期磨蚀下，则常形成下细上粗、呈蘑菇状的石块，即形成风蚀石蘑菇（图 5－5）；持续的风蚀，可以使石块的下部变得很细，彷佛能被风吹动，称作摇摆石；若是岩块发育垂直节理，经长期风蚀后，则可形成风蚀柱（图 5－6）。

图 5－5　风蚀地貌——石蘑菇

图 5－6　风蚀地貌——风蚀柱

我国新疆准噶尔盆地的西北部、塔里木盆地的东部、青海柴达木盆地的西北部都是著名的风蚀地区。罗布泊洼地附近的风蚀区将近 3 000km^2，在这里形成了各种各样的风蚀地貌景观。

4. 风的沉积作用和风成景观

在风速减弱时，紊流的上举低于砂粒的沉降速度，这时，砂粒和尘土便会堆积下来，形成风积物，这就是风的沉积作用。

由于风力搬运过程的分选作用，沉积作用也有明显的分带特征。在风力强劲的荒漠地区，只有部分地区被风成的沙层覆盖，较大的区域为风蚀基岩区（石漠）和由粗砂、砾石组成的戈壁（砾漠，见图 5－7)，在沙漠的外缘带常由黄土堆积。

图 5－7　砾漠景观

风成地貌主要有沙堆、沙丘（有新月形和纵向沙丘)。在我国西北地区（新疆、甘肃、内蒙古西部、青海等地）风成景观普遍发育。甘肃敦煌一带的沙丘是游人青睐的景观地带，这里有月牙泉、鸣沙山等景观。

主要风成景观：沙漠、蘑菇石（风蚀作用)、风蚀谷、风城（魔鬼城)、风蚀湖（月牙湖)、风成沙丘、风蚀黄土沟谷等。

吹扬作用往往会形成沙尘天气，在大风吹扬的情况下，可能生成沙尘暴，给人类生活带来极大不便，环境受到污染。

(六) 湖泊作用及其景观

湖泊是陆地上的集水洼地，也是陆地上较大的蓄水盆地。全世界湖泊的总面积大约为 27×10^5 km²。湖泊发展的后期会逐渐被泥沙充填，湖泊萎缩逐渐变成沼泽、湿地。湖泊作用主要是沉积作用，在其沉积过程中可以形成与人类生活关系密切的铁、铝、锰、煤，以及石油、盐类等沉积矿床。

1. 湖泊的成因类型及其特征

形成湖泊的原因很多，从作用力来看，主要有内力作用和外力作用两大类型。

(1) 内力作用形成的湖泊

构造湖：由地壳构造变动形成的湖泊。有两种形成方式：一种是由于局部地壳下凹形成湖盆，例如我国的太湖、鄱阳湖等。这种湖泊的外部形态轮廓不规则，规模比较大，湖水较浅；另一种是沿着地壳运动所产生的断裂下陷而形成的贮水盆地，这种湖泊多呈现为狭窄的长条形，其边缘轮廓一般比较平直，湖水较深，例如贝加尔湖、东非裂谷中的坦噶尼喀湖等。我国云南的滇池、阳宗海、抚仙湖等为呈线状排列的湖群，是沿着小江断裂带分布的湖群。

火山湖：由火山作用而形成的贮水湖盆。火山口贮水而成的湖称作火山口湖，也叫火口湖 (Crater Lake)，例如长白山天池。火山喷发出的熔岩堰塞河流或其他水域则可形成熔岩堰塞湖，著名的黑龙江五大连池，就是火山熔岩流阻塞纳漠尔河的支流而形成的。

(2) 外力作用形成的湖泊

几乎所有自然界的外力作用都可以形成湖盆。外力作用的湖泊规模小，湖水较浅，湖盆的形态轮廓不规则。

河成湖：河流截弯取直形成牛轭湖，在河流下游与河流三角洲地带，由于河流改道或者河水泛滥在冲击平原上的洼地形成河迹湖，例如江汉平原、长江三角洲一带的湖泊。

冰成湖：冰川的刨蚀作用形成的洼地贮水形成冰蚀湖。冰川作用过程中冰碛物堵塞河床或者阻塞冰川谷地中的洼地而产生的积水盆地称作冰碛湖，例如新疆天山博格达峰北坡的天山天池。

风成湖：风蚀作用和风积作用形成的风蚀洼地与风积洼地积水形成的

湖泊，称作风成湖，例如甘肃敦煌的月牙湖（月牙泉）。

海成湖：浅海海湾与浅海的潮坪地带，由于沙坝、沙堤或沙嘴的生长逐渐合拢，把海水隔离呈相对孤立的水洼，即形成泻湖。

岩溶湖：主要形成于碳酸盐岩发育的地区，在我国主要产生于滇、黔、桂等岩溶地貌发育的地区。岩溶地貌区，由于碳酸盐岩被溶蚀塌落，其间的洼地便形成岩溶湖，或者叫做溶蚀湖。

人工湖：即水库。人类利用自然环境的适宜地带，围堰筑坝，截留随意逝去的水体，从而造福于人类，一般多在河流的上游段修筑水库，目前人们习惯于称作人工湖。我国的许多人工湖都已经成为著名的风景区。例如浙江淳安、建德的千岛湖，湖北赤壁的陆水湖，东北吉林省吉林市的松花湖等。

2. 湖泊景观

湖泊景观从静态而言，有湖岸和湖面（水体），从动态来看主要有湖浪、湖流。湖浪主要是由风引起的，有时也可能由不均匀的气压所引起。

湖岸景观多指湖滨地带的地形地貌和植被景观。湖面在绝大多数情况下都可能是动态的，只有风平浪静时可以视为静态。另外，湖中岛、湖心岛景观也是湖泊的静态景观。

湖泊景观的最大特色在于自然风光的有机协调、搭配。主要是山水林（植被、花卉、花草）三者的有机结合，缺一便会显得不完美。

湖泊景观的第二大特色在于湖光山色之外与人文景观相配合。这样天人结合才会使文化底蕴深沉广厚。例如湖南洞庭湖—岳阳楼—君山三者结合，互为映衬，互相补充；江苏太湖周边点缀着众多的人文景观，山有东、西洞庭山（苏州），惠山（无锡）。

3. 湖泊的旅游功能

湖泊的旅游功能是多方面的，总括起来主要有观赏功能、休闲度假功能、健身、体育锻炼，其中休闲度假是湖泊最佳旅游功能。

（1）观赏功能。主要有龙船观光，划船观光，湖岸、湖滩风光观光。

（2）休闲度假功能。包括湖滨度假地、湖滨游乐——滨湖沙滩游乐、湖滨餐饮。

（3）健身功能。包括垂钓、习武、滨湖散步。

（4）体育锻炼功能。包括游泳、赛艇、龙舟比赛、跳水等。

4. 沼泽景观

沼泽景观的最大特色是湿地和其间的繁茂的嗜湿植物。可以是茂密的森林，也可以是浩渺的芦苇荡（芦花荡），在这广阔的湿地间，各种水鸟和嗜湿动物在这里繁衍、休养生息。

目前典型的大面积沼泽地不算太多，或者有些已经演化到沼泽的后期，变成洼地。我国有名的沼泽有罗布泊等。罗布泊属于干旱气候地区的沼泽地，已经属于后期的洼地。湖北古代曾有“云梦沼泽”之称谓，其范围基本包括了整个江汉平原，现在已经变成平原洼地。

（七）海洋作用及其景观

1. 海洋环境分带

海洋中不同地带海水的运动，海水的物理、化学性质以及海洋生物的特点等，是影响海洋作用的主要环境因素。根据海水的深度及海底地形特征，可以将海洋划分为几个具有不同特征的环境分区，在不同的海洋环境分区，其海洋作用有着各自的特征。

一般的海洋环境由陆地向海洋可以分为几个地带：滨海带、浅海带、半深海带和深海带四个大的区域（图 5－8）。

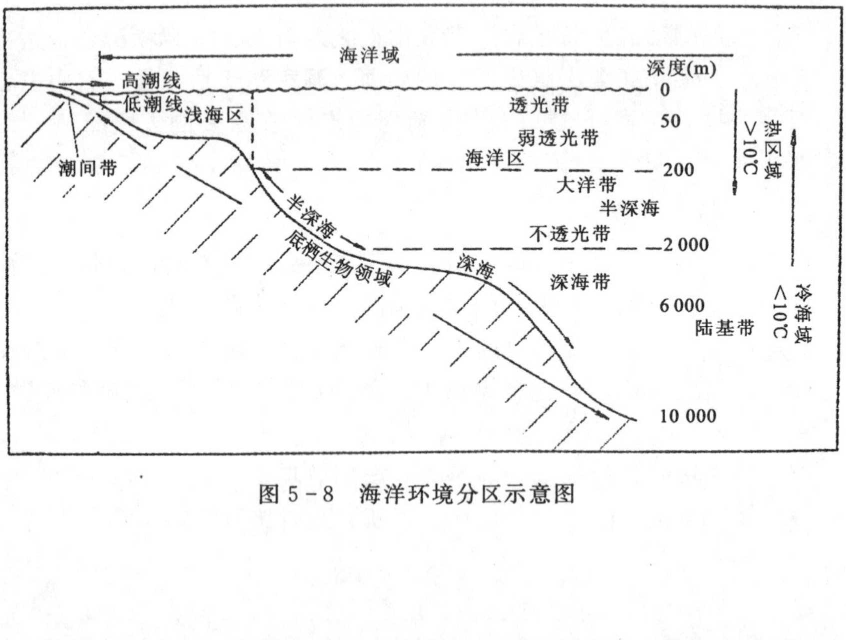

图 5－8　海洋环境分区示意图

（1）滨海带。滨海带即海陆交互地带，其范围是低潮线（低潮海面与地形面的交线）与最大浪潮所能冲击到的上界之间的地带（图 5－9）。它属于海岸带的一部分，习惯上人们也叫作海岸带，可以分为前滨和后滨。后滨也就是潮上带，它位于平均高潮线以上，在特大高潮和遇到风暴时可以被海水淹没。前滨也称作潮间带，是高潮、低潮之间的地带。它随着潮汐的涨落时而被淹没，时而露出水面，其宽度主要取决于海岸带的坡度，坡度越缓延展的宽度越广，最宽可达数公里（这主要出现在潮汐作用为主的海岸带）。坡度陡，波浪作用强，滨岸潮间带的宽度小，见图 5－3。

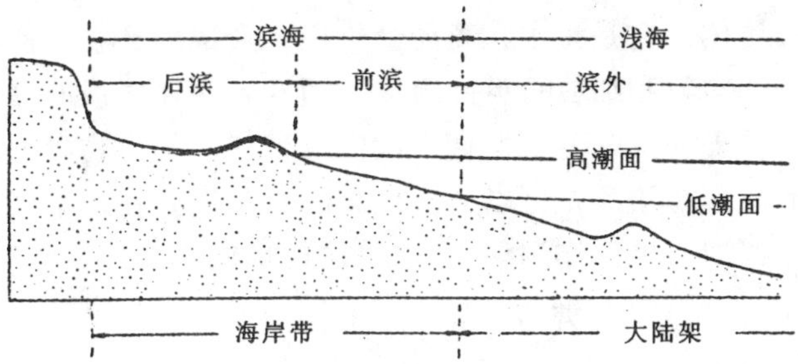

图 5－9 滨海环境分带示意图

（2）浅海带。浅海带是大陆以外比较平坦的潜水海域，其水深自低潮线以下至水深 130～200m 之间。许多地区的大陆架水深在 200m 以内，其海底地形则与浅海带相当，所以又称为陆架浅海。

由于浅海海底地形平缓，海水不深，海水运动以波浪对海底的影响为主，水温受季节的影响。多数浅海海水的盐度正常，而且变化不大，海水的含氧充足。因距离海岸带不远，海水中悬浮质比较多。浅海中海洋生物非常丰富，多数为底栖生物。浅海海水在 50m 以内为上部，上部阳光充足，容易受到波浪的搅动，藻类植物繁盛。水深在 50m 以下为下部，这里阳光稍微减弱，海生生物中藻类较少，主要是底栖生物。

（3）半深海带。半深海位于 200～2 000m 间的海域，其海底地形坡度较陡，平均坡度在 4.3°以上，是从浅海向广大深海的过渡地带，在海底地形上称作大陆坡。该地带海底地形崎岖，常发育有深达数百米甚至千米以上的海底峡谷。半深海因为水层厚，一般无光线透入水底，水温比较低。海水运动以海流为主，波浪仅仅能触及到其表层，在海底峡谷地带浊流发育。半深海地带生物贫乏，以浮游生物占优势。

(4) 深海带。水深大于 2 000m 的广大海域为深海区。在深海海域内的海底地形主要为大陆裾（陆基）、海沟和大洋盆地等。其中大洋盆地面积最广，地形比较平坦。海水运动以海流为主，深海属于无光带，这里海洋生物贫乏，以浮游生物为主。

作为旅游功能地带主要限于浅海地带以上，尤其是滨海地带。

2. 海浪作用为主的海岸带

波浪作用强烈的海滨地带，相对而言向海方向的地形坡度较大，在这里往往形成障壁岛（沙坝）和泻湖环境。沙坝是平行于海岸带的露出高潮面以上的狭长沙体。它是海水在高能量作用下形成的产物，沙坝的物质成份主要是纯净的中粒和细粒石英砂组成。泻湖是水体很浅的低能量带，沉积物以粉砂和粘土为主，其上发育广盐度或半咸水的生物群。在潮湿炎热气候下可以形成滨海沼泽，可以形成广布的森林区。在干旱气候条件下则可以形成咸化泻湖（也称作潟湖），这里往往形成石膏、岩盐等产物。

3. 潮汐作用为主的海岸带

潮汐作用强烈的地带，则波浪作用不强，较弱，向海方向的地形坡度很小，非常平坦，在这里不容易形成障壁环境和泻湖，而是形成潮坪环境。所谓“坪”者，乃平坦之地也。所以潮坪环境就是指非常平坦的海滩环境。潮坪环境条件下，潮上带和高潮带以上往往形成近海沼泽，潮间带则常见生物礁（珊瑚礁为主）、介壳滩堆积，形成一些浅海台地环境。

潮坪环境具体的分带（图 5 - 10）为：潮上带、潮间带（可细分为高潮坪、中潮坪和低潮坪）和潮下带（即浅海环境）。

4. 滨海环境及其景观

由于滨海处于海陆交替的地带，在这里海浪、潮汐与海岸交锋，与旅游有关的海洋作用和海洋景观几乎都出现在这个地带。海蚀作用、波浪作用、潮汐作用以及部分海流作用均发生在这里。海蚀作用是指由海水运动的动能，海水的溶解作用和海洋生物的活动等因素引起的对海岸及海底岩石的破坏作用。海蚀作用方式可以分为机械的（物理的）、化学的、生物的三种形式。

基岩海岸的海蚀作用主要表现为受波浪冲击而形成的沿着水平方向展布的凹穴，即海蚀凹槽（海蚀槽），还有海蚀穹（海蚀天生桥）、海蚀洞、

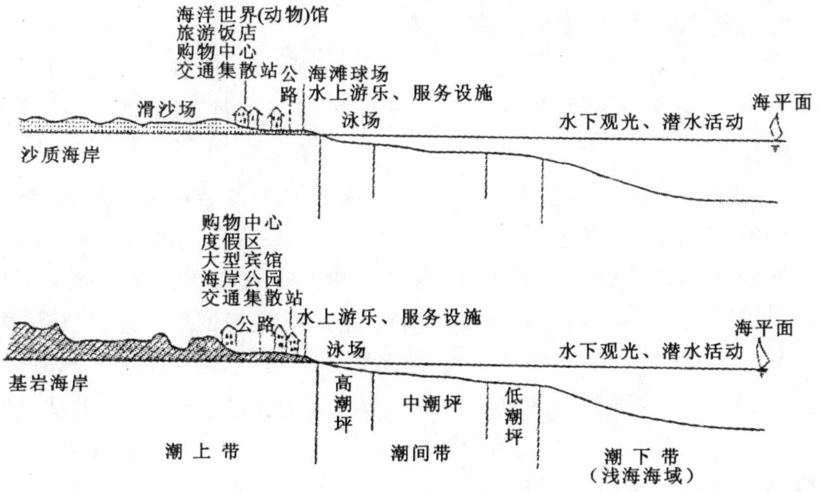

图 5-10　潮坪环境分带特征及其相应旅游功能与设施布局示意图

海蚀崖、海蚀柱以及波浪作用冲刷的波切台等海蚀地形。秦皇岛北戴河区的海岸带的海蚀地貌非常发育，比如鸽子窝（海蚀穴）、鹰角石（海蚀崖）、联峰山上的莲花石（发育海蚀凹槽）。在比较坚硬的基岩地带可以形成海岬，譬如山东威海成山角，人称天尽头。以上主要是物理性质的海蚀作用，这类海蚀地貌在我国东南沿海许多地方都有发育，著名的景观有浙江普陀岛，福建福州鼓山、厦门鼓浪屿，大连老虎滩等。

化学性质的一般发育在碳酸盐岩分布地区，在海水的溶蚀作用下，形成溶洞和喀斯特地貌。

沙质海岸地带主要为冲刷和堆积作用，往往在潮上带和高潮带形成沙丘、沙坪、沙岗、沙脊等景观，例如秦皇岛市昌黎县海滨带的黄金海岸，南戴河海滨带滑沙游乐场等。高潮带还可以形成沙堤、沙坝、沙嘴景观，在潮坪地带还可以有砾石滩、生物碎屑滩（介壳滩）、珊瑚礁等沉积、堆积景观。

5. 滨海带的旅游功能及自然灾害防止

滨海带是休闲度假旅游的极佳环境。世界许多著名的旅游度假区都是位于滨海地带。欧洲、北美墨西哥、亚洲印度尼西亚的巴厘岛等。

海滨带的主要旅游功能有：休闲度假，体育运动，疗养健身，观光游览，游乐消夏，海底探险、探秘、探奇等。

基岩海岸地带可以建造旅游度假村、别墅、疗养中心、健身园地和游乐设施等，开辟海滨泳场，修建海滨游乐场、滑沙场、滑草场、沙滩球场、游乐宫等。

滨海带是自然灾害多发的地带，主要自然灾害是热带风暴和地震及其引发的海啸。台风与热带风暴是发生在低纬度热带海洋上的低气压，是一个风速极大的涡旋云系，统称为热带气旋。过去我国称为台风，1989 年起，我国采用国际标准来确定其名称，即：①热带低压：热带气旋中心附近的最大平均风力 6～7 级；②热带风暴：热带气旋中心附近的最大平均风力 8～9 级；③强热带风暴：热带气旋中心附近的最大平均风力 10～11 级；④台风：热带气旋中心附近的最大平均风力在 12 级及其以上。热带气旋经过的地区常常带来狂风暴雨，在海面掀起巨浪引发风暴潮，破坏力极大，常给沿海地区造成极大的破坏。2005 年 8 月，美国遭受飓风“卡特里那”袭击，路易斯安那州的新奥尔良市几乎倾城撤离，死亡人数达 1 036人，造成巨大的破坏和财产损失。

地震、海啸是海底发生地震时，由于海底地形急剧地升降变动，引起的海水强烈扰动。海啸又称为地震海波或潮波，是一种灾难性的海浪，具有强大破坏力。这种波浪运动引发的狂涛骇浪，汹涌澎湃，它卷起的海涛，波高可达数十米。这种“水墙”内含极大的能量，冲上陆地后所向披靡，往往造成对生命和财产的严重摧残。21 世纪以来的 2 次大地震及其引发的海啸造成巨大的伤亡。2004 年 12 月，印度洋地震和地震引起的海啸造成近 30 万人遇难，沿海地区建筑物和休闲度假设施遭受严重破坏。2006 年 7 月，印尼地震引起海啸造成 600 余人死亡。

三、内力地质作用及其景观

内力地质作用主要是指由地球内部应力作用产生的地质现象。诸如火山爆发、岩浆活动、地震、断裂褶皱以及变质作用等地质过程。考虑到对旅游景观形成过程的影响不太显著，此处不予以详细论述，只作简明扼要地说明。

（一）褶皱

褶皱是指岩石受力发生弯曲变形的应力过程和应力作用下层状岩石弯曲变形的形态、形迹，是岩石挤压变形的产物。单个的岩石弯曲称作褶曲，褶曲的岩层中部向上拱的弯曲为背斜，岩层中部向下弯曲为向斜。一系列的背斜和向斜共同构成褶皱（图 5-11）。

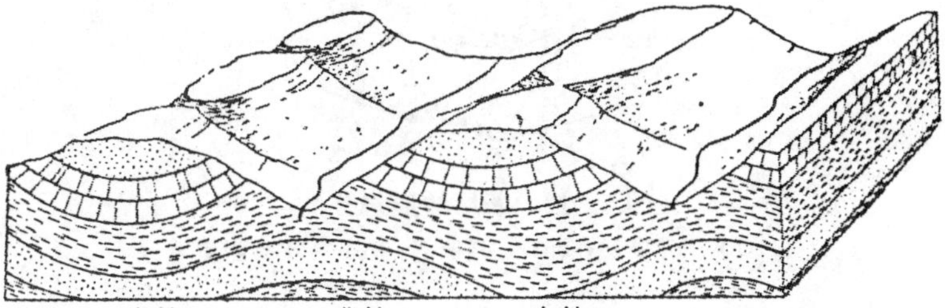

图 5-11　褶皱在地形上的表现特征及其相关要素

（1）褶皱山。地球大部分山峰为褶皱山。尤其是三峡地区的山多数如此，或者是背斜，或者为向斜。

（2）单斜山。岩层向同一个方向倾斜，谓之单斜。大区域中，由于背斜或者向斜被破坏，切割分离，形成各种单斜山。

（二）断裂

断裂就是岩石的破裂现象，它起因于应力作用下的机械破坏，使岩体丧失其连续性，而不涉及其任何破碎部分是否发生过位移。断裂包括裂隙、节理和断层（图 5-12）等。下面主要介绍断层和节理。

1. 断层

所谓断层主要是指岩层或岩体中的一个或一组破裂面，沿破裂面两侧的岩层或岩体发生有明显的位移。断层的位移量有大有小，小者仅几个厘米，大者可达数公里甚至数十公里。

断层的组合类型主要是根据断层受力的状况划分为张性断裂和压性断裂（地堑和地垒，图 5-13）。

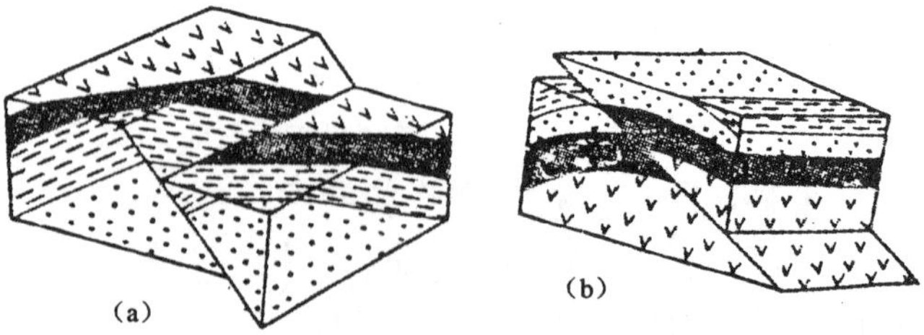

(a)

(b)

(c)

图 5-12　断层的形态分类

(a) —正断层；(b) —逆断层；(c) —平移断层

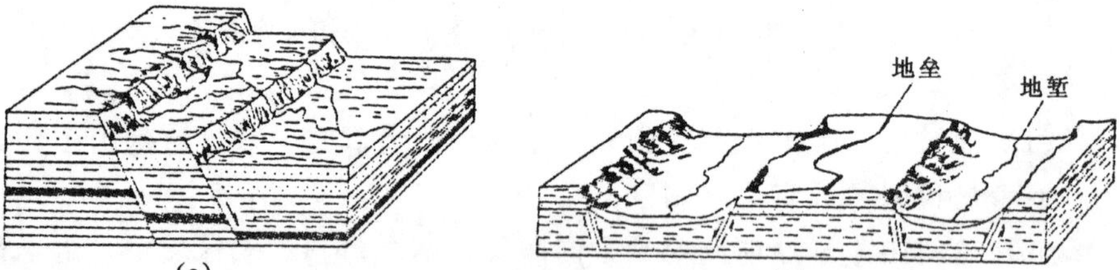

(a)

(b)

图 5-13　断层的组合类型

(a) —阶梯状断层；(b) —地堑和地垒

张性断裂，下凹者为地堑式断层，如琼州海峡。凸起者为地垒，如庐山就是地垒式山，形成的陡崖即断层崖，如庐山龙首崖。地堑是一种地质构造形态，一般规模较大，在地貌上可以表现为裂谷或与裂谷相似。典型例证有中国的汾渭地堑和欧洲的莱茵地堑，它们在地形上常呈现为狭长的谷地或一连串长条形盆地或湖泊。

中国东部的大型断裂带往往在地表不容易直接观察到景观，如我国东部延伸于山东和安徽省境内的郯庐大断裂（山东郯城至安徽庐江）。但是中国西部则景观特征明显，如云南横断山脉地区，地貌景观丰富多彩，成为有名的山地风光带。如丽江、腾冲地热和三江并流等。

断层角砾岩——许多断层带附近都发育有断层角砾，如湖北房县境内的青峰大断裂带上，可以见到非常明显的角砾岩，沿线出现特殊的地貌景观。

逆冲断裂与飞来峰——在一些受强烈挤压而发生地层剪切的地区往往会形成“飞来峰”，例如杭州西湖风景区的飞来峰。

2. 节理

节理就是岩石中的破裂。节理能把岩石分割成具有一定几何形态的岩块，根据岩块的形状，可以命名为柱状节理、板状节理和菱形节理等。节理有原生节理（产生的岩石成岩过程中）和次生节理（岩石成岩以后形成的节理）。次生节理可以形成各种山貌造型，奇石、怪石。如黄山的仙桃石、梦笔生花、猴子望月等，张家界砂岩峰林景观中的金鞭岩、仙女献寿、夫妻岩等，长江三峡巫山的神女峰等。典型的原生节理是玄武岩节理，我国有名的玄武岩原生节理为柱状节理，以福建漳州南碇岛的玄武岩柱状节理最为壮观。

（三）火山作用与岩浆作用

火山——岩浆活动穿过地壳，运移上升到达地面或喷出地表，形成特殊的堆积体，称为火山，火山喷发形成火山地貌景观。比较典型的景观有：火山锥，如海南琼山马鞍岭，山西大同火山锥、火山口；火山湖，也叫火口湖，如吉林延边长白山天池；堰塞湖，黑龙江五大连池和镜泊湖；熔岩瀑布、鼻状熔岩，黑龙江五大连池熔岩流就是熔岩流淌的产物；火山天生桥，浙江雁荡山仙桥、天台寒岩天生桥；火山熔洞——海南琼山石山镇的火山熔洞；玄武岩柱状节理——福建漳州滨海火山地质公园。我国的火山群主要有：山西大同火山群、黑龙江五大连池火山群、云南腾冲火山群、台湾大屯火山群、吉林伊通火山群等。

火山喷发景观——现代活火山，如菲律宾、印度尼西亚、日本等地的现代火山。意大利维苏威火山，日本本州岛富士火山，肯尼亚、坦桑尼亚两国国境的乞力马扎罗火山。

（四）地震作用

地震作用是地球内力集中释放的突发性事件。大地发生的突然震动，俗称“地动”。广义的地震包括两大类：①由于自然作用产生的震动，即“天然地震”；②由于人为的原因造成的震动，即人工地震。全世界每年发生的天然地震中，人类能够感觉到的有五万余次，能够造成严重灾害的有十余次。地震的发生往往造成巨大的人员伤亡和建筑物的破坏。能够引起地震的原因很多，其中直接的原因，一般认为主要是地球岩石圈内某些部分在内应力的作用下发生了破裂，从开始破裂处释放出能量（应变能），并有一部分能量以弹性波的形式在地球内传播，传到之处就震动起来。至于地球的岩石圈怎样受力破裂，即引起地震的根本原因，目前还没有得到理想的解释。

我国主要的地震景观有：唐山地震遗址、遗迹，云南丽江地震遗址、遗迹等。

（五）变质作用

变质作用是指岩石在地下特定的地质环境中，由于物理化学条件的改变使其在矿物组分和岩石结构构造方面发生变化的作用。这种作用是在固体状态下发生的。变质作用的因素主要有温度、压力和化学活动性流体。在变质作用过程中，可以使组成岩石的矿物颗粒变粗变大，使一种矿物变成另外一种矿物，也常常导致某些元素富集，形成重要的变质矿床，如铁矿、猛矿、镍矿、铜矿等。

我国主要的变质岩景观有：混合花岗岩——秦皇岛北戴河海滨带基岩海岸，联峰山、老虎石、鹰角石等；山东泰山——主要由变质杂岩组成；河南嵩山——变质岩组合；山西五台山——片岩、片麻岩、变粒岩、麻粒岩等，庐山也是变质岩山，为板岩和片岩。

第六章

人类生活空间与地学背景

一、人与自然的关系

人类是自然的一员。人是地球上生物演化的产物，是地球生命物质演化的最高形式。所以人和自然不是对立的，而是统一的，相互协调的。尽管人文旅游资源和自然旅游资源是不同的，有着很大的差异和区别，但是他们都是地球上的一份子，都是地球的产物。就此而言，地球造就了人与万物。

有些学者认为人文旅游资源不属于地学的范畴，这种观点有些把人文与自然搞得太绝对化了。应该承认有些人文环境和人文的物质与自然物质之间差距甚大，特别是现代高科技的东西，几乎没有任何自然成分。但是在人类活动的早期，人类几乎是完全依赖自然环境而生存的，人类也没有把自己与自然界对立起来。

综观人类的衣、食、住、行，几乎不可能与自然脱离，总是有着千丝万缕的联系。当然，还有与人类精神活动、物质活动等有关的人文景观。本章主要结合人文景观与地学关系密切的几个大问题，探讨人文旅游资源的地学背景。

二、人类生活空间与地学环境

（一）聚落与地学环境

1. 聚落

人类生活在地球的表面（地表或者地面），人类的衣食住行完全依赖于地球，首先最直接的与地表亲密接触。人类为了休养生息，必须设法寻找并获得一处安全休息的空间，设法营造一处居住场所，寻找可以开展各种与生活息息相关的活动的基地。人类在长期的与自然磨合的过程中，总是以群相聚，并且集中地居住在某一区域，从而形成村落，或者称作聚落。聚落是人类活动的中心，它既是人类居住、生活、休息和进行各种社会活动的场所，也是人类进行劳动生产的场所。德国学者李希霍芬（F. von Richthofen）曾指出：人类定居于地表，并占领地表，其中一种占领方式即为聚落。实际上，聚落的职能不仅仅是居住地，而且也包含着农业景观及文化景观。

聚落是地球表层非常重要的人文景观，其建筑材料，所占据的位置、环境，聚落发生发展的原因，以及聚落的形态等，都集中反映了人类活动和自然环境之间复杂的综合关系。研究聚落分布、发展及其与环境关系的科学是聚落地理学。

聚落是人类活动的基地，是人类改造环境的产物。从地球表面有人类以来，人类为了生存，为了休养生息，最基础的条件就是要有一处栖身的居住地（聚落），人类的远祖原始人类居住在洞穴里（温带居穴），也有栖居在树上的（巢居）。

黄土高原大量的窑洞住宅，有些地方还在窑洞上建造房屋（如山西吕梁地区、陕西延安地区等），即上屋下洞。这种现象不仅反映了黄土高原的聚落风格，同时反映出当地的地理、地貌环境。随着人类经济、社会的发展，聚落逐渐分为不同的形式和格局。

聚落可以划分为四种形式：住宅——单独的居住环境；村落——集体居住的空间环境；乡镇——设立有政治、行政管理的空间环境；城市——经济、文化、交通、工业、农业、商业的集中地，为大的行政管理空间环境。前两种聚落形式的居民主要从事第一产业；后两种聚落形式主要从事第二、第三产业。聚落形式的主要差别在于人口规模的不同，而人口规模的不同，则在于居住环境的地理位置、地质环境、地貌特征，也就是有利于从事各种经济活动、生产活动和社会活动等，即有利于交通的开拓、工业的发展，有利于从事商业活动等。

2. 原始居住地自然环境特征

人类为了生存，必须建立适当而安全的居住地，以防寒暑、防风雨、防野兽、防疾病，便于生活。

（1）史前时代

史前时代，经济生活极为简单，甚至没有固定地点。当时人类居住地是非定居式的。

（2）采集经济时代

采集经济时代，人们寻求环境优越的地区居住。有的地方由于交通关系，以致与世界其他地区隔离。为了战胜恶劣的自然条件，就地取材建立了简陋住宅，有穴居、巢居（巢状树居）。穴居多在石灰岩地区的溶洞、黄土坡地或者现成的岩窟岩洞。

在寻找食物方面，当时由于生产力非常低下落后，人类只能依靠自然界来获取食物，即仅仅依靠天然的树果、草根、茸类，或者鱼类、鸟类、兽类等为食物。当时人类为了获取食物，不得不分散居住，加之这些食物只能在一定的季节和一定的地域找到获取，因此，聚落不能够固定，随时有流动的可能，而且每单位面积的人口可容量很小。

（3）石器时代

石器时代的穴居——人类利用天然洞穴居住，容易集中于一个地区。同时为了捕猎大型野牛、野鹿等野兽，或者为了自身防卫，也发生了社会联系，因此居住地比以前密集。

原始住地多建于森林茂密的低山林区，便于男子狩猎，女子采集，在海边也进行原始的捕鱼活动。不论狩猎，捕鱼，资源都很容易枯竭，因此人类活动要迁徙，多移动，居住地也多为临时性的。

原始穴居由于气候、地质、水文地理等条件不同，所以居住形式或者方式也不尽相同。欧洲旧石器时代广泛为洞窟居住；日本因潮湿多雨，洞窟生活不利于身体健康，多居住竖穴。

中国原始居住聚落，也始于巢居。古代传说的有巢氏，因禽兽多，皆筑巢避之。40～150 万年前的原始居住洞穴在山西、北京、辽宁、广东、湖北、浙江等地有发现。

3. 地学环境对村落的影响

（1）地学环境对古代村落的影响

随着生产力的发展，人类逐渐走向饲养家畜、栽培作物、生活安定的定居生活。

居住条件有了很大进步，建立了永久性的和半永久性的房屋，在西方称之为小村（Hamlet），或者村落（Village）。古代村落对于地学环境的依赖性很大，不同的地学环境形成不同生产方式的村落。

①游牧村落。游牧地区，干旱气候为主，以家畜为主要财产。由于季节性移牧，住宅也随之转移。建蒙古包和帐篷式住宅。游牧聚落多数是散

居的，但是由于水源或者其他原因，也有相对集中聚居的，一般是数十户牧民为一处聚居村落。游牧聚落主要分布于大陆北部，山地游牧也是移牧，既有越冬的固定聚落，也有夏季的季节村落。绿洲村落相对稳定得多，绿洲居民有着相对优越的水源和绿地，绿地可以人为的耕作，交通条件也好，成为当时产品和商品交换的场所。这种环境下的绿洲村落规模可以很大。例如中国西安的半坡村氏族公社聚落规模就很大。

②烧田聚落。烧田聚落（刀耕火种）主要分布于热带雨林和热带草原、热带季风区。烧田村落属于移动性村落。一般是烧出新田耕种，数年后放弃，这样聚落也随之迁移。

（2）地学环境对村落职能分类的影响

所谓村落职能主要是指农业职能。村落一般是经营农林牧副渔生产活动的，并且主要供应生产物。据此，职能村落可以分为：农村、牧村、渔村和山村四种形式。

①农村。狭义农村指从事耕作业为主的人所居住的村落。凡是农业人口占优势的地区都是农村。农村多分布于平原地区，沿海地区、山地地区也有分布。农村根据所处地貌环境（平原、湖滨、河岸、海滨、山区、林区等），可以有不同的耕作方式和生产不同的谷物和经济作物。所以农村可以分为两种聚落形式：其一是以生产农作物为主的农村；其二是以生产谷物类、经济作物、熟菜、水果为主。后者可以为市场提供产品和商品，是一种商品化农村。

②牧村。主要聚居于草原、沙漠绿洲、山区草甸地区，是以从事牧业为主的人所居住的村落，可以兼营农业、副业。

③渔村。所谓渔村，就是沿海、湖畔与河流沿岸等，是以水产业为主要职业的人居住的村落。

④山村。靠生产山地产品的人们的居住地，有林业为主的，也有农牧林组合的村落。

4. 地学环境对聚落形态分类的影响

从村落的平面分布形态看，村落可以分为集村和散村两种形式。

（1）集村

多数住宅集合在一起形成的集中村落为集村。

①集村形成的地理环境。主要分布于地形比较平坦的平原地区、大区域的盆地地区。如我国的松辽平原、华北平原、长江中下游平原、珠江平

原以及四川盆地等区域。大面积的沙漠绿洲（例如中国新疆地区和内蒙古地区）也形成集村。在这些开阔平坦的地区，人类依靠社会集团生活，由此发展成集村。

②集村形成的重要条件。有利于防卫，有助于共同协作生产，方便于人类生产、生活取水、用水等，这是形成该区域大型集村的重要条件。例如水稻种植区域，需要协同生产（插秧、收割）。

③集村的几种几何形态。集村根据住宅的配置和展布状态又可以分为几种形态：块状村、列状村、路村和街村。块状村一般分布于平原的中心地带；列状村多数分布于平原区的边缘山麓地带，一般沿着河流、山谷、山麓排布；路村和街村与地形关系不密切，主要与村落所处的交通位置有关，一般排列在交通干线的两旁。

（2）散村

散村最大的特点是居住点的居民少，住户少，住户之间比较分散，不聚集。一个村庄可以散布于很大的区域范围里。散村一般散布于山区，位于冈丘、丘陵、沟谷之间，受地形的影响较大。另外在沙漠的小型水源周边也容易形成散村。

（二）城市与地学环境

1. 城市形成的因素

城市是在狭小的地域上集中大量非第一产业人口，居民以从事第一、第二产业为主；城市是其周围地区从事社会、经济、文化、政治等活动的中心。拉采尔在《人类地理学》中指出："城市是人类及其居住地永续的密集地区，而且位于主要交通道路的中心。"城市是社会发展到一定阶段的产物，是人类集聚的一个社会经济实体。它的产生和发展决定社会经济的发展程度和社会的实际需要，因此它具有一定的空间范围。但是它又是一个地域的实体，成立于一定的地域上，为地域的一个点或中心，所以地域的自然条件对城市的形成与发展也起着巨大的作用。

影响城市形成和发展的因素主要有：社会经济条件、政治原因、交通条件和文化因素，但是作为城市位置的选择，主要的因素是当地的地学条件——地理环境、地貌特征、水文条件、气候条件、植被发育状况以及矿产资源的分布与储藏量及品位等自然因素。

2. 地质条件与城市的形成

地质条件是城市建设与发展的固体基础。岩石裸露处不便于城市的建设，岩石风化形成的砂砾、粘土层便于人类活动和城市的发展。

一般城市的发展，建筑结构等都受到地质条件的制约。例如建筑物层数，一层的地基承压力要求为 7.5～10t/m^2，四层以上者要求 25t/m^{2}以上。不同基础地质地基的承压力差别很大。沿海地区淤泥仅 4～10t/m^2，细砂（湿中密）为 12～16t/m^2，碎石（中密）为 40～70t/m^2，粘土（固态）为 25～50t/m^{2}等。因此，地质基础好对城市建设有利。当然，也有地质基础不好的地区，可以根据需要建设超过地质承压力的建筑物，但是要投入大量打地基的经费。

地质条件在生产力低下的情况下影响较大，例如日本建平安京（现在京都）时，当时建有左右对立的二京，然而左京很快衰微荒废（村松敏树，聚落 1993，日文版）。这与其地基由腐殖粘土组成、水质恶化、排水困难等因素有一定的关系。所以，后来京都发展主要向由花岗岩风化的沙土地（砂土）的东北部扩展。

3. 地形与城市的形成

从地形上看，平原最适宜城市的形成和发展。地势平坦，便于市域扩大，利于各种交通的发展，也有利于发展农业。所以，世界上重要城市多数分布于平原区。如我国的上海、北京、广州、武汉等。世界上的大城市如纽约、伦敦、柏林、巴黎、东京、芝加哥、莫斯科、加尔各答等皆位于平原区。1937 年，沈汝生统计，当时中国 5 万人以上的城市有 193 个，其中 90 个分布于平原区，83 个分布于丘陵区，两者占全国城市的 90%。

在热带地区，平原区潮湿，气温高，不适于人类居住，人口和城市主要分布于高原或者高山地区。厄瓜多尔人口 3/4 以上居住在平均高度 2 500m以上的山间盆地。世界上著名的大城市墨西哥城 1979 年达到1 475 万人，就位于 2 356m 的高原上；波哥达城位于 2 640m 的山间盆地中。

两种地形的结合点，也有利于城市的形成。在平地与山地之间，便利交通，而且不同地区产品的差异，可以形成贸易中心。日本东京、大阪、名古屋都位于台地与平原的结合点上。另外谷口和溪口地带也利于城市的兴起，张家口位于华北平原与内蒙古高原交接点上，很早就成为（形成）

货物集散中心。

4. 气候与城市形成

从世界来看，大部分城市，尤其是大城市多位于适宜于人类生活的温带地区。气候条件往往影响城市性质，如日本大阪为世界早期的纺织工业城市，这与当地的气候有关，温暖、多雨空气湿度大。

城市的小气候对城市发展也有影响。如西欧的城市多受到西风的影响，大城市发展多向西方发展，处于上风带，这样不容易受到工业烟尘和污染物的影响。以伦敦为例，市区西方多为上流住宅，市区东方多贫民区。

5. 水与城市形成

城市形成与发展和水的关系非常密切，河畔、湖畔和滨海地带都是利于城市形成的地区，河流历来就是重要的运输通道，而且工业用水和饮用水的最好源地。这为城市形成和发展提供了重要的环境条件。

河口处往往形成肥沃的三角洲，有利于城市的形成和发展，中国的上海、广州、天津，印度的加尔各答，美国的新奥尔良，阿根廷的布宜诺斯艾利斯，日本的东京、名古屋、大阪等都位于三角洲地带。

河流渡口、津渡也能促进城市形成和发展，中国的天津、武汉、南京等，英国的剑桥，德国的法兰克福都是位于渡口地带。英国的工业中心在泰晤士河两岸，河口面海呈现喇叭口形，只有伦敦附近狭窄，成为最好的渡口，从而使交易荟萃，商务渐盛，使伦敦成为重要城市。

大型湖泊也有利于运输业的发展，湖滨带是水陆运输的交接点，有利于城市发展。如美国芝加哥（密歇根湖）、德卢斯（苏比利尔湖），日本的大津（琵琶湖），中国的岳阳（洞庭湖）、九江（鄱阳湖）、无锡（太湖）等。

海岸带（海滨带），尤其是基岩海岸带具有优良的港湾，大河入海口的沿岸地区都利于城市的形成和发展。中国的上海、大连、青岛、泉州、福州、汕头、广州；美国的纽约、费城、巴尔的摩；日本的东京、大阪、横须贺、佐世保等海港城市，就属于此类城市。

在海峡、运河的两端也有利于城市的兴起，例如直布罗陀与丹吉尔（直布罗陀海峡），苏伊士与塞得港（苏伊士运河），巴拿马与科隆（巴拿马运河）等城市属于此类。

（三）资源型产业与城市环境

1. 矿产与城市

产业革命以后，某些大型矿山、矿区，成为新建工业城市形成、发展的重要因素。这些城市与该地区的产业结构和地质条件的关系非常密切。形成大型的矿业城市。

煤炭工业城市——山西大同、阳泉、朔州，河南平顶山，黑龙江鹤岗、鸡西，辽宁北票、抚顺，河北开滦，安徽淮南，山东淄博，江西安源、樟树等。

英国的五大工业中心区（城市）——第一区伯明翰、曼彻斯特；第二区苏格兰哥拉斯哥、爱丁堡；第三区英格兰的纽卡斯尔；第四区威尔士加的夫地带。

以铁矿为基础发展起来的城市——中国的攀枝花、包头、鞍山，巴西的贝奥里藏特。

其他矿业城市有：金矿（南非的约翰内斯堡）、金刚石矿（南非的金伯利）、石油（中国的大庆、克拉玛依，伊朗的阿巴丹）、镍矿（镍都甘肃金昌市）、铜矿（铜都安徽铜陵市）、锡矿（锡都云南个旧市）等。

另外，产玉石的城市——辽宁岫岩县（岫玉）、新疆和田县（和田玉）、河南南阳市（南阳玉）、江苏东海县（水晶矿）等。

高岭石矿产与陶土及其成品陶瓷产地——江西景德镇市、江苏宜兴市、河北唐山市、广东佛山市、湖南醴陵市等。

秦皇岛是多种矿产开发与加工的工业城市。主要有煤炭工业（石炭纪、二叠纪煤层）、玻璃制造（元古代纯净石英砂岩）、建材（中生代燕山期花岗岩）等。

2. 水产、林业与城市

水资源丰富的地区形成以水产品为主要产业的城市，例如中国的营口、连云港、青岛、厦门等；森林区以林业为主，形成林业为主的城市，例如中国的伊春。

3. 综合地学环境与城市第三产业

综合地学环境主要是指当地的地形地貌环境，即山岳、丘陵、河流、湖泊、海滩、森林、气候等。

随着人类社会的发展进步，生活水平的提高，人类在追求生活水平提高的同时，逐渐追求高质量的生活方式。旅游和度假疗养成为人类的新时尚、新追求。另外，随着城市化进程的急速加快，随着人类居住环境的恶化，环境的被破坏，人们追寻一种安逸、寻求回归自然、返朴归真的感受。向往大自然，走出斗室，领略清新的空气，陶醉于山川河流，享受幽静的山林，忘情于蔚蓝的大海，钟情于秀媚的湖光水色，这些都是大自然无私奉献给人类的宝贵资源。

风景秀美的自然风光区域，往往是自然环境复杂，地貌形态丰富多彩，地质现象发育的地带，这些地带各种地学要素集中发育，景观优越，山、水、林俱佳。中国著名的旅游城市桂林，山美、水美、植被美。这里有奇特的喀斯特（岩溶）地貌，有迷人的漓江——山清水秀，亚热带的气候、植被。海南三亚位于中国海南岛的最南端，濒临南海，热带气候，热带雨林植被，海滨有花岗岩山石构筑的天涯海角，有热带雨林的南岛，有黄金海滩的亚龙湾、大东海、小东海等是休闲度假的好去处。

中国的著名旅游地——集休闲、度假、疗养于一体的城市主要有：桂林、杭州、三亚、张家界、黄山、大连、威海、秦皇岛、昆明、丽江等。

三、人类文化的地学特征

（一）人类早期活动的地学环境

1. 原始人类分布的地域性

原始人类主要是指石器时代，包括旧石器时代和新石器时代。

旧石器时代为猿人时期、古人时期和新人时期。其代表和地域分布特点为：猿人时期（旧石器早期）的代表有云南的元谋人、陕西的蓝田人、北京周口店的北京人；古人时期（旧石器晚期）的代表有广东的马坝人、湖北的长阳人、山西的丁村人；新人时期（旧石器晚期）的代表有广西柳江人、四川资阳人、北京山顶洞人。

新石器时代为母系氏族公社和父系氏族公社阶段，其文化代表和地域分布特点为：母系氏族公社的两个文化代表是浙江余姚河姆渡氏族（长江流域母系氏族公社）、西安半坡氏族（黄河流域母系氏族公社）；父系氏族公社阶段的三个文化代表是山东大汶口文化（中晚期）、河南龙山文化、浙江良渚文化。

2. 原始人类生活的地学环境

从上述原始人类生活的地域性可以看出当时当地的地学环境特征。

（1）地域分布——江河流域为主

原始人类主要分布在江河流域，尤其是黄河和长江流域。云南元谋人生活在龙川江畔（金沙江支流），陕西蓝田人生活在渭河支流上（黄河的支流），北京人生活在大石河支流上（永定河支流），广东马坝人生活在北江江畔（珠江支流），湖北长阳人生活在清江江畔（长江支流），山西丁村人生活在汾河河畔（黄河支流），广西柳江人生活在柳江江畔（珠江上游黔江支流），四川资阳人生活在沱江岸边（金沙江支流）。

母系氏族和父系氏族的原始人类也都在江河流域得到发展壮大。黄河上游地区，有承继仰韶文化-齐家文化的氐羌文化区，黄河中游地区为承续仰韶-河南龙山文化的华夏文化区，在黄河下游及淮河流域，形成了以大汶口-山东龙山文化为特征的东夷文化区，在长江中游地区，出现了具有湖北龙山文化特色的苗蛮文化区，在杭州湾两岸及太湖流域，存在着由良渚文化孕育形成的吴越文化区。

世界文明古国的原始人类分布特点也是沿江河流域分布或者海湾附近分布的。如古埃及王国在尼罗河流域，古巴比伦王国在两河流域（底格利斯河、幼发拉底河），古代波斯帝国在波斯湾，古印度在印度河、恒河流域，古希腊在爱琴海南部。

（2）居住洞穴环境——岩溶地貌地区为主

大多数原始人类生活于岩溶地貌发育的地区，以洞穴居住为主。例如柳江人——广西柳州市附近为石炭纪、泥盆纪碳酸盐岩发育地区，北京周口店为寒武纪、奥陶纪灰岩发育区。卢云亭等对原始人类居住的岩洞做了一些统计，已知的岩洞有：辽宁营口金牛山溶洞、湖北大冶石龙头岩洞、湖北郧阳梅铺岩洞、贵州黔西观音洞、辽宁喀左鸽子洞、河南安阳小南海、浙江建德乌龟洞、广西柳江通天岩（柳江人）、柳州市郊的白莲洞、广东马坝狮子岩洞穴（马坝人）等。

（3）环境特点及分布规律

①具体居住环境特点。旧石器时代地域性文化遗址的选择特点：近水的河流阶地、冈埠；洞穴居室，天然岩洞（石灰岩洞为主）；近水源、

方便取水；岩洞向阳背风，洞内比较干燥，为了呼吸新鲜的空气，原始人类居住在临近洞口处；安全地带，如阶地、冈埠，这些地带不易被水淹没。

新石器时代地域性文化遗址的选择特点：靠近水源、便于取水。西安半坡文化遗址位于渭河南岸，地势高、排水畅、防洪涝、利农耕。关中渭河流域发现仰韶文化遗址多达四百余处，而且大多数位于渭河及其支流的一二级河流阶地上，河岸择地，向阳背风。许多新石器文化遗址沿河选择北岸和西岸的向阳背风处，在这里光照时间长，也有利于避风寒。

②分布规律。旧石器时代：从时间顺序来看，最早是元谋人遗址，随后依次是陕西蓝田人遗址、北京人遗址。从分布地域的逐渐延伸方位来看，大致是由南而北。有些学者认为，这与当时气候的演变逐渐变暖有关。从总体分布规律来看，古人类遗址是以黄河中下游地区（包括海河）为中心，呈辐射状向南、北、西方向逐渐减少。

新石器时代：以黄河中下游平原最密集，如关中平原、汾河下游平原、伊洛河下游平原、豫东北鲁西济水两岸；长江中下游平原次之，主要分布于江汉平原、长江三峡、太湖流域、杭嘉湖等地；以黄河中下游为中心向外逐渐变疏，向西延伸到达河西走廊和甘青黄河谷地，由兰州向东北方向到达宁夏平原等地，向北沿着汾河谷地和太行山东麓，达晋北、冀北山间盆地，一直到东北地区和海滨；华南、西南等地分布密度疏，文化遗址的年代相对较晚。

与自然条件的关系：由于新石器时代以原始农业为基本经济特征，所以集中分布于黄河中下游平原地区。在这片广袤的平原地区，地形平坦适宜农耕；河湖众多，宜灌溉、利舟楫；气候温润，利于作物生长，适于人类生存；土地肥沃，适于农业；新石器中晚期黄河流域发育有茂密的森林，丰腴的草原，区域内多种多样的植物和林中众多的动物，非常有利于培育农作物和驯化家畜，由此提供丰富的种质资源。

（4）石器时代的石器岩性及其结构

人类最初使用的石头制作的工具叫做石器，人类用石器与大自然斗争的时间是一个相当漫长的时期，考古学称为石器时代。石器制造的工艺随着人类的进化，由粗糙向精细方向发展。早期主要是打击而成的石器，称旧石器时代，相当于更新世，又可划分为早、中、晚期。后期以磨制而成的石器为主，称新石器时代，同时已经出现陶器，已进入全新世早期。再后便进入有文字记载的时期。旧石器所使用的岩石，其岩性及其结构特征为：①岩石质地坚硬，石英岩、脉石英、石英砂岩；②就地取材，丁村人取当地的石灰岩；③砍砸器（薄片状）、刮削器、尖状器。

3. 原始人类生活的古气候环境

地球历史发展到第四纪时期，气候变化频繁，大致经历了红崖冰期、鄱阳冰期、大姑冰期、庐山冰期和大理冰期五个冰期和间冰期（见表 6-1）。人类出现于鄱阳冰期和大姑冰期之间的间冰期。原始人类每经受寒冷气候的冰期，随后便迎来一次冰期之后间冰期的温暖气候。这个时期人类的生产和生活便得以迅速发展。在整个第四纪，人类大致经历了四次冰期和间冰期的气候波动。人类在这种极端艰苦的自然环境和气候条件下，为着生存而忙碌奔波，为着发展与大自然搏斗。在这漫长的岁月时光里，原始人类学会了直立行走，学会了制造工具，继而一步步从野蛮、蒙昧过渡到文明时代。新石器时代开始，气候处于冰后期的温暖时期。气候由南到北逐渐变暖，原始人类由南方逐渐向北迁徙。

表 6-1　原始人类生活环境与古气候

<table>
<tr><th>地质时代
（绝对年龄）</th><th colspan="3">人类历史阶段
（考古期）</th><th>原始人类</th><th>古　气　候</th></tr>
<tr><td rowspan="3">全新世
（1 万年）</td><td colspan="3" rowspan="3">新石器时期</td><td>大汶口文化</td><td rowspan="3">冰后期</td></tr>
<tr><td>龙山文化/良渚文化</td></tr>
<tr><td>半坡文化/河姆渡文化</td></tr>
<tr><td rowspan="3">更新世晚期
（11 万年）</td><td rowspan="7">旧石器时期</td><td>新人
晚期智人</td><td>山顶洞文化</td><td>山顶洞人
/资阳人
/柳江人</td><td>大理冰期</td></tr>
<tr><td rowspan="2">古人
中期智人</td><td rowspan="2">萨拉乌苏文化
丁村人文化</td><td rowspan="2">长阳人
/丁村人
/马坝人</td><td>庐山—大理间冰期</td></tr>
<tr><td>庐山冰期</td></tr>
<tr><td rowspan="4">更新世中期
（73 万年）</td><td rowspan="4">直立人
早期智人</td><td rowspan="4">北京人文化
西侯度文化</td><td rowspan="3">北京人
/蓝田人
/元谋人</td><td>大姑—庐山间冰期</td></tr>
<tr><td>大姑冰期</td></tr>
<tr><td>鄱阳—大姑间冰期</td></tr>
<tr><td></td><td>鄱阳冰期</td></tr>
<tr><td rowspan="2">更新世早期
（187 万年）</td><td colspan="3"></td><td></td><td>红崖—鄱阳间冰期</td></tr>
<tr><td colspan="3"></td><td></td><td>红崖冰期</td></tr>
</table>

（二）人类文明历史时期文化的地学环境特征

一般认为，中国从公元前 21 世纪建立夏朝，开始有了文字记载，即进入人类文明史。夏之前为传说，大致相当于新石器时代末期。

随着生产力的提高，社会发展，朝代更替，文化迁移和传播，在不同地域具有不同的文化特征。

1. 早期文明发迹地与地学环境特征

（1）黄河中下游地区古都与人类活动

黄河中下游是中国古代文明的重要发源地。从传说的尧舜禹发迹和建都的选址来看，主要在黄河中游地区。尧建都于平阳（山西临汾市），舜建都于蒲坂（山西永济市），故里在山西安邑；大禹建都于安邑（山西运城市）。这三处建都的地方位于黄河支流、汾河下游的晋南地区。它代表了中国文明历史前夕与进入文明史之交的文化地域特征，所以山西晋南地区为根祖文化的发源地。

在以后的几千年内，又有许多朝代在黄河中下游地区建都，其中有安阳（商朝）、西安（西周、秦、西汉、隋、唐等）、洛阳（东周、东汉、曹魏、西晋、北魏）、开封（五代时的梁、晋、汉、周，北宋等）、商丘（商朝的前期建都处）等古都。与都城相伴生的周边广大的城乡地区遗存了大量的历史文化遗迹和名胜古迹。例如安阳的殷墟，西安的秦始皇陵（陪葬的秦兵马俑）、汉茂陵（汉武帝刘彻陵墓）、唐乾陵（唐朝李治和武则天的合葬墓），唐朝盛世时期的佛教圣地（法门寺、慈恩寺、大雁塔、小雁塔、荐福寺等），洛阳的白马寺、古汉墓群、龙门石窟，洛阳附近的汉光武帝刘秀的陵墓和其余 10 个皇帝的陵墓，开封的铁塔、龙亭、繁塔等。

（2）西安地学环境特征

古城选址关键问题是安全性和防御性，气候温和，水资源丰沛，利于发展农业，物产丰富，有利于发展经济。

西安古称长安，以西安为中心的“八百里秦川”是十一朝古都所在地（也有学者提出 12 朝古都）。自公元前 1134 年周王朝在这里建都算起，先后有西周、秦（实际在咸阳）、西汉、前赵、前秦、后秦、西魏、北周、隋、唐十个王朝，都在这里建都。此外，新莽、西晋（愍帝）、农民起义领袖黄巢、李自成的大齐和大顺也都曾经先后把西安定为国都。西安为什么被历代帝王们如此青睐，纷纷在这里建都？这与西安地区的自然环境条件是分不开的。

秦川即关中平原，所谓关中，是秦川的四周有四大关隘，东有函谷关，南有武关，西有大散关，北有萧关。古时候关中地区气候温和，雨量充沛，土地肥沃，物产丰富，所以成为我们祖先立项的休养、生息、繁衍之地。又由于关中地区环山带水，关隘险阻，因而又成为古代王朝建都的理想之地。关中平原东部是由北而南再东去的滚滚黄河，南部是横亘华夏大地中部的秦岭山脉。它是我国南北气候带的分界带。北部和西部是绵延起伏、由东而西的北山山系，主要山岳有梁山、黄龙山、尧山、嵯峨山、岐山、陇山等山。这种环山带水的自然环境，构成了关中平原的天然屏障，保证了关中平原的安全。《通志·都邑序》指出："建邦设都，皆凭险阻。山川者，天之险阻也；城池者，人之险阻也。城池必依山川以为固。"由此可见，秦川地区具备建都的优越地学环境。

古时，秦川地区的水利资源极为丰富，长安周围更是河流密布，素有"八水绕长安"之说，即泾、渭、浐、灞、沣、滈、潏、涝八条河流环绕长安，为长安城注入了生命的活力。其中渭河最为重要，渭河由西而东，横穿关中平原，成为关中平原主要的生产生活取水源地。

(3) 洛阳地学环境特征

九朝古都洛阳，因处洛河之阳而得名，位居河南省西部的伊洛盆地，地处黄河中下游南岸，北有太行天险，南临伊阙，北靠邙山，东有虎牢、成皋之险，西据函谷、崤渑之隘，四周群山环绕，中间是一片平原，伊水、洛河、瀍河、涧河蜿蜒流贯其间，地势险要，土地肥沃，气候温和，雨量适中，水源充足，物产富饶。由此也成为帝王建都的必选之地。

2. 中后期文明发展地与自然环境

(1) 江南的开发和经济中心的转移

由于黄河流域出现多次较大的内乱和北方少数民族的南进，引起中原人口大量南迁。与此同时，农业生产技术也得以在南方广泛传播，农田水利事业有了较大发展。至中唐时期，南方经济已经超过北方。随之江南的开发，经济中心也逐渐向南转移。

江南都城主要是南京和杭州。

(2) 南京地学环境特征

雄踞东南的南京，古称金陵，坐落于长江下游的中心。南京东部是连绵起伏的宁镇山脉，东南与平坦广袤的太湖平原和膏腴千里的钱塘江流域遥遥相望，西扼滚滚奔腾的长江天险之咽喉，与坦荡辽阔的江淮平原隔江相接。南京地区的地形大势是：山地、丘陵、平原、江河、湖沼，纵横交错，有机地构成一体，自古就有“龙蟠虎踞”之称誉。

南京又称“石头城”，以山之雄奇闻名于天下。在南京与镇江之间的宁镇山脉，其西翼分三支楔入南京及周边郊区。北支沿江耸立，有龙潭山、栖霞山、乌龙山、幕府山，它们悬崖峭壁，临江而立，是城北的天然屏障。其中幕府山屹立城北外围，自古就是南京的江防要地，幕府山东北端有一座突出于江边的石矶，这就是长江四大石矶之一的“燕子矶”。北支向西南延伸为低丘，与象山、老虎山、狮子山、清凉山（石头山，石头城之来历）连成一脉。

中间一支乃宁镇山脉的最高峰钟山（也叫紫金山），位居南京城东，在诸山系中分外高耸，气势雄伟，犹如巨龙蟠伏之势（虎踞龙盘之来历）。由于钟山前坡为紫红色的页岩，在阳光照耀下，金光闪闪，所以又叫紫金山。钟山西延入城，自东而西形成富贵山、覆舟山、鸡笼山、五台山与鼓楼岗等低山丘陵。覆舟山北临玄武湖。

南支有汤山、青龙山、黄龙山、大连山，跨秦淮河谷地有方山、祖堂山、牛首山、凤凰山等。汤山是南京有名的温泉地。

南京有两条河流（秦淮河和金川河）流经，向北注入长江。秦淮河的一支穿行南京城内，这就是有名的“十里秦淮”。主要的湖泊是玄武湖和莫愁湖。

南京北有长江天险，城区群山环立，山间小盆地河流湖泊交错，形成山环水绕、山奇石险、湖荡众多、滩洲排比、钟灵毓秀的地貌格局。这里气候温和、物产丰腴。从而使南京成为兵家必争之地，也成为众多王朝建都的最佳选择。

(3) 杭州地学环境特征

杭州是中国历史上著名的古都之一，有着悠久的历史和璀璨的文化。

杭州地区在远古时期，是一个波涛汹涌、呈马蹄形的浅海海湾。现在西湖北边的宝石山和吴山，当时是两个环抱着这个海湾的两个岬角。在后来的年代里，随着汹涌澎湃的潮汐日夜冲击这个海湾，同时带来大量泥沙。在海水不断地涨潮落潮影响下，又有宝石山和吴山两个岬角南北阻挡，潮汐作用携带来的大量泥沙逐渐沉积下来，形成沙洲。这些沙洲日积月累，不断向东、南、北三个方向延伸扩大，最后吴山和宝石山的沙洲汇合，把海湾和大海分隔，便形成古今风光旖旎的西湖。

杭州地区围绕西湖一带，主要发育古生代地层（志留纪、泥盆纪、石炭纪为主）。形成的山峰有的为泥盆纪砂岩、砂砾岩，有的为石炭纪碳酸盐岩，这些砂岩和碳酸盐岩形成本地区山脉的骨架，西湖东部、东北部、西北部和东南部的山脉主要有泥盆纪和石炭纪地层构成，其间也有火山碎屑岩侵入体（宝石山）。志留纪地层主要是细砂岩、粉砂岩和粉砂质页岩，由于质地软弱，不宜形成高山山地，只能形成低缓的丘冈和低洼的山间盆地，西湖西南地带的九畹溪主要就是志留纪地层。围绕西湖，东部展布有吴山山脉，西南部为琅珰岭，众多的山峰星罗棋布地展布于杭州地区。杭州东南地带主要有九华山、凤凰山、玉皇山、将台山、九曜山、南屏山、云居山和大慈山；西南地带主要有大华山、虎跑山、五云山、白鹤峰、青龙山、南高峰、棋盘山、寿星头、天竺山、天马山、吉庆山、月桂峰、天喜山、飞来峰、美人峰、北高峰；北部地区主要有灵峰山、老和山、西湖景区内的宝石山等。周边的江河溪流呈网状展布，东边是大运河，西北有沿山河，西南有九溪十八涧，东南边是钱塘江。这些环绕西湖的山峰与溪涧河流和西湖相配，构成一副山水辉映的壮丽图画。杭州总体风貌体现为山清水秀的柔美，加上这里气候温和，雨水充沛，物产丰富，农业发达，所以，南宋皇帝迁都到这里便“临安”享乐，不思国难了。

3. 晚期文明发展地——北京及其自然环境

(1) 北京的沿革

晚古文明的发展地以北京为最。北京自古以来就是兵家必争之地。在洪荒时代，北京地区就是“北京人”的摇篮。远古时期，北京西南的龙骨山一带，是一片草原，当时植物繁茂，果类丰富。草原上奔驰着各种动物，为高级动物的生存提供了优越的条件，所以“北京人”得以在这里繁衍生息，在随后漫长的岁月里，北京经历了“三皇五帝”的统治的更迭、治理，创造了石器时代的文明，从此跨进了青铜时代。

北京地区最早的城市是燕蓟古城。周初分封“黄帝之后于蓟”，同时“封召公于燕”。后来，燕都泯，蓟城兴，当时的蓟城大致在现在北京的宣武区一带。唐朝时期北京地区设幽州，蓟城是其治所。随着契丹族的兴起，举兵南下，攻占幽州城，同时升幽州为南京，改国号为辽。辽圣宗开泰元年，称南京为燕京。现在燕京的遗迹有北京的团城、大觉寺、天宁寺塔和牛街清真寺。随着女真族兴起，在“靖康之变”以后建立了大金国，金朝统治者迁都燕京，同时对燕京进行扩建，并改燕京为中都，此时北京地区真正成为政治中心首都。

公元1211年，蒙古成吉思汗的骑兵打败金兵，破居庸关直至中都城，中都城陷落。蒙古族统一中国以后，将中都又改称燕京，忽必烈称帝（元世祖，年号中统）。1264年（至元元年），忽必烈下诏以燕京为中都，作为陪都。至元8年11月，定国号为大元。次年2月，忽必烈改中都为大都。从此，北京取代了长安、洛阳、开封等古都的地位，成为中国这个统一的多民族国家的政治中心。

元朝灭亡以后，明朝的第二个皇帝朱棣由南京迁都北京。农民起义领袖李自成于崇祯17年攻克北京，明朝灭亡。李自成仅仅占领北京42天，于清朝顺治元年，多尔衮率领清军进占北京。从此，北京再次成为一个统一的多民族国家的政治中心。

辛亥革命推翻了中国几千年的封建统治，清王朝覆灭，中华民国成立。中华民国期间，北京始终是世界关注的焦点大都市。1949年，中华人民共和国成立，北京重新成为中国的政治中心——首都。

（2）北京的地学环境特征

北京能够从一个小小的居民点而成长为一座重要的城市，进而从一个地区政治中心发展到全国的政治中心。这其间除了政治的原因外，与北京所处的自然地理位置有着密不可分的重要的关系。

北京的地形，象似一个半封闭的海湾。北京的东、北、西三面为群山环绕，状若围屏，只有东南一隅伸向辽阔的华北大平原，一望无际，地理学上称之为“北京湾”，即北京小平原。

北京小平原内有永定河、潮白河、拒马河、温榆河和泃河五大水系，这些水系的主体自西北向东南蜿蜒而过，奠定了“前挹九河，后拱万山”之形胜。永定河是北京最大的河流，它是由山西发源的桑干河流入河北进入北京境内，易名为永定河。早期永定河曾由北京城北流过，沿河流域残留有一系列的淀湖，诸如海淀、积水潭、西海和后海（什刹海）、北海、中海、南海、中南海、龙潭湖等。以后改道由房山区向南进入河北省，注入海河。

在区域地形上看，北京由两大山脉组成，西部是太行山，进入北京的余脉即现在的西山。北京北部为燕山山脉的军都山，燕山在北京一带为花岗岩基岩，岩石致密坚硬，山势巍峨挺拔，层峦叠嶂，十分壮观雄奇。这里可北望蒙古高原，其南接大平原，由此向东，逶迤数百里直抵渤海之滨。在燕山山脉众多山岭之中，分布着许多天然的岗岭谷峪关隘，如密云的北古口、昌平的南口等。燕山山脉上有长城蜿蜒屹立其上，居庸关、司马台、金山岭、慕田峪等，是北京地区长城的关隘、咽喉锁钥之地。

在气候方面，北京属于温带大陆性季风气候带。主要特点是冬季寒冷干旱，夏季炎热多雨，冬季、春季和秋季多西北风，夏季多东南风。秋季是北京的黄金季节，秋高气爽是北京秋季的最大特点。

北京地区的植被为暖温带落叶阔叶林兼有草原植物的成分，同时保留有一些热带植被的科属，北京有维管植物 169 科，869 属，2 056 种和 177 个变种。主要植物有花楸、白蜡树、七叶树、文冠果、黄连木等。北京的名花古木有银杏、桫椤树、黄栌（红叶）、腊梅、柘树、紫竹、玫瑰、芍药、玉兰等。北京的市花为月季和菊花，市树是国槐、侧柏。北京的珍禽异兽主要有金钱豹、狍子、獾、狐、野猪、青羊、牦牛、麋鹿、梅花鹿、大天鹅、金雕、松鸡、啄木鸟、三宝鸟、黄鹂、杜鹃、燕子、大山雀等。

正是这里协调的自然生态环境，优美的山水林景观，使得北京地区成为人类最适宜居住的场所之一。

第七章

人文旅游资源的地学特征

一、古建筑与古工程的地学特征

古建筑主要包括宫殿建筑、陵墓建筑、民居建筑、坛庙建筑、园林建筑、宗教建筑；古建筑工程主要有：桥梁建筑工程、水利设施建筑工程（如水坝、运河等）、海塘、古城池与长城建筑工程等。

（一）古建筑地学环境选择

1. 早期人类对居住环境的选择

人类早期的房屋建筑主要特点是因地制宜、就地取材、方便生活、防灾防害、防潮防冷、利于安全等。

人类从原始状态进化到高级的阶段以后，开始从大树上和洞穴中出来，建筑房屋居住。建房就要选地方，最初可能有很大的随意性，但是时间一长，人们慢慢积累了经验，知道建在低洼处容易遭水淹，建在高旷处容易被风刮，坐南朝北采光不好，离水源太远则不方便，于是开始选择地势较高、背风向阳、离水源较近的地方。

原始人类在学会营造房屋以前，为了躲避猛兽和风雨的侵袭，常常居住在地势高亢、背风的山洞里。在进入氏族社会以后，人们才开始营造房屋。

最初主要为木结构建筑，“构木为巢，以避群害”，“因丘陵掘穴而处”，大体上反映了人们开始建筑房屋的情况：木结构建筑为主要特征。据考古发掘，我国新石器时代人们的住房主要有两种：一种是半地穴式建筑，一种是桩上建筑。

半地穴式房屋有方和圆两种形式，地穴有深有浅。这种房子都是用坑壁作墙基或者墙壁，有的四壁和房室的中间立有木柱支撑屋顶。

2. 建筑选址预测——风水与堪舆的运用

中国古代建房选择非常重视堪舆和风水。何谓堪舆？许慎认为：“堪，天道也；舆，地道也”。《汉书杨雄传》注：“以天地为堪舆的总名”。清代的《康熙字典》解释为：“堪者天文也，舆者地理也”。关于风水，晋代郭璞在《葬经》一书中解释风水为：“气乘风则散，界水则止。古人聚之使不散，故曰风水”。由上可知，堪舆系指理论上对天地的认识，风水则是将这一理论认识普惠于人间的实践总结，其核心是对气场的安排问题。

按照风水的观点，建房大环境选择的关键或主要目的就是要寻找强的气场。所以在房屋建设选址方面，必须遵循评价风水的八条规则：

(1) 居于高处，面朝缓慢流淌的小河或平静的湖水，可直接从宇宙气场中获益。

(2) 面南而居，房前平坦空旷，夏日南风会带来上乘之气；不宜面朝东北，从蒙古刮来的北风会带入尘埃。

(3) 建筑或者城镇的外部环境应前低后高，前有溪谷或低地，后有丘陵或高地，才能有所凭托或蓄住气。

(4) 树木不可少。

(5) 房子位于死巷尽头，前门面对路口或对着 T 型及 Y 型道路的交叉点，都会受到煞气侵扰。

(6) 气大多由主门进入房间，主门前有障碍物会扰乱气的流动，解决的办法是拆除或另设对称障碍物求得平衡。

(7) 建筑物背部朝水，入口最好也安排在背后；如果建筑物面对高地，则入口也宜开在背后。

(8) 如果地基是斜设的，建筑物不宜与其平行。

3. 北京明十三陵选址的风水奥秘

古建筑地理环境的选择典型的例子是在陵墓建筑中的选址方面。以明十三陵为例，北京明十三陵最具地学内涵。当时的明朝永乐皇帝朱棣（明成祖）登基以后便着手选墓地，最后定位于现在的十三陵位置。主要考虑因素有以下几方面：①周边地势险峻，尤其是北边，背靠燕山山脉，又有万里长城雄关（居庸关）；②风水宝地，十三陵的位置恰好是一处低洼的小盆地，依照风水的观点，一个人或者一个家族的气脉、运气好坏，就要看阴宅和阳宅（都是人居住的地方）气脉旺盛程度。古人认为人气遇风而散，遇水而聚，所以选择宅地不能选在风口处，必须选择低洼的有水的盆地；③考虑到祖宗的江山能够长久得到维持，选择在这里有其特定的优越条件，北京紫禁城是皇家施政和生活的地方，为了有利于后代子孙固守江山，在皇宫的北边建造陵墓是非常理想的，陵墓的北边是高山和雄关，这可以抵御外来民族的侵略，为了保护祖坟，子孙后代必须尽力抵御外来侵略者，保住了祖坟，那么在祖坟南边的京城也就保住了，保住京城也就保住了明朝的江山。这可以说是巧妙利用自然地理环境来达到人的意志的一个实例典范。

（二）自然与人文环境对古建筑风格的影响

1. 自然环境对古建筑风格的影响

古建筑充分依赖于自然地理环境，尤其是风景建筑，大多结合当地环境，采用地方材料、材质，体现出各自独特的建筑特征。九华山地区海拔高，气温低，建筑常用卵石叠砌，三合土粘合嵌缝，不加抹面，厚墙小窗。武夷山地势低，终年温和，盛产木材，建筑多用木构架，楼层出挑间或竹木为墙。山水间的许多建筑物、构筑物的设计都考虑了人的活动和尺度。

建筑材质（材料）对古建筑风格的影响主要有木结构建筑、土木砖石结构建筑、土方建筑和综合材质的建筑等。

（1）茂密的森林为木结构建筑提供了便利条件

中国最早的建筑形式是木结构建筑。它是我们的祖先在特定环境中的一种创造。在古代，无论黄河中下游，还是江淮流域，气候温暖湿润，森林茂密，木材的获取方便容易，同时由于木质材料具有较强的支撑力，整体性好，灵活性大，适用于各种地形和各种规模的建筑，所以古人多造木结构建筑。木结构建筑的优点在于其具有石英地域差异的灵活性，建筑与环境的协调，防暑祛寒，抗地震防塌陷等。

（2）地层和岩石为砖石结构建筑提供了物质基础

砖石结构建筑是我国古代建筑的重要组成部分，在几千年的历史进程中，其工程技术已经达到了很高的水平，如皇家陵墓建筑，万里长城，桥梁建筑，已经宗教的石窟建筑等。

砖石建筑的地学特点主要表现在：建筑与岩石性质的关系、与地貌条件的关系、与地理区位的关系和自然灾害的关系等。石窟建筑区位的选择，与当地所产岩石类型关系密切，河南洛阳龙门石窟选择在奥陶纪石灰岩地区，石灰岩在雕凿石窟雕像上比较容易，不易风化，刻划形象逼真。甘肃麦积山石窟和山西大同云冈石窟都选择在细粒砂岩的地层（中生代侏罗纪地层）中，而不是泥质成分很高的岩石，那样容易风化。细粒砂岩质地坚硬，但又不是非常坚硬的纯石英砂岩，不容易雕琢。麦积山石窟和云冈石窟经历了千年的风化剥蚀，到目前依然保存比较完好，就是这个道理，当然现在这些石窟，有些地段已经风化非常严重，这一方面是年代久远，一方面也是现在环境污染所造成的。

(3) 青山绿水为园林建筑提供了优越的造园环境

我国江南地区为丘陵发育地区，这里山清水秀，地学环境优雅，成为园林建筑的理想之地。尤其是苏州、杭州一带，园林建筑从艺术造型到人文意境方面发挥得淋漓至尽。

园林建筑是历史上统治阶级和富家豪门追求享乐而建造的多功能风景综合体。其基本特点是：由人工构筑，但是又要利用自然环境，师法自然、表现自然，所以每一座园林都是人工山水境域，“虽为人作，宛自天开”。从园林的主体组成要素来看，主要依托于山水（筑山、理池）、林木（植物、动物）、建筑物，这些都离不开自然的地学环境和条件。而这些小巧玲珑、优雅秀美的山水园林在高山地区或者平原地区建造，其难度要大得多。

北方的皇家园林，尽管高大，辉煌，气魄浩大，但是也要以山、水、林为依托才行。北京的北海公园、香山公园、承德避暑山庄等，也都必须依托自然环境和条件。如果条件不具备，必须动用大量的人力、物力和财力去人工创造青山绿水环境，如颐和园、圆明园。

2. 人文环境与文化对古建筑风格的影响

(1) 建筑风格的民族性、地域性

中国地域辽阔，由于气候条件、地貌环境、地理位置和民族生活习俗不同，各地的建筑物风格各异。

东北地区少数民族的主要代表是满族和朝鲜族。满族的住房一般东南开门，其结构形似口袋，俗称“口袋房”。房址地理位置一般选择在靠近山丘的平缓之地，坐北朝南，背风面阳，冬暖夏凉。朝鲜族的住房都是以木搭架、屋顶四面坡用谷草或稻草、瓦片覆盖，墙壁多为泥墙刷白灰，现在砖瓦结构住宅日益增多。其房内间隔也有讲究，每栋房子分割为三间，朝阳者为客房，背阴者是儿女的房间，中间为一大间主房，其中三分之一为灶房，三分之二为炕。这与吉林长白山区的自然条件和朝鲜族的生活习惯有很大关系。考虑到当地气候寒冷、潮湿，灶房的火可以为主卧室供暖气（通过烟道），为了房间干净卫生，灶房与主卧室有墙分隔。

西南地区少数民族主要代表有壮族、傣族、苗族和土家族等，住房以吊脚楼（土家族、苗族）和干栏式房（壮族、黎族和傣族）为特征。南方地区气候炎热、潮湿，山区多阴霾，多野兽和爬虫房（蛇、蜈蚣等）。在方便生活的同时（取水和利于出门生产），为了防潮、通风、防蛇、虫进入卧室，同时又能抵御野兽的侵害，这种“干栏式”和“吊脚楼”一般都建在依山傍水的地方，而且聚族而居。吊脚楼顶多为双斜面，顶棚上可以储藏粮食等物。干栏式房一般建造地临江畔湖，分上下两层，上层住人，下层饲养牲畜和堆放杂物。

西北地区少数民族以新疆维吾尔族为代表，其住房一般为泥土建筑，开天窗，屋顶平坦，可以晾晒瓜果和粮食。院落的大门忌朝西开，这与维吾尔族信奉伊斯兰教有关。

蒙古族由于长期从事畜牧业，过着游牧生活，所以多住帐篷（蒙古包）。

汉民族居住区，由于地域上的差异，各地的民居建筑也多有差异，如北京的四合院、天津的小洋楼、延安的土窑洞、江南的天井院、山乡的茅草屋等。其他的民居地学环境特征，可以概况如下：蒙古包和帐篷——草原环境；干栏式民居——热带山地环境，热带山林环境；半地穴式居室——高原环境，温带山地环境；新疆土坯拱顶房——西北沙漠、西北山地、盆地环境；雪域高原（藏族）的碉房——高原环境；鄂温克族的“仙人柱”——东北山林环境；北京的“四合院”——华北平原北侧，山麓地带；南方“院落式”民居——南方丘陵地带，亚热带气候；壮族、侗族的廊桥和寨楼——温暖潮湿的气候，山地环境；黄土高原的“窑洞”——黄土高原，黄土环境；藏族垒石筑墙的碉房——青藏高原，雪域环境等。

（2）建筑形式的实用性

建筑形式与其用途是密切相关的，用途不同，建筑形式也不尽相同。除上述的民居外，其他建筑主要有：

宫廷类建筑——其建筑一般威严、高大、雄伟壮丽，如北京故宫、沈阳故宫等。

祭祀、纪念类建筑——主要有祖庙、社稷坛、祠堂、天坛、地坛、日坛、月坛、先农坛、神坛、祭坛、牌坊、中华世纪坛等，主要用于祭祀活动。其他纪念性建筑，如南京大屠杀纪念馆、七七事变纪念馆、九一八纪念馆等，其特点为肃穆、庄严、深沉。另外还有陵园类建筑如皇帝陵墓陵园、纪念塔等。

宗教类建筑——主要形式有庙宇、道观、寺庙、清真寺、教堂、尼姑庵等，多为宗教活动的场所，多用于朝觐和祭奠。

安全防御类建筑——主要有城池、碉堡、了望台、阅兵楼、炮楼、箭楼、关塞、关隘、长城等，建筑区位一般选择地势险要，交通便利，能攻易守的位置，建筑风格要求坚固、便于出击和防守。

休闲安逸类建筑——多数便于隐居、休闲、消遣、疗养和健身。建筑选地多位于比较僻静的区位，建筑规模不大，以开阔为宜，便于调解身心功能。

（3）建筑结构的科学性

古代建筑非常重视建筑的安全性和耐用性，所以古代建筑不论材质选择、结构设计用料尺寸都有科学的要求。在斗拱的应用，砖石材料的大小，空间布局的安排等几种体现了其科学内涵。以桥梁建筑为例，其科学性在于：通过建筑构件的巧妙设计，最大限度的减缓或减少自然力（流水的冲击力）对桥梁的破坏作用。下面以河北赵州桥和北京卢沟桥为例说明之。

①河北安济桥（赵州桥）。我国著名的石桥之一。位于河北省赵县县城西南，由著名的工匠李春主持建造。大桥全长 64.4m，宽 9.6m，净跨度 37.35m。通体使用巨大花岗岩石块，组成 28 道各自独立的石拱，纵向并列砌筑而成，石桥为单孔，圆弧，拱肩敞开，在大石拱的两端各建两个小拱，这样精巧的设计减少了水流的阻力，减轻了大拱券和地角的载重，节省石料，便利交通，造型优美，是世界桥梁史上的创举。

②北京卢沟桥。卢沟桥是华北最长的古代石拱桥，全长 266.5m，宽 9.3m。卢沟桥有 11 孔券洞，除两岸的金刚墙外，共有 10 个桥墩。桥墩之间的距离从 16～21m 不等，由两头向中间逐渐加大。每一个桥墩的形状都好似一只平面的船体，迎水的一面砌成分水尖。分水尖上部安装一根长约 26cm 的三角铁柱，锐角向外，俗称“斩龙剑”。桥墩另一头顺水的一面为流线型，向内收进，状如船尾，使水一出券洞很快分散，以减少券洞内水流的压力。为了增加桥体的坚固性，桥基、桥墩的桥券，均用腰铁和铁件交石件连结起来，从而增加了砌石之间的拉联力

量。

③斗拱的应用。斗拱是中国古代建筑独特的构件。方形木块为斗，弓形短木为拱，斜制长木叫昂，总称斗拱。斗拱主要是用来支撑荷载梁架，挑出屋檐，减少梁架的载重力，同时具有装饰作用，从而把科学和美观巧妙的结合在一起。

（三）古建筑工程的地理环境

我国的古工程建筑主要有：万里长城、大运河、都江堰、灵渠和坎儿井等。

1. 长城

万里长城是世界上规模最为壮观、雄伟的建筑工程，横亘中国北方，蜿蜒万里，或矗立于低缓的冈丘之上，或雄踞于峭拔的峰峦之巅，或绵延于广袤的平原腹地，或躺卧于茫茫沙漠荒原，或出没于人迹罕至的戈壁砾漠之中，由东向西，曲曲折折，低低高高，形成华夏北国一道人工与天然融和的地理屏障。万里长城凭借天然地势或自然地貌环境，雕塑着自己的个性，体现出因地制宜、“随遇而安”的建筑风格。

作为古代军事防御体系的万里长城不仅是世界上最长、最雄伟的建筑，而且也是世界上建筑施工时间最漫长的建筑工程，其时间跨度始于公元前 7 世纪的春秋时期，一直到公元 14 世纪明王朝灭亡止，前后断断续续经历两千多年。同时，修筑长城的朝代之多也是世界之最，前后修筑长城的朝代：春秋战国时代的楚长城、赵长城、齐长城、魏长城，秦代修筑的秦长城，汉代的汉长城，中世纪有魏、晋、南北朝、隋、唐、宋、元等朝代长城，不过这些长城现在大部分都已经变为废墟和残存遗迹。目前保留完整的长城主要是明代长城，明长城东起辽宁丹东鸭绿江畔，西达祁连山山麓的嘉峪关。

明代长城的地学意义在于：世界级的历史文化景观，充分而巧妙的利用地形地貌设计建造，是典型的人文建筑与自然地理环境相结合的精华建筑。

（1）顺应自然、因势利导

明代万里长城全长 6 350km，在不同地段其建筑特点也各有不同：或以条石为基，砖砌土填；或者依山随势，蜿蜒崇岭，凌驾湍流；或是城关相倚，楼台相望；或居巅脊，或扼要冲；外有烟墩（烽火台），内修堡子，更附以重墙、障墙和运兵通道等，一切结构设计都充分利用了地形地物，既省工省料又能提高防御功能。

以山海关长城为例。山海关号称天下第一关，具有特殊地理环境，山海关的北侧是群峰耸立的燕山山脉，其南侧是浩淼无际的渤海，关隘位于山和海之间的燕山山脉的一段余脉上。所以称作“山海关”。山海关长城的起点是延伸到海里的入海长城老龙头，老龙头的基岩是古老变质的混合花岗岩，基础坚实稳固，经受了千百年来惊涛骇浪的冲击和岁月的磨损。天下第一关位于燕山山脉山麓与渤海海滨高潮线以上的一块近海平原地带，向北便是燕山山脉，由于燕山山脉主体岩石是花岗岩，岩石质地坚硬，所以这一地带群峰耸立，地形复杂，成为天然屏障，是关外入关的锁钥和咽喉之地。

老龙头出海以后，开始沿着燕山山脉蜿蜒爬山西行，第一座山峰便是角山。角山山势险峻、陡峭。角山长城也借用悬崖峭壁随坡就势砌筑，墙体的体量虽然不大，高度也不超过 6 米，但是因为以崖为墙，墙身以山代之，常常是墙崖合为一体，自然地形成了“深沟高垒”的建筑格调。这段长城沿山脊走向，还巧妙地利用山崖落差、石崖断壁，断断续续地垒石为墙。其外临深谷，以自然山势为险，因势利导，形成险要关塞。

(2) 巧借自然、因地制宜

不同地势，建筑风格不同。在山海关长城的角山长城段，城墙所用砖石，乃是就地取材，以条石为基，上垒青砖壁面，墙身以块石砌筑。山脚地段则以素土夹碎石夯筑，随着山势的升高，长城墙体中夹石逐渐增多，到角山敌台以上，基本全是碎石填充核心部。向北地段或以毛石垒砌，或以块石筑垒，巧借自然，因地制宜。

山海关长城的向北有一关隘叫做“三道关”。三道关是建在深邃峡谷之中的著名关隘，其两侧峭壁陡崖，形势十分险要。这段长城砌立在陡峭石壁之上，时而跌宕起伏，时而沿 70 多度的峭壁向上爬行，时而又直插断崖。观其形势，艰险异常，有如吊挂在山上的锁链，人们习惯地称这段长城为“长城倒挂”(或者叫“倒挂长城”)。由于地形险恶陡峻，这段长城全部用块石砌筑。由上可以看出，三道关长城利用山中峡谷步步为营制成天堑险塞，它是我国古代巧借自然(地学环境)、因地制宜、“以隘谷通道立关置塞”的典范。

长城进入陕西进境内，由于地理环境的变化，这里处于沙漠环境，建筑材料不可能从遥远的地方搬运过来，于是便就地取材，因地制宜，用砂石、粘土、沙土和荆条，相互掺和进行夯筑，在甘肃一带用一种叫做芨芨草的植物荆条做筋骨，和砂石、粘土相和夯筑的。尽管不及花岗岩坚固，但是也经历了千百年的磨蚀和风化。现在有些地段还依稀可见这种材料的长城遗迹。

长城到达嘉峪关一带，地形平坦开阔，没有高峻的山崖和陡峭的岩壁做屏障，建设者们巧妙地利用当地的地势特征建造关隘，这里虽然没有高山天堑，但是有天然的峡谷要道，是关内外出入的要塞通道，关塞构筑在峡谷口，所以叫做“嘉峪关”（意思是“非常理想的峡谷关隘”），形象地道出了这段关隘的地理形势。

(3) 设计精巧、体系完整

长城修筑有各种功能的建筑设施、不同造型、不同用途的建筑结构和建筑体，主要有关隘、烽火台（峰燧）、高墩、低墙（女墙）四大部分。这些建筑形势各自施展其功能，形成完整的长城防御体系。

在金山岭长城，95 华里的地段就有敌台 242 座。敌楼有木结构、砖结构和木石结构三种。从外形看，有方形、长方形、圆形和椭圆形等形状，楼内有单室、双室、川字室、回字室、品字室等结构，还设有哨台、射孔、居室、暗道、战台和存放粮草处。这些结构设计巧妙，造型多样灵活，各个防御工事，各部分有机结合，相辅相成，形成一套严密而完整的军事防卫体系。

(4) 长城分界标志及其地学意义

长城既是一道人工建造的与自然结合的天人合一的防御体系，同时又成为自然环境的分界标志，在地质、地貌、水文、气候、气象、生物（植被）诸方面，都有显著的地学意义。

在长城中段和东段与我国 400mm 的等雨线相一致，成为我国自然地理区划的重要人工建筑标志。这条界线也是一条经济分界线，长城以北为农牧业和牧业区，为干旱、半干旱气候特征，以南为农业区，为半干旱气候特征。显然万里长城的选址是综合考虑了地理环境，地貌、水文、气候、历史、经济等因素而确定的。所以长城不仅有军事的战略意义，而且有地理分异的意义，同时它也是一条大型地质构造带的分界。

2. 古代水利工程的地学内涵

古代水利工程包括运河、堤堰、坎儿井、海塘等。中国著名水利工程有大运河、都江堰、灵渠、新疆坎儿井、江浙海塘等。这些水利工程开拓自然，经过周密考察，在分析自然条件的基础上，利用自然，从而为人类服务。

(1) 大运河。大运河纵向延伸连接中国五大水系（海河、黄河、淮河、长江和钱塘江），在古代形成中国南北方向的大动脉。大运河的路线选择充分考虑了中国东部的地理环境和地貌特征。

(2) 都江堰。都江堰位于岷江之上，它巧妙地利用当地的地理环境和地质条件以及地貌特征，选择岷江湾道凸岸构筑飞沙堰。把岷江以鱼嘴分为内江和外江，以宝瓶口与飞沙堰共同调节内江水量，控制内江水流引入成都平原。

(3) 坎儿井。坎儿井是分布在特定地区的别具一格的水利工程，主要分布于新疆吐鲁番和哈密等地，新疆地区气候炎热干旱，蒸发量大，若是依靠天然降雨取水，当地居民很难维持起码的用水，无法生存。坎儿井是充分利用天山雪水的潜流水源，同时又要防止沙漠干旱气候条件造成的大量蒸发水资源，其方法是在山前雪水潜流带凿若干竖井，其底部以暗渠相通，便于聚水，然后依地势测定引水暗渠的走向与深度，每隔数十米由地面凿一竖井，相邻竖井对挖互通，形成引水暗渠。暗渠输水至适宜地点出露地表，以用于生产和生活。坎儿井就是基于这样的科学思维设计了巧借自然的水利工程。

(4) 水库类。水库类水利工程大多是对河流截流筑坝而成。水库一般建在河流由山区进入平坦地的位置选址的。地貌环境特征是在这个部位有利于筑坝、有足够的蓄水容积的地貌条件（小型山间盆地）。

二、宗教文化景观的地学特征

宗教是一种社会意识形态，属于上层建筑范畴。宗教宣传虚幻的、超自然的神灵，它是现实世界在人们头脑中的一种虚幻、颠倒的反映。宗教在世界上由许多类型和派别。根据宗教信仰的对象多种性可分为拜物教、多神教和一神教；根据宗教信仰的具体对象物和影响力可分为原始宗教、犹太教、印度教、佛教、道教、基督教和伊斯兰教等。

(一) 宗教分布的地域特征

1. 世界宗教及其分布概况

世界宗教具有典型的地域分布特征和历史演化特征。世界性的宗教及其分布地区大致为：古代埃及宗教、古代巴比伦宗教、琐罗亚斯德教（古波斯、中亚等地）、摩尼教（公元3世纪在波斯兴起的世界性宗教）、婆罗门教（古印度宗教之一，公元前30世纪至15世纪期间印度河流域的宗教）、印度教（起源于印度原始公社时期）、耆那教（流传于南亚次大陆）、佛教（早期主要流行于亚洲）、锡克教（产生于16世纪，主要流行于印度旁遮普地区）、神道教（产生于日本，两千多年的历史）、犹太教（公元前19世纪，犹太人信奉）、基督教（最早出现于公元1世纪巴勒斯坦地区）、伊斯兰教（产生于7世纪阿拉伯半岛）。

2. 中国宗教的地域性和民族性特征

中国的少数民族宗教的大致分布情况是：

信仰伊斯兰教的少数民族主要分布于西北地区。主要有：回族、维吾尔族、哈萨克族、柯尔克孜族、塔吉克族、乌兹别克族、塔塔尔族、东乡族、保安族等10个民族。

信仰藏传佛教的少数民族，大致是在西藏自治区、青海、内蒙古自治区、四川、甘肃等地，主要少数民族有：藏族、蒙古族和裕固族等。

信仰大乘佛教的少数民族主要有：白族、壮族、布依族、侗族、畲族、纳西族、彝族、羌族、满族、朝鲜族等。

信仰上座部佛教的少数民族有：傣族、德昂族、阿昌族、布朗族、佤族等。

信仰东正教的少数民族有俄罗斯族、鄂温克族等。也有些少数民族信仰天主教和基督教。

3. 佛教传播的区域特征

从世界范围看分为三条路线：

北传佛教——从古印度向北传入中国，再由中国传入朝鲜、日本、越南等国家，以大乘佛教为主。

南传佛教——从古印度向南，传入斯里兰卡、缅甸、泰国、老挝、柬埔寨等国家和中国云南傣族等少数民族地区，以小乘佛教为主。

藏传佛教——从古印度和中国内地传入西藏地区，随后流传于蒙古族、裕固族居住区，由此进一步传入西伯利亚等国家和地区。

（二）宗教活动的地域特色

中国宗教活动的地域性非常具有特征。宗教建筑多数选择在清净、安宁的山区。我国四大佛山——山西五台山是文殊菩萨的道场，四川峨眉山是普贤菩萨的道场，浙江普陀山是观音菩萨的道场，安徽九华山是地藏菩萨的道场。西藏喇嘛教的主要活动地是拉萨和日喀则，位于青藏高原，中国各地的庙宇也多是占山而建，城市中的佛教寺院也多数建在清净的地带，或者城市的山丘上，如北京的潭柘寺（北京西山一带）、湖北当阳的玉泉寺（建在玉泉山）、南京的栖霞寺（栖霞山）、河南的少林寺（嵩山）、山西交城的玄中寺（交城石壁山）等。中国的五岳首先是道教，其他著名的道教圣地有：山东崂山（道教）、江西龙虎山（道教）、江西三清山（道教）、江苏茅山（道教）、湖北武当山（道教）、山西北武当山（道教）、江苏齐云山（道教）、四川青城山（道教）。基督教和伊斯兰教基本是建在城市或乡镇地区。

（三）宗教文化的地域特色

宗教文化主要包括宗教建筑、雕塑和绘画等。中国佛教文化的三大代表性建筑是寺庙、石窟和古塔。宗教建筑一般都具有因地制宜，人工美与自然美相结合的特点。从宗教名山、寺庙、石窟、佛像、佛塔等的选址、布局、造型、用材来看，都能巧妙地利用自然地形，突出地烘托宗教气氛，而且有利于这些宗教建筑物的长期保存，甚至有些建筑运用了声学、光学、天文等自然奇观、自然现象和科学原理来设计。如云南安宁曹溪寺的“天涵宝月”，四川峨眉山的“金顶宝光”，声学原理的典型建筑有山西永济的莺莺塔（塔前击石发出蛙声）、河南三门峡宝轮寺的舍利塔（同莺莺塔的蛙声）和河南郏县的蛤蟆塔（蛤蟆鼓噪声）等。这些建筑代表了我国古代宗教建筑文化的精华。另外，以寺庙为代表的宗教建筑或衬托以山间景物，或点缀于山巅云端，或掩映于山林深处，这些建筑或神秘神奇，或佛光道影，或琼楼玉宇，或巍巍殿堂，这种空间组合高低错落，庄严而瑰玮，雅静而幽闲，具有很高的美学欣赏价值。

佛教石窟建筑多修造于古代丝绸之路一带，巧借当地的地理位置、地貌特征和岩石性质，如新疆的克孜尔千佛洞、库车的吐喇千佛洞、甘肃敦煌的莫高窟、甘肃天水的麦积山石窟（侏罗纪紫红色含砾砂岩）、山西大同的云冈石窟（侏罗纪灰红色砂岩）、河南洛阳的龙门石窟（奥陶纪灰岩）等。这些建筑在选择地形上，或在丘陵孤峰（麦积山石窟），或在陡峻的山崖（龙门石窟），或选择在古河道阶地的陡崖面（云冈石窟）。四川的乐山大佛选址于峭立的砂岩陡崖，前面是滔滔的岷江，凸现出佛的神威和法力。这些宗教建筑都是我国宝贵的文化遗存和遗产。

三、中国各民族的图腾及其地学特征

图腾（Totem）是指原始社会的人，认为跟本氏族有血缘关系的某种动物或自然物，一般用作本氏族的标志。

中国 56 个民族都有自己的偶像和崇拜物。根据中华世纪坛最新整理收集的各民族图腾，分别介绍如下：

（一）汉族图腾——龙凤呈祥

“龙凤呈祥”作为汉民族的图腾，基本上是融合了北方和南方汉族先民诸多部落的崇拜偶像。北方汉族先民以龙为崇拜物，同时龙也代表中华民族的图腾。在中华世纪坛资料中，把汉族的发祥地标定在山西晋南地区，可能是基于如下考虑：汉族的先祖曾被称作“华”族、“夏”族，或者连称为“华夏”族体。夏族的起源地应该是山西晋南，因为这里是尧、舜、禹诸部落共同活动的地区，以此作为汉族的起源地有一定的历史渊源。另外，凤本来是楚文化的象征（楚国的图腾），应该起源于湖北，因为鄂西北地区是楚国的发祥地，楚先祖在荆山辟业。司马迁的《史记·楚世家》记载：“周文王之时，季连之苗裔曰鬻熊。鬻熊子事文王，蚤卒。其子曰熊丽，熊丽生熊狂，熊狂生熊绎。熊绎当周成王时，举文武勤劳之后嗣，而封熊绎于楚蛮；封以子男之田，姓芈氏，居丹阳”。“昔我先王熊绎辟在荆山，筚路蓝缕，以处草莽，跋涉山林，以事天子”。可以证明楚之发祥地在湖北保康县境内的荆山一带。（李修平主编，《古老的保康》，1996，华夏文化艺术出版社）

龙被当作能免除一切灾难的灵物。凤是古代传说中的百鸟之王，美丽吉祥。它们或威武矫健，或雄浑潇洒，或隽雅秀美。龙凤呈祥象征高尚富贵，比喻为喜庆吉祥，寓意为江山社稷。

（二）西北地区少数民族的图腾

1. 西北地区的地理环境与少数民族

西北地区主要包括新疆、青海、甘肃、宁夏和陕西。西北少数民族主要有：新疆的维吾尔族、塔塔尔族、俄罗斯族、哈萨克族、塔吉克族、柯尔克孜族、裕固族、乌兹别克族和锡伯族，甘肃、青海的东乡族、保安族，青海的土族和撒拉族等 14 个民族。

2. 西北少数民族图腾特征及其象征意义

维吾尔族主要聚居地在新疆西部、北部。图腾为夜莺。夜莺是勤劳智慧纯朴、能歌善舞的维吾尔族的象征，象征纯洁、高尚、团结、友谊、爱情、和平和春天。

哈萨克族聚居地在新疆北部。图腾是展翅飞翔的白天鹅。哈萨克族把自己的起源与白天鹅联系在一起。象征美的源泉、纯洁、忠贞不渝爱情的象征和伟大母亲的缩影。

塔塔尔族主要聚居地在新疆西北部。图腾是白额头公羊。白额头公羊在塔塔尔族习俗和传统文化中是繁衍生息、兴旺发达的象征，代表幸福、吉祥、纯洁、博爱，是力量的源泉。

俄罗斯族主要聚居于新疆西北部。图腾是白鸽形象。白鸽给俄罗斯人带来福音，是和平、安定恬静生活的象征。

塔吉克族主要聚居地在新疆西部。图腾是鹰。他们视鹰为百禽之首，是忠诚、仁慈、勇敢、坚强、正义的象征。

柯尔克孜族主要聚居地在新疆西部。图腾为鹿。柯尔克孜人与鹿有着密切的关系，把鹿当作救星和神物，是和平、善良和幸福的象征。

裕固族主要聚居地新疆东部。图腾是神鹿（珍珠鹿）。图案中的祥云、圣殿、祁连山、马蹄寺、红太阳，象征富饶、光明和希望。

乌兹别克族主要聚居地在新疆。图腾是库木丽鸟。代表诚实、谦虚、纯洁、美丽和忠贞不渝，又是善心、安宁、和平、繁荣和兴旺的象征。

锡伯族主要聚居地在新疆西部。图腾是白马。锡伯人爱马至极，认为它有灵性，相传锡伯族人穿越大兴安岭时，山谷高深，行进困难，出现“瑞兽”神马。象征纯洁无暇、忠贞不渝的爱情，体现奋发向上、自强不息的性格，表现和平友好无私奉献的民族精神。

东乡族聚居地在甘肃。图腾是羊。在东乡的发展过程中，逐步形成了牧羊传统。羊有着和睦相处的性情，把羊视为盼望吉祥、爱好和平的象征。

土族聚居地在青海。图腾是彩虹环绕中的篆体土字。土乃五行之本，水乃五行之源，无土不生，无水不长，彩虹乃是水之魂影彩气。土族崇奉其天地交合的玄徽，融入了天人合一和福祥长臻的境界。土族地区素称“彩虹的故乡”。

撒拉族聚居地在青海。图腾是骆驼。传说七百多年前，撒拉祖先从中亚牵着一峰白骆驼，驮着故乡的水、土和《古兰经》来到青海，天亮时发现白骆驼在泉水中化为白石，口吐清泉，撒拉族由此在此居住，繁衍生息，发展至今，“骆驼泉”由此得名。

保安族主要分布于青海和甘肃。图腾是保安腰刀。保安族制作腰刀年代较长，从元代开始，经历六百多年，腰刀随保安族从青海同仁长途迁徙到达甘肃积石山县大河家地区。

回族主要聚居于宁夏，其他地区也有散居，海南、北京、东北、甘肃、青海、新疆等地均有分布。图腾是以银川市南关清真寺为原型设计的，即清真寺和月亮（新月）。回族信仰伊斯兰教，受其影响很深，为典型伊斯兰建筑。回族信奉伊斯兰教，融合了中华文化与阿拉伯、伊斯兰文化的特色。新月代表伊斯兰教活动与月亮有着密切的关系，伊斯兰教教历以月亮的圆缺为依据，如开斋节，在斋月里见新月封斋，再见新月开斋等。

（三）西南地区少数民族的图腾

1. 西南地区地理环境与少数民族

西南地区主要位于青藏高原、云贵高原地貌单元区域。这里有横断山脉、滇西南山地、广西丘陵盆地，河流众多、水系密集，河流袭夺下切强烈、分割严重，山岭谷地高差悬殊。高山峡谷地区梳植物资源丰富，可以说是热带、亚热带植物的宝库和动物王国。由于高山、丘陵、水系的隔离，从而形成众多少数民族的发祥地。

西南地区主要包括西藏、云南、广西、贵州、四川、重庆等省市区。本区的少数民族主要有：藏族、门巴族、珞巴族、阿昌族、基诺族、苗族、彝族、佤族、傣族、纳西族、景颇族、哈尼族、白族、侗族、布依族、壮族、羌族、毛南族、德昂族、瑶族、仫佬族、仡佬族、普米族、布朗族、京族、水族、独龙族、怒族、拉祜族和傈僳族等30个少数民族，是我国少数民族集中聚居地。

2. 西南少数民族图腾特征及其象征意义

藏族分布区大致有西藏、四川、云南、青海、甘肃等地，主要聚居地为西藏。藏族图腾是布达拉宫。是藏传佛教的最高朝拜殿堂，喇嘛教的象征。在雪域高原上，藏族以高原为伍，与雪山相伴，逐渐形成坚强勇敢、豪放大气的性格，布达拉宫的建筑气势磅礴、巍峨耸峙，正是这种性格的代表。

壮族主要分布于广西壮族自治区。图腾为铜鼓。铜鼓上有太阳纹、羽人纹、鹭纹、水波纹、圆圈纹、象眼纹、节纹等，鼓面有四只青蛙两对双骑，一个单骑和一双水鸭等，形象地反映了壮族的自然风貌、社会历史和经济文化生活，青蛙是壮族图腾崇拜的标志，体现出壮乡的自然、经济环境，这与当地的气候、地貌和相关的经济作物之间的联系，青蛙很可能与当地重视农业有关。

苗族主要聚居地是云南，其次是广西、贵州、湖南等地，海南也有分布。图腾为芦笙、枫叶、蝴蝶和斗牛。苗族是古代英雄蚩尤的后代。由于战败而来到云南地区。图案体现出苗族居住区的自然资源（生物）特色（枫叶、蝴蝶），斗牛体现苗家的生产工具和生产方式，芦笙集中表现苗族文化（包括芦笙文化、斗牛文化、酿酒文化、刺绣和蜡染文化），枫叶和蝴蝶代表开创人烟的传说。

傣族主要爱聚居地是云南西双版纳地区。图腾为孔雀、竹楼和象脚鼓。云南西双版纳地区，热带风光，雨林环境，竹子和孔雀是傣家常见的植物和最喜爱的鸟。所以孔雀成为傣族的崇奉之物（孔雀公主），竹楼代表其建筑形式，象脚鼓是傣族最常见的伴舞乐器，整个图案象征智慧、和平、美丽、圣洁和善良。

白族的聚居地是云南大理。图腾图案是大理三塔和蝴蝶。白族古代是南诏国和后来的大理国。大理三塔具有佛法永存和镇魔除恶之象征，蝴蝶代表美丽吉祥，整个图案代表白族历史悠久，人民勤劳，美丽善良，前程光明。

纳西族聚居地在云南丽江一带。图腾图案由纳西族和羊皮背心组成。

东巴文的“人”读“稻”声，取意食稻之民；“羊皮背心”为纳西妇女身上装饰，传说是洪水之后，英雄崇仁利恩到天上娶妻时带来的圣物，图案象征智慧、勤劳和古老灿烂的文化。

彝族主要分布于四川凉山（发祥地）和云南南部。图腾图案为彝族传统漆器，以同心圆构图。图案中部之圆表示太阳，中心有一古彝文，汉语意思为“虎”，既代表彝族古老文字，又代表彝族原始图腾崇拜“虎”，整体图案象征吉祥、庄严、生活美满。

门巴族聚居地在西藏。图腾图案是“巴尔匣”，是门巴族对自己帽子的称呼。这种帽子不论节日、平时，已成为男女老少普遍喜爱的生活和装饰用品，显示出浓厚的民族特色。

珞巴族聚居地在西藏。图腾图案是钢刀——艾热阿，是珞巴男子随身必配用具，用途十分广泛，既是生产、生活日用品，又是护身防卫兵器，还是装饰品。

瑶族分布于广西、云南等地。图腾图案为长鼓。长鼓文化源远流长，相传瑶族祖先盘瓠（hu）在自然条件恶劣的会稽山狩猎，不幸被羚羊撞下山崖身亡，其子女砍泡桐木作鼓身，剥羚羊皮作鼓面，制成长鼓，在葬礼上击长鼓跳盘王。这一习俗沿用至今，为广西瑶族最喜爱的文体活动。

布依族主要分布于贵州、云南和广西。图腾图案是大楠竹盘绕双龙。竹子生长旺盛，被布依族先民奉为图腾。并在人生礼仪等传统宗教仪式中流传至今，图案象征布依先民崇尚万物并生并茂，历史文化含义深广。

佤族主要聚居于云南。图腾图案由牛头、木鼓和葫芦图纹组成。佤族有剽牛祭天的风俗，牛头象征财富、吉祥，木鼓是佤族乐器，相传是通神之物，祭祀、召集族人、歌舞都敲木鼓，佤族居住地古代有“葫芦王地”。整体图案象征纯朴、纯洁、刚劲、丰衣足食。

德昂族聚居地为云南。图腾图案为“龙阳塔”。此塔由盘旋上升的龙身和龙头上方高悬的太阳构成。青龙高升，艳阳高照，象征德昂族人民奋勇向上，追求光明和幸福的精神。

景颇族图腾图案为目脑桩。它是景颇族过“目脑纵歌节”跳舞时立于广场中心的木牌。浓缩了景颇族历史文化等内容。共有四根木牌，中间两根象征男女，两边的两根绘有棱形或蕨形图案，底座绘有五谷杂畜。整个图案象征幸福长久，日月永照，人畜平安，丰衣足食。

基诺族聚居地在云南西部。图腾图案由大鼓和月亮花纹组成，大鼓是基诺族的祭器和乐器。“月亮花”是成年男女衣背上的装饰，表示爱情美满、和平，整体图案象征平安、幸福、纯洁和友爱。

阿昌族聚居地在云南西部。图腾图案为白象，图示白象驮亭，人们向它撒花，阿昌族信奉小乘佛教，有耍白象风俗。图案象征阿昌人民的生活繁荣兴旺、吉祥、和平、安宁。

哈尼族聚居地在云南。图腾由白鹇鸟和梯田组成图案。哈尼族久居森林，崇奉爱护白鹇鸟，传统舞蹈有白鹇舞，传说白鹇鸟是为人引路、送药给人的神鸟，有光明前途和为人除灾病的意义，梯田是哈尼族农业文明的创造，整体图案象征智慧、勤劳和光明。

羌族聚居地在四川西部。图腾图案为羌笛和羊角。羌族以游牧为业，羌笛为传统民间乐器，由羊角和双羌管组成羊头形状，图案既表现羌族悠久历史，又表现其文化艺术。

侗族聚居地在云南西部。图腾图案为鼓楼。鼓楼是侗族的生活缩影，人们在此迎宾待客、论古说今、习武练唱、赛笙对歌、击鼓报警、集众议事、扬善惩恶、无所不及。既反映了人民对吉祥幸福的追求，又含万物有灵、自然崇拜的意念，体现了民族团结、繁荣、进步、向上。

毛南族主要聚居地在广西南部山区。图腾图案是花竹帽，是毛南族的标志，花竹帽已经流行四百余年，反映了毛南族的价值观与讲求实际的作风，蕴含着深层文化心理和民族精神。

仫佬族主要聚居地在广西东北部。以锦鸡（金鸡）作为崇拜的图腾，仫佬族生活在山区，金鸡是本地常见的鸟类。形象健美、威武雄壮，人们把它当作勤劳、勇敢、奋发向上、追求光明、创造幸福的象征，也是仫佬族民族性格、民族精神、民族心理的象征。

仡佬族主要聚居地在贵州南部山区。图腾崇拜物为竹子。在仡佬族居住区，有“竹王祠”，还广泛流传《竹王》、《赛竹三郎》、《金竹》、《竹生的故事》等民间传说啃敬竹的习俗。

普米族聚居地在云南东部。图腾主要由篾盒“笃笆”和木垛房墙纹构成。普米族房屋为木结构，墙壁用圆木重叠垛成，屋内立方木，设神龛，竹子是普米族的保护神，篾盒是普米族婚丧嫁娶、节日等诸多民俗活动中贵重馈赠礼品，象征吉祥、友爱、神圣和幸福。

布朗族聚居地在云南东部。图腾为三弦琴，是布朗族代表性的乐器。亦弦亦歌、亦弦亦舞为布朗族文艺的典型形式，民间流传的故事、抒情叙事诗，多以三弦琴叙事抒情，布朗弹唱，三弦琴凝聚着布朗族的历史和情感，象征纯洁、乐观和吉祥幸福。

京族聚居地在广西。图腾为独弦琴，是京族人民最喜爱的民间乐器之一。

水族聚居地在贵州。图腾图案为“双鱼托葫芦”石雕。水族重丧事安排，为亡人立碑，碑门顶端都竖有“双鱼托葫芦”石雕图案。传说洪水滔天时代，躲藏于葫芦中的兄妹俩得鱼之助，幸免遇难，故人鱼关系密切，水族把象征人口繁殖的葫芦与生活紧密相关的鱼联在一起，蕴含了很深的民俗意蕴。

独龙族聚居地在云南东部。图腾是吉祥物独龙毯。天上有彩虹，中间是牛头。天上的彩虹是天神打开天门在织布，独龙毯是独龙人民学着天神织出来的。独龙毯体现着独龙族人民的智慧和美好的心灵，表达出对美好生活的向往。

怒族聚居地在云南东部。图腾图案由乐器“达比亚”和挎包组成，达比亚和挎包是怒族生活中不可缺少的乐器和恋爱信物。怒族人的诗歌多为即兴编唱，以达比亚、口弦、笛子、葫芦笙伴奏。此图案象征乐观向上、吉祥、幸福。

拉祜族聚居地在云南东部。图腾图案由葫芦和长衣裳花边装饰纹样组成，葫芦是拉祜族的崇拜物。自古拉祜族就有人从葫芦出来的神话，此图案象征人类的起源和拉祜族始祖的由来，也象征女性美和人丁兴旺、幸福生活，表现出拉祜族独特的民族风格和浓郁的生活气息。

傈僳族聚居地在云南东部。图腾是由弩、铁三角、贝巴贝等图纹构成。弩是傈僳族男子传统狩猎工具，铁三角是傈僳族的家庭保护神，有稳定、平安、纯洁之蕴意。

（四）东北地区少数民族图腾

1. 东北地区地理环境与少数民族

东北地区包括：辽宁、吉林、黑龙江三省。地形特征大致有东部山地、兴安山地和松辽平原（东北平原）三大部分，森林茂盛、资源丰富。东部山地即广义的长白山地，这里有大规模的火山熔岩覆盖。兴安山地特指西北的大小兴安岭，也是重要的林区和火山集中喷发地。东北平原包括三江平原、松嫩平原和辽河平原。是东北地区重要的湿地环境，是野生动物和水禽生活的绝好环境。这里的少数民族主要有：满族、鄂伦春族、赫哲族和朝鲜族等4个民族。

2. 东北少数民族图腾特征及其象征意义

满族主要聚居于辽宁省东部，其他地方也有聚居，主要是后来的移民。图腾图案是“海东青”（或海青，雕类鸟），满族人精于射骑渔猎，海青鸟善捕水禽小兽，是满族认定珍贵狩猎工具。图案以升腾的太阳和搏击长空的海青为主要形象，突出满族英勇刚健的民族性格和昂扬向上的民族精神，同时象征满族在祖国大家庭中蒸蒸日上的光明前景。

鄂伦春族居住在大兴安岭山区。图腾图案为“云卷纹”、撮罗子盒、篝火。鄂伦春族自古以来是就靠打猎为生的游牧民族，住“撮罗子”房，云卷纹常出现在鄂伦春族男女服饰上，帽子、手套、袍皮被上，是“撮罗子”围挡物、桦皮盒、兽皮口袋等的装饰图案。整个图案表现了鄂伦春族的生产与生活。

赫哲族居住在小兴安岭山区。图腾图案为唯有赫哲族独有的椭圆神鼓，神鼓中间由一只引颈高飞的白天鹅、两条凌空跳跃的鲟鱼和三条不同颜色的江水组成，是赫哲族传统乐器中唯一还在流行于民间的打击乐器，是赫哲族文化艺术的缩影。寓意各项事业像白天鹅一样腾飞向上。

朝鲜族主要分布于吉林长白山区。图腾图案由长鼓、象帽和衣袖组成。象帽的长带形成长白山图案，整体象征节日气氛、地方特色和民族特点。

（五）华北、中原少数民族图腾

1. 华北、中原地区地理环境与少数民族

华北和中原包括北京、天津、河北、山西、内蒙古、河南、山东等省市区。华北地区以华北大平原为中心，四周为山脉，主要有内蒙古高原、太行山、吕梁山、燕山，水系有黄河、海河，东部面临渤海、黄海。中原地区主要是河南，西部是秦岭东段，南部有大别山（东南）。由于历史的原因，这些山脉没有形成明显的地理隔离，少数民族主要分布于内蒙古自治区。少数民族主要有蒙古族、鄂温克族、达斡尔族等3个民族。

2. 华北、中原少数民族图腾特征及其象征意义

蒙古族图腾图案由蒙古包、苏勒德和勒勒车组成。蒙古族主要分布于

内蒙古、新疆、东北等地。蒙古包是蒙古人居住、生息、繁衍的神圣场所。苏勒德蒙古人的“四角黑纛”演变而来，象征所向无敌、奔向光明、吉祥如意。勒勒车记载着蒙古民族游牧生活的漫长历史，蒙古包代表沙漠游牧民族生活的特征。

鄂温克族主要分布于东北大兴安岭地区（内蒙古）。图腾图案是训鹿。鄂温克族语称“奥茸”，不论雌雄都有角，鄂温克人是人类历史上较早使用训鹿的民族。鄂温克族常用训鹿作装饰图案（用于桦树皮器皿上）。图腾是由鹿角、斜人柱、篝火、彩虹组合的象征性浮雕图案，表达了鄂温克族古老的文明和对兴旺吉祥的向往。

达斡尔族主要聚居地在内蒙古阴山山脉一带。图腾为鹰的图案。象征达斡尔人民拼搏进取和顽强不屈的民族精神，不断发展与进步的愿望。鹰头顶太阳，象征着达斡尔人民用自己的坚强臂膀，托起光辉灿烂的未来与光明前途。

（六）中南、东南地区少数民族图腾

1. 中南、东南地区地理环境与少数民族

中南、东南地区主要包括湖北、湖南、广东、海南、福建、江西、浙江、江苏、安徽、上海、台湾等省市区。本区主体是长江中下游平原（包括湖北的江汉平原、湖南中部的洞庭湖平原、江西北部的鄱阳湖平原和长江三角洲平原），西部大巴山、雪峰山，中部大别山、幕阜山、南岭、罗霄山脉，东南部武夷山。两个岛屿为台湾的台湾山和海南的五指山。总体为丘陵、山地和平原。平原地区为汉族居住区，周边山区为少数民族聚居地。主要少数民族有土家族、黎族、畲族、高山族等 4 个少数民族。

2. 中南、东南少数民族图腾特征及其象征意义

土家族主要分布于湖北和湖南交境的山区。其图腾图案为白虎。土家人崇拜白虎，认为白虎是家神。土家族居住地，有许多白虎命名的地方，白虎堂、白虎山、白虎溪等，器物雕白虎图。结婚铺虎毯，撒尔嗬舞模仿白虎动作，体现了土家人勤劳、朴实、英勇、顽强的精神风貌。

黎族主要分布于海南省五指山区。黎族图腾为人龙图案，中间是一个巨大的人纹形象，其中分布 10 个人纹群体，左右为龙纹图样，上有五指山，下有五条河。人纹龙纹取材于黎族“双面绣”。顶天立地的人纹象征

坚不可摧，九龙纹象征中华民族的凝聚力，五指山、五条河及南海浪花预示着海南腾飞，整体展现黎族勤劳勇敢、锐意进取的气质。

畲族居住在浙江省南部山区。图腾为凤凰飞舞，广东潮州是畲族的发祥地，现在畲族主要聚居地在浙江。畲族历来视凤凰为吉祥鸟，象征畲族人民对幸福生活的向往与追求。

高山族分布于台湾岛。图腾是依据流传在台湾南部百湾人传说中的“百湾人”，周围是百步蛇。太阳神将一蛋形太阳之子下凡台湾山间，派百步蛇守护，不久从蛋中破壳而出一人，就是百湾人的祖先。图案即是纪念百步蛇之功。

（七）少数民族分布地域环境特征

从我国少数民族分布的地理位置和地学环境特征来看，受地理环境因素的影响是很大的。中国北方和中原地区，地域辽阔，地理环境简单不复杂，或平原、或沙漠、或草原，古代部落容易磨合、沟通和同化，所以民族相对比较单一，汉族成为华夏最大的民族。中国南方地区，地理环境复杂，地貌单元多种多样，山地、丘陵与其间的水系交错，地理隔离严重，生活空间狭小，古代部落之间的交流受到限制，所以少数民族比较多。他们各自生活在一个受局限的空间里，长期的隔离形成各自独立的生活习惯和风俗。

四、民族风俗的地学特征

（一）民俗旅游资源的地学因素

民俗就是民间的风俗习惯。民俗文化的形成原因是多方面的，其中经济、政治、地域、宗教、语言等因素，决定或者影响着民俗文化的产生和发展。地域——地理环境决定着当地的经济基础，生产方式和生活方式，从而影响了当地的政治和信仰，影响了当地的各种习俗。

中国是一个少数民族众多的国家，各少数民族居住在不同的自然环境、其地理、地貌、植被、气候、水文条件等，都有很大的差异。在长期的生活、劳动、休养生息中，逐渐形成了各自不同的生活习惯。在居住、衣着、饮食、劳动、婚嫁、交际、商业交往、节庆活动、宗教信仰等方面，都有自己的特色。

一个民族风俗习惯的形成，都是社会历史条件和区域性（地域性）自然环境所决定的，由于地理的隔离，各少数民族遵循自己的生活方式和习惯谱写自己的发展历史，形成自己的风俗习惯，民风民俗，图腾信仰（见前文）等。

所谓社会历史条件，是指各民族自身的历史和社会环境。各民族的历史发展是不相同、不平衡和有差异的，有发展方面的速度、快慢之分，也有发展过程中，由于地域差异、地理隔离而产生的民间社会生活文化——民俗。这种民俗既有精神文化，也有物质文化。在不同的社会发展阶段所形成的风俗习惯，必然会留下相应的痕迹。民族历史上的重大历史事件、历史人物、史诗等，如藏族的《格萨尔王》、哈萨克族的《玛纳斯》，蒙古族的《江格尔》等，都具有少数民族的特定民俗。

（二）民俗的地学特征

1. 服饰的地域性

服饰往往反映一个民族的生活习俗和喜好。往往与当地的生产环境条件，生活习惯和生活条件有关，经过长期的适应，形成各自特有的服饰穿着。

北方地区，赫哲族——生活在东北黑龙江流域，渔猎生活，冬天长，天气寒冷，受此影响，其男女服装、服饰多以皮料为主，如冬天穿狍皮或鹿皮大衣和皮帽；蒙古族——生活在内蒙古草原，冬季长，气候寒冷，骑马放牧，男女喜欢穿宽大长袍。

东北地区，满族先民一年四季都穿袍服，因八旗制度而称之为“旗袍”，满族人之所以选择“旗袍”作为普遍的穿着和礼仪服饰，与其生活习俗和东北地区的气候环境有关。满族作为骑射著称的狩猎民族在白山黑水间的林海雪原策马驰骋，必须有挡风御寒的服装，同时又要便于上、下马，射箭灵活等特点，旗袍正好具有这些方面的优点。朝鲜族——生活在长白山区，朝鲜族人爱穿白衣素服，因而有“白衣民族”之称。朝鲜族妇女穿短上衣、长大裙，脚穿船形胶鞋，男装为短上衣，外加坎肩，下穿宽大裤，出外常罩斜襟长袍，以布带打结，每逢节庆，男女老少都喜欢身着五颜六色的民族服装。

西南地区，藏族——生活在雪域高原的高寒气候环境条件下，气候变化大，天气多变，早晚温差大，其穿着具有特色，特制的帽子，可以防止紫外线照射，防风，防雪，可以保暖；傣族——傣族男子上穿白色无领、大襟或对襟小袖短衫，头缠白布巾，下着长筒裤。妇女穿花色或深色筒裙，上面是紧身无领短衫或背心。梳高发髻，或用大毛巾包头，穿这种服装特别能显出女性线条美；彝族——彝族的服饰多彩、多姿，可达几百种。如红河彝族的鸡冠帽，撒尼妇女的头饰，凉山妇女的长裙，彝族小伙子的火草褂等。火草褂是火草植物，生长在山坡、箐沟中，是当地特有的一种草，这与自然环境是分不开的；白族——白族崇尚白色，男子多穿白色对襟衣及黑领褂。妇女则各地有差异，大理一带多穿白色上衣，外套黑丝绒短褂或红色坎肩，下着蓝布宽裤，脚穿绣花鞋，一般都佩戴银饰。

2. 饮食的地域性

中国的各地菜系很能说明问题，有名的菜系：川菜、鲁菜、粤菜和淮扬菜为中国四大菜系，从口味来看，有喜欢辣味者，由于气候和地理条件的原因，湖南、贵州、四川等地都喜食辣椒，如四川的麻辣烫；广东一带则喜食海味和“清、补、凉”饮食。

华北、东北地区，从气候、地理，农作物种类，形成北方饮食习俗。北方面食为主，面条、包子、饺子、馒头、烙饼等面食类。具体地，山西的老陈醋和面食（刀削面、刀剥面、猫耳朵、抿尖儿、剔尖儿、手搓面、剪刀面、揪片儿等），天津的狗不理包子、猫不闻饺子，西安的羊肉泡馍，兰州拉面等，东北朝鲜族的冷面、打糕和熏肉大饼，辽宁的老边饺子。

南方种植稻谷，大米为主食，气候温暖潮湿，多喜食麻辣，西南地区的四川、重庆、湖南、贵州等省市以辣著称。

东南部地区喜食清淡和甜食，江浙一带有扬州的狮子头、淮扬蟹黄汤包、宁波的汤圆、嘉兴鲜肉粽子，上海的鸽蛋圆子、小笼馒头，安徽的徽州饼、油糖烧麦，江西的莲汤、麦糊烧，福建的闽南春饼等。

少数民族地区因所处环境条件的差异，有的喜酸食、腊味，有的以地方特色的物产为佳肴，如广西（壮族）的蛤蚧粥，赫哲族的鱼干，内蒙古族的手扒羊肉、烧全羊（烤全羊），藏族的酥油茶、青稞酒和糌粑，苗族的酸肉、酸菜，维吾尔族的馕、羊肉串和手抓饭等。

3. 节庆的地域性

居住于不同地区的中国少数民族，由于地区、地域的差异，自然环境的不同，尤其是地理环境，例如山脉、河流、地形地貌，气候条件，植被等特征，其爱好、兴趣、信仰和生活习惯等，便出现差异，也就形成具地方、民族特色的民俗文化和风俗习惯，也就出现了各自不同的节日、庆典活动。同时，这些节庆活动受到社会、经济、文化、宗教等人文因素的影响。

如汉族的春节、元宵节、清明节、端午节、中秋节等，傣族的泼水节，白族的三月街，壮族的歌圩节，藏族的雪顿节（酸奶节），伊斯兰教民族的开斋节、宰牲节（新疆维吾尔族、回族等），瑶族的达努节，景颇族的目脑节，拉祜族的扩塔节，朝鲜族的望月节，蒙古族的那达慕节，以彝族为主的西南少数民族的火把节、绕山林（又叫做绕三灵）等。火把节除了彝族外还有白族、傈僳族、纳西族、哈尼族、拉祜族、基诺族等。这些节日活动均具有浓郁的民族和地方特色。

由于汉族居住地域广，人口多，一些节庆的地域性不十分明显，所以，汉族的许多节庆活动，除与地域关系密切外，与时令、节气，农事活动关系也非常密切。例如，清明节的“踏青”，其时春暖花开，万物萌生，人们到郊外活动，观赏充满生机的春色——天气转暖，小草吐绿，万物复苏，呼吸田野新鲜的空气。九九重阳节的登高或登山活动，秋天天高气爽，气候开始变冷，这时，抓紧时机到郊外登高，活动身体，恰是时机。中秋节为秋天的中间，气候不冷不热，秋禾丰收在望，即将收获，秋收、秋忙到来之前，做好准备，吃好喝好，亲朋相聚欢乐一番，祭月拜天，相互庆贺，相互祝愿，预祝好年景、好收成。

第八章

地学旅游资源评价体系

一、地质景观评价

（一）定性评价

1. 单项特色定性评价

着重于某一地质体或者某一地质现象特色或特征的定性评价。譬如：象形山体、湖泊水体、风景区气候、风景区交通条件等。

2. 多项综合定性评价

着重于一个地区的综合地质特征、多种地质景观的定性评价。

由于地质旅游资源不同于其他的自然旅游资源，它具有一定的限定性和特色性，而且多数地质体不但要有观赏价值，而且要考虑其科学研究和科学考察价值。所以，对其定性评价首先考虑其级别——世界级、国家级、地区级三个级别（地质现象评价多考虑此）。除级别特色和特征定性评价，还应该有其他定性评价，如面积（区域综合地质体）、体积（单一地质体）等。

（1）世界级——具有世界性意义，在全球都具有科学研究价值。全球少有的典型剖面、地质构造、地层序列、地质现象、古生物群落、岩石组成、沉积组合、地质作用、地貌特征（如丹霞地貌、雅丹地貌）等。具有独一无二的典型性，首先研究的地区，首先确定的地层剖面，第一次发现的古生物化石种群，首次发现的地质构造，首次发现的矿物，首次发现的岩石等。

（2）国家级——在国内为典型地质现象、地质景观，在国内具有研究价值，可与世界典型地质现象对比，国内具有对比意义，成为国内其他地区研究的重要参考地点。

（3）地区级——可作为国内同类地质现象、地质景观对比、研究的典型代表。在本区域内保存完好、发育齐全，出露良好，交通区位好，具有很高的研究价值。

（二）定性评价典型例证

1. 地层剖面

（1）世界级（国际性）地层剖面。英国寒武纪地层剖面，奥陶纪地层剖面，志留纪地层剖面；俄罗斯乌拉尔山区二叠纪地层剖面；中国震旦纪剖面；英国泥盆纪地层剖面；德国侏罗纪地层剖面。

（2）国家级地层剖面。长江三峡震旦纪地层剖面，天津蓟县元古代地层剖面，云南梅树村寒武纪地层剖面，山东张夏寒武纪地层剖面，浙江奥陶纪、河北唐山奥陶纪地层剖面，山西太原石炭纪、二叠纪地层剖面，贵州石炭纪地层剖面，广西南丹海相泥盆纪地层剖面。广西桂林南边村石炭纪/二叠纪界线层型剖面；浙江长兴二叠纪/三叠纪界线层型剖面（同时也是世界级的金钉子）等。

2. 地质构造

（1）世界罕见——美国加利福尼亚“安德列斯大断裂”，（未来洋壳孕育地带）。

（2）国内典型——山东-安徽的“郯庐大断裂”（山东郯城到安徽庐江）。

（3）区域典型——鄂西北地区的“青峰大断裂”（房县、保康、南漳、谷城）。

3. 综合地质现象和地质特征

（1）世界级——阿尔卑斯山区，中国的青藏高原地区。

（2）国家级——福建漳州海滨火山地貌地质公园。

（三）定量评价

1. 地质体、地质现象定量评价

地质体、地质现象定量评价参见表 8－1 的第 1～7 项。

地质体＝地质体面积(Q)＋地貌特殊度(I)＋形貌丰度(R)＋地质现象特殊度(G)＋直观度(S)＋周边植被(P)＋可进入性(E)。

2. 区域地质现象与地貌综合定量评价

这主要是指以地学旅游资源为主的旅游区。一般的以地学旅游景观为主的景观区可以根据上述地质体与地质现象综合定量评价公式进行评价。如果作为旅游风景区考虑，应该在上述基础上，再增加地质内涵的丰富度与复杂度（*Ga*），当地的气候条件（*C*）和水文条件（*H*），参见表 8－1 的第 8～10 项。

二、地理环境综合评价

地理环境除上述地质、地貌因子外，还涉及到经济、投资环境、社会、文化、历史、科技发展水平等。具体见表 8－1。

表 8－1　地理环境综合评价

	100～80	80～60	60～40	40～20	20～0
1. 面积（*Q*）km^2	面积一般以区域为主、以自然形成的风景区为整体考虑，一般在 50～400km^2 之间都按满分计算；大于或小于此，可适当减分				
2. 形象特殊度（*I*）	稀有	少见	比较少见	一般	差
3. 形貌丰度（*R*）	极其丰富多彩	丰富多彩	丰富	一般	差
4. 地质现象特殊度（*G*）	世界少有	国内少有	地区少见	一般	常见
5. 直观度（*S*）	非常清楚	很清楚	比较清楚	不太清楚	不清楚
6. 周边植被（*P*）	植被发育极好，覆盖率极高，90%以上	植被发育良好，覆盖率高 70%～80%	比较发育，覆盖率一般 60%～70%	植被较少，覆盖率低，50%～60%	植被覆盖率极低，低于 50%
7. 可进入性（*E*）	非常方便	方便	基本方便	不太方便	不方便
8. 丰度、复杂度（*Ga*）	极其丰富	丰富	比较丰富	不太丰富	不丰富
9. 气候条件（*C*）	极好	好	比较好	不好	恶劣
10. 水文条件（*H*）	极为丰富	丰富	比较丰富	不丰富	极其缺水
11. 经济条件（*Ei*）	经济非常发达	经济发达	经济比较发达	经济不太发达	经济发展滞后
12. 投资环境（*In*）	投资环境非常优越，有极大的吸引力	投资环境优越，吸引力强	投资环境比较优越，有一定的吸引力	投资环境较差，吸引力不强	投资环境很差，条件不成熟
13. 社会条件（*Si*）	社会稳定	社会比较稳定	社会基本稳定	社会不太稳定	社会不稳定
14. 历史、文化（*Hc*）	历史文化积淀深厚，有特色	历史文化积淀比较深厚，有特色	历史文化积淀丰富，有一定特色	历史文化积淀较浅，但有一定特色	历史文化积淀浅显，没有自己的特色
15. 科技水平（*Sc*）	科技发达，力量雄厚	科技比较发达，力量比较雄厚	科技正在发展中，力量不太雄厚	科技欠发达，急需科技人才	科技不发达，留不住人才

$$Ge = \sum_{i=1}^{15} X_i \qquad (1)$$

其中 X_1，……，X_{15} 分别代表 Q、I、R、G、S、P、E、Ga、C、H、Ei、In、Si、Hc、Sc。

三、生态环境综合评价

（一）生态环境因素

生态环境是指由生物群落及非生物自然因素组成的各种生态系统所构成的整体，主要或完全由自然因素形成，并间接地、潜在地、长远地对人类的生存和发展产生影响。生态环境的破坏，最终会导致人类生活环境的恶化。

生态环境主要应该考虑以下诸因素：生态平衡现状、生态系列特征、生态群落特征、生物因素条件、生态价特点和生态宗条件等。

（二）生态环境评价

生态环境综合评价，实际上是对生态环境各项因子的科学调查、分析数据、判断生物物种之间的相互依存关系现状和统计生态失衡的原因等，然后作出有关生态环境现状的评价或者评估结论。

1．生态因素评价

作为生态环境综合评价主要是通过生态因素（因子）的五个方面来评估：

气候条件——包括光、热、降水、大气等。

土壤条件——物理化学特征：质地、酸碱度、土壤水、营养元素。

生物条件——地面和土壤中的植物和微生物。

地理条件——地理位置、地势高低、地形起伏、地质历史条件等。

人为条件——开垦、采伐、引种、栽培等。

地理条件和人为条件常通过引起气候、土壤、生物条件的变化，对生物发生影响。通过对生态因子的评估，大致了解：生物群落（包括动物群落和植物群落）在本区域内的相互关系。

2. 生态系统评估

主要调查和评估以下内容：①生态系统在自然环境变化的情况下，生物群落现状；②生态系统各类生物的适应能力和生态平衡关系；③生物群落对地理环境的适应能力（包括生物种类、种群数量、种群分布受环境冲击情况下的自我调节能力）等。

四、自然旅游资源为主的旅游区综合评价概述

（一）定性评价

旅游区的定性评价主要有以下几个方面的考虑：

1. 三大价值评价

科学研究价值、历史文化价值、美学观赏价值等，即传统的三大价值评价。

三大价值的定性评估，主要是对旅游资源的评价，从旅游资源的吸引功能和吸引力进行考虑，这是旅游区确定开发导向的基础。

2. 六大条件评价

即通过对景区的地理位置和交通条件、景观的地域组合条件、景区旅游资源容量条件、旅游客源市场条件、旅游开发投资条件、施工条件等六方面进行评价。

六大条件评价是一种综合性评价，不仅涉及到旅游区环境背景和开发条件，而且涉及到与旅游市场的关系。实际上涉及了旅游活动六大要素——食、住、行、游、购、娱的环境背景条件。

3. 三大效益评价

即经济效益、社会效益、环境效益。经济效益主要考虑旅游目的地社区和服务接待业创造的经济价值；社会效益主要考虑旅游活动各当地社区带来的思想观念和文化影响；环境效益则主要是研究对自然环境、人文环境的破坏程度。

(二) 定量评价

1. 风景优美度定量评价

主要针对风景区旅游资源吸引力特征制定的参数，具体见表 8-2。

表 8-2　风景优美度参数和分值等级

参　数	权重(%)	分值等级				
		10～8	8～6	6～4	4～2	2～0
1 形象美	20	非常美	很美	比较美	一般	不美
2 色彩美	10	很丰富	丰富	较丰富	一般	不丰富
3 音响美	10	非常动听	很动听	较动听	一般	无
4 动态美	10	非常美	很美	较美	一般	不美
5 意境美	20	非常美	很美	较美	一般	无
6 组合美	10	非常优异	很优异	较优	一般	无
7 奇特效应	10	很强烈	强烈	较强烈	一般	无
8 风土人情及传说	10	非常丰富多彩	很丰富	较丰富	少量	无

2. 旅游区景观综合评价

主要针对旅游地风景区环境氛围建立的评价模型，具体见表 8-3。

表 8-3　旅游地风景景观价值特征评价模型

参　数	权重(%)	分值等级				
		10～8	8～6	6～4	4～2	2～0
1 要素种类	10	非常全	比较全	比较多	一般	不全
2 优美度	25	非常美	很美	比较美	一般	不美
3 特殊度	15	罕见	少见	较少见	较普遍	很普遍
4 规模度	15	宏大	很大	较大	较小	很小
5 历史文化科学价值	25	极高	很高	较高	一般	不高
6 景象组合	10	极佳	很好	较好	一般	不好

3. 旅游地风景区综合评价

根据旅游地风景区的美学价值、环境氛围，并考虑该区的开发利用条件，制定综合评价模型，由此比较全面地对旅游区进行比较科学的定量评估。具体见表 8-4。

表 8-4　旅游地风景区综合评价分项权重值

分　　项	权重（%）
1 景观价值特征（I）	40～50
2 环境氛围（Q）	20
3 开发利用条件（K）	30～40
合计	100

4. 中国观赏型旅游地评价模型

对于旅游区的综合性评估，多数依然是集中于自然风景旅游地。这主要是观赏性旅游活动一直处于各类旅游活动的前列，市场前景走好、可观。就旅游者而言，对于旅游地的选择是通过相互比较来择优选取的，其结果是风景区之间的竞争越来越激烈。作为这类旅游区的开发而言，必须对本地的旅游资源、旅游环境、旅游从业人员和旅游设施等进行科学合理的综合评估，同时要与相邻旅游区或者风景区的旅游资源条件、旅游环境、旅游设施等进行对比，从而更好、更加准确地确定本区的旅游开发导向，制定适合自身的旅游开发策略。

在对旅游区的综合评估方面，楚义芳（1989）等人建立了中国观赏型旅游区评价模型（表 8-5，参见表 8-6、8-7、8-8），这个模型涉及的因素比较全面，具有一定的科学性，是目前在对旅游地进行评价和旅游开发规划工作中比较常用的评价方法。

5. 国家旅游局关于旅游资源的分类评价

关于旅游资源的评价，国家旅游局制定了一套新的评价方法，主要是从旅游资源单体进行打分的方法。见旅游资源评价赋分标准见表 8-9。

表 8－5　旅游地评价因子模型表

<table>
<tr><th>评价因子层次</th><th>第一层（F）</th><th>第二层（S）</th><th>第三层（T）</th></tr>
<tr><td rowspan="7"></td><td rowspan="2">旅游地内的旅游资源（F_1）</td><td>质量（S_1）</td><td>地形与地质（T_1）
水体（T_2）
气候（T_3）
动物（T_4）
植物（T_5）
文物古迹（T_6）
民族风俗（T_7）</td></tr>
<tr><td>规模（S_2）</td><td>景点集中程度（T_8）
景点容纳量（T_9）</td></tr>
<tr><td>旅游地区域条件（F_2）</td><td>自然生态（S_3）
用地条件（S_4）
城镇分布（S_5）
基础设施（S_6）
旅游设施（S_7）</td><td></td></tr>
<tr><td rowspan="2">旅游地区位特征（F_3）</td><td>可及性（S_8）</td><td>联接客源地的交通条件（T_{10}）
与客源地间的距离（T_{11}）</td></tr>
<tr><td>与其他旅游地关系（S_9）</td><td>与附近旅游地类型的异同（T_{12}）
与附近旅游地间的激励（T_{13}）</td></tr>
</table>

注：本表根据楚义芳（1989）模型图修改

表 8－6　第一、二层因子的权重

评　价　因　子	代码	权　重　值
旅游资源	F_1	7.024（10.00）
质量	S_1	5.762（8.202）
规模	S_2	1.262（1.789）
区域条件	F_2	1.418（10.00）
自然生态	S_3	0.682（4.598）
用地条件	S_4	0.159（1.073）
城镇分布	S_5	0.161（1.105）
基础设施	S_6	0.229（1.549）
旅游设施	S_7	0.248（1.673）
区位特征	F_3	1.495（10.00）
可及性	S_8	1.273（8.514）
与其他旅游地关系	S_9	0.222（1.486）
总计		10.00

表 8-7 旅游资源评价因子权重

评价因子	代号	观赏型旅游资源类型				
		海岸型	河湖型	山岳型	平原型	人文型
质量	S_1	5.762 (10.00)				
地形地质	T_1	1.203 (2.087)	1.194 (2.073)	2.267 (3.935)	0.380 (0.660)	—
水体	T_2	1.616 (2.804)	1.725 (2.994)	0.495 (0.859)	0.710 (1.232)	—
气候	T_3	1.167 (2.205)	0.801 (1.391)	0.546 (0.948)	0.551 (0.957)	—
动物	T_4	0.258 (0.449)	0.261 (0.452)	0.385 (0.668)	0.273 (0.473)	—
植物	T_5	0.370 (0.420)	0.403 (0.700)	0.631 (1.095)	0.593 (1.029)	—
文化古迹	T_6	0.665 (1.154)	0.838 (1.455)	0.871 (1.512)	0.871 (1.512)	5.041 (8.75)
民俗风情	T_7	0.483 (0.839)	0.539 (0.935)	0.566 (0.983)	0.566 (0.983)	0.720 (1.25)
规模	S_2	1.262 (10.00)				
景点集中度	T_8	1.001 (7.930)				
景区容纳量	T_9	0.261 (2.070)				

表 8-8 区位特征评价因子权重

评价因子	代号	权重值
可及性	S_3	1.273 (10.00)
联接客源地交通条件	T_{10}	1.096 (8.398)
与客源地间距离	T_{11}	0.104 (1.602)
与其他旅游地关系	S_4	0.222 (10.00)
与附近旅游地类型异同	T_{12}	0.178 (8.010)
与附近旅游地间距离	T_{13}	0.044 (1.990)

表 8-9 旅游资源评价赋分标准

评价项目	评价因子	评价依据	赋值
资源要素价值 (85分)	观赏游憩使用价值 (30分)	全部或其中一项具有极高的观赏价值、游憩价值、使用价值	30～22
		全部或其中一项具有很高的观赏价值、游憩价值、使用价值	21～13
		全部或其中一项具有较高的观赏价值、游憩价值、使用价值	12～6
		全部或其中一项具有一般观赏价值、游憩价值、使用价值	5～1
	历史文化科学艺术价值 (25分)	同时或其中一项具有世界意义的历史价值、文化价值、科学价值、艺术价值	25～20
		同时或其中一项具有全国意义的历史价值、文化价值、科学价值、艺术价值	19～13
		同时或其中一项具有省级意义的历史价值、文化价值、科学价值、艺术价值	12～6
		历史价值、或文化价值、或科学价值，或艺术价值具有地区意义	5～1

续表 8-9

评价项目	评价因子	评价依据	赋值
	珍稀奇特程度（15分）	有大量珍稀物种，或景观异常奇特，或此类现象在其他地区罕见	15～13
		有较多珍稀物种，或景观奇特，或此类现象在其他地区很少见	12～9
		有少量珍稀物种，或景观突出，或此类现象在其他地区少见	8～4
		有个别珍稀物种，或景观比较突出，或此类现象在其他地区较多见	3～1
	规模、丰度与几率（10分）	独立型旅游资源单体规模、体量巨大；集合型旅游资源单体结构完美、疏密度优良级；自然景象和人文活动周期性发生或频率极高	10～8
		独立型旅游资源单体规模、体量较大；集合型旅游资源单体结构很和谐、疏密度良好；自然景象和人文活动周期性发生或频率很高	7～5
		独立型旅游资源单体规模、体量中等；集合型旅游资源单体结构和谐、疏密度较好；自然景象和人文活动周期性发生或频率较高	4～3
		独立型旅游资源单体规模、体量较小；集合型旅游资源单体结构较和谐、疏密度一般；自然景象和人文活动周期性发生或频率较小	2～1
	完整性（5分）	形态与结构保持完整	5～4
		形态与结构有少量变化，但不明显	3
		形态与结构有明显变化	2
		形态与结构有重大变化	1
资源影响力（15分）	知名度和影响力（10分）	在世界范围内知名，或构成世界承认的名牌	10～8
		在全国范围内知名，或构成全国性的名牌	7～5
		在本省范围内知名，或构成省内的名牌	4～3
		在本地区范围内知名，或构成本地区名牌	2～1
	适游期或使用范围（5分）	适宜游览的日期每年超过300天，或适宜于所有游客使用和参与	5～4
		适宜游览的日期每年超过250天，或适宜于80%左右游客使用和参与	3
		适宜游览的日期超过150天，或适宜于60%左右游客使用和参与	2
		适宜游览的日期每年超过100天，或适宜于40%左右游客使用和参与	1
附加值	环境保护与环境安全	已受到严重污染，或存在严重安全隐患	－5
		已受到中度污染，或存在明显安全隐患	－4
		已受到轻度污染，或存在一定安全隐患	－3
		已有工程保护措施，环境安全得到保证	3

第九章

地学旅游资源开发

一、区域旅游资源开发的意义

为了科学、合理、全面而充分地利用旅游资源，必须对区域旅游资源进行科学、合理的开发，尤其是自然旅游资源的开发。自然旅游资源主要涉及地质、地貌、水资源、动植物资源、大气旅游资源以及部分与人类活动关系密切的宇宙现象、天体等旅游资源。

人类生活在地球上，无时无刻不在与地球打交道，地球是宇宙空间的一份子，地球的运转，一年四季的更替，大气的变幻莫测，天体的来去，宇宙物质等，都直接对地球产生影响，也都直接或者间接地与人类生活（尤其是衣食住行）发生关系。人类对自然旅游资源观赏实际上就是人类对地球和宇宙认真了解的过程。平时，人类把大部分时间都用来忙于各种事务，无暇光顾周围的世界，利用闲暇时间，走出斗室，亲近自然，领略自然风光，才能真正感受和体会到大自然的美好。但是，浩瀚宇宙、茫茫大地，空间何其大，资源何其多！我们不可能全面无遗地观赏，不能盲目地周游，更何况有些原始的、人迹罕至的地区，由于其环境条件的限制，人类还无法亲身经历。所以，人类要在众多繁杂、五彩缤纷的自然界采撷其精华，领略其精髓，必须对区域旅游资源进行开发。

开发最原始的概念就是以自然资源为对象付出劳动，从而达到利用的目的。区域旅游资源开发就是通过人类的劳动——体力的和脑力的，使自然旅游资源得到科学合理的利用。

综上所述，区域旅游资源开发的意义就在于：①对自然旅游资源科学、合理的利用；②对自然旅游资源进行科学、精心的保护；③给自然旅游活动创造一个良好的环境氛围——合理的路线布局和科学、精彩的景点设计；④为旅游用地提供科学合理的布局。

二、自然旅游资源开发的原则

（一）区域性原则

区域性原则也是整体性原则。自然旅游资源的开发必须是区域性的，因为自然旅游资源占有一定的空间，而自然界又是一个整体，不是各自孤立和分隔的，否则这种开发就是不全面的，没有一个全面科学的考虑和筹划，将会对自然旅游资源产生破坏，甚至是毁坏。要知道大部分的自然旅游资源是在漫长的地质时代经过各种地质作用长期的蕴育、造化而形成的，一旦遭到破坏，人类是无法恢复或者修复的。

（二）选择性原则

自然界不是所有的自然景观、地质现象和地貌景观都可以作为旅游资源被利用，而只是那些特殊的、具有美学和观赏价值的自然资源才可以吸引旅游者。也就是要突出特色，突出精华或突出典型，突出时节性。

有些自然现象是不需要开发的，例如大气旅游资源，它是不依人类的意志而发生的，人类对气候更替和气象的发生是无能为力的，只能是巧借和顺应，只能是根据大气的运动规律和气候的变化规律，适时安排，巧妙借助。

突出特色，就是要通盘考虑大区域旅游资源的组合规律和展布特点与小区域的差异，尽可能选取具有自己个性的代表形象，

突出精华，也就是突出典型，因为在本区域内的自然旅游资源，尽管有自己的个性，有自己的特色，但是不必要全面开发，应该选择最具代表性的典型形象和典型景观予以开发，否则就会重复，显得泛泛，降低资源的观赏效果，使得人失去游兴。

突出时节性，自然界随着地球围绕太阳的公转和自转运动，产生四季，春夏秋冬一年四季气候的温、热、凉、寒，给自然界带来不同的景观和景色，不同的季节给植被带来繁盛荣茂和枯萎凋谢的变化，不同的季节，气象变换各异，春风、夏雨、秋风、冬雪，或云、或雾、或霜、或冰。春天给原野披上绿色的翠衣，夏日给江河送来丰硕的水源，秋时

把金黄铺洒在山川，冬季把大地装扮成银装素裹。庐山的云雾、峨眉的佛光、黄山的云海、山林的蓊郁苍翠、江南的柳岸葱绿、北国的冰封雪舞，这些景观美不胜收，但是必须在适时的季节才能获取最佳的观赏效果。

（三）可持续发展原则

可持续发展的原则就是要保护生态环境，有利于生态平衡。

旅游可持续发展国际协议提出五个目标，即：增进人们对旅游所产生的环境效应与经济效应的理解，强化其生态意识；促进旅游的公平发展；改善旅游接待地区的生活质量；向旅游者提供高质量的旅游经历；保护未来旅游开发赖以生存的环境质量。影响生物的性态和分布的环境条件。

三、区域旅游资源调查

（一）旅游资源调查目的

旅游资源调查是区域自然旅游资源开发的前提，是人们认识、了解，从而掌握自然旅游资源特性的基础性工作，只有在调查的基础上才能很好地开发利用。

旅游资源调查的目的在于开发旅游资源，为旅游业服务，为旅游活动服务。通过区域性旅游资源的系统调查，人们可以比较全面地了解区域乃至全国性旅游资源的分布规律和成因类型，了解旅游资源的科学、文化和美学价值，提供开发和保护这些旅游资源的有利条件和不利因素，为开发、评价、规划和保护旅游资源，为改善、扩大已经开发的旅游区提供科学依据。这对于合理而充分地利用旅游资源拓展旅游活动的范围发展区域旅游业和经济进而为国民经济建设服务具有重要的战略意义。

旅游资源调查是查明区域内自然旅游资源的分布特征、分布规律和旅游资源类型等，在此基础上重点查明那些可供旅游业利用的自然资源的类型、质量、美学价值和可观赏性等。

（二）旅游资源调查与资料收集的方法

1. 室内资料的收集

在旅游资源调查中，室内资料的收集是非常重要的第一步，属于第二手资料的收集。通过室内资料，可以对调查区的基本情况和整体概况，即自然环境背景，社会发展历史，经济发展现状，区域风土人情，当地居民习俗、生活格调，区域物产特产，以及与旅游相关的交通设施、通讯网络、服务接待设施、商业网点、保健卫生、文化基础、宗教信仰等，得到比较全面系统的了解。

旅游资源调查不能只是局限于旅游资源本身，而是应该把旅游资源的整体赋存环境背景作全面的资料收集，包括区域外围地区的相关资料，要跳出本区域来了解本区域。

2. 野外资料的收集

野外资料为原始资料，也是第一手资料。原始资料需要亲自走出去，通过亲身观察、查看、躬身访问（个人访问、电话采访）、问卷调查、笔录、摄像和照相等方式，了解旅游区的自然资源赋存与开发现状和人文旅游资源的保存与开发利用情况。

3. 问卷调查法

问卷调查主要对象是旅游客源市场，即通过游客的印象，比较客观地了解调查区旅游供给市场的现状评价，包括：主体形象、核心文化、自然和人文旅游资源特色和优势，对游客的吸引力，服务接待设施、旅游管理人员素质等，由此对开发利用旅游资源做出科学、合理的决断。调查表格见表 9－1。

（三）旅游资源调查和相关资料收集的内容

在区域调查中，对自然旅游资源赋存环境和条件是调查的核心。作为地学旅游资源的区域环境调查，主要是对区域内可供观赏的地学诸要素进行全面考察和测量，收集相关的资料。

1. 区域自然旅游资源宏观背景调查

区域自然旅游资源调查主要是通过野外调查获得。具体的调查项目主要包括以下一些内容：

表 9－1　××地区旅游市场现状及旅游评价调查表

尊敬的游客：

欢迎您来到××旅游，耽搁您的宝贵时间来填写本表，您的帮助将有利于我区旅游业服务质量的提高。谢谢您！调查项目如下（请直接填写或打√）：

1. 您来自________省________市（地区），您的性别________、年龄________
2. 您的文化程度：初中以下/高中/中专/大专/本科/硕士以上
3. 您的职业：政府职员/企业员工/文教科技者/个体经营者/农民/学生/军人/待业人员/离退休人员
4. 您的出游目的：公务/商务/观光游览/休闲度假/探亲访友/宗教/过境/其他
5. 您的出游方式：一个人/与亲友结伴/与同事结伴/单位组织/旅行社组团
6. 您在××地区的总花费：________________元
7. 您已经或准备停留时间：不过夜/1～2 夜/3～5 夜/6 夜以上
8. 您的停留意愿（如果时间允许）：愿意多停留几天/不愿意停留
9. 您的住宿方式：亲友家中/酒店/旅馆/其他
10. 您来××地区游览的次数：第 1 次/2 次/3 次/4 次/5 次以上
11. 您已购买或准备购买：土特产品/工艺品/烟、酒及其他饮品/中药材/其他/不知买什么
12. 您的就餐地点：酒店餐厅/街上餐馆/景点附近餐厅/亲友家/方便食品/其他
13. 您本次的游览线路：来时游览过何地？/准备再游览何地？/不准备游览或回家
14. 您来本地旅游是因为：亲友同事介绍/报刊广告/广播电视广告/旅行社促销/其他
15. 您在本地游览过的景点或参加过的旅游项目：□/□/□/□/□/□/□/□
16. 您最喜欢的景点或旅游项目（限选 3 个）：□/□/□/□/□/□/□/□
17. 您认为本地对外交通状况：方便/一般/不方便
18. 您认为景点与市县（乡）交通状况：方便/一般/不方便
19. 你认为本地娱乐设施状况：齐全丰富/一般/不足；希望增加的活动内容：________
20. 您认为本地物价：偏高/合理/较低
21. 您对××地区及有关县市的印象：城镇卫生：好/较好/一般/较差/差；城镇绿化：好/较好/一般/较差/差；城镇治安：好/较好/一般/较差/差；居民友好程度：好/较好/一般/较差/差；经济繁荣程度：好/较好/一般/较差/差；总体印象：好/较好/一般/较差/差；
22. 您认为最能代表××地区形象（或者您想到××地区最先想到）的词或事物是：________
23. 您喜欢（希望参加）的旅游产品（项目）类型：（以下每一项用 5 个标准评价：1-非常有吸引力　2-有较强吸引力　3-有一定吸引力　4-吸引力一般　5-有限吸引力）

自然山水观光；文化历史观光；生态农业观光；动植物考察；探险漂流；其他专项探险（洞穴、峡谷、登山）；其他专项旅游（节日、购物、风味饮食）；普通度假旅游；特色度假旅游（保健、草药、运动）；商务旅游；探亲访友；会议旅游

注：以上表格仅供参考

（1）区域地层发育和展布特征

该项调查主要涉及：①地层发育特征——地层的时代和空间产状特征以及年代延续性，根据地层中古生物化石的分布发育情况，确定其科学研究价值，旅游观赏价值，旅游开发价值；②地质构造类型、展布方位和发育特征——断裂构造形成的陡崖景观，由此伴生的瀑布景观，褶皱构造尤其是向斜构造可能赋存的矿泉与温泉资源；③地层的岩石类型和横向分布规律——不同的岩石类型形成不同的地貌景观，一般情况下，花岗岩系列由于内部结构（颗粒大小）比较均一，风化后呈浑圆状，如安徽黄山、山东崂山等。变质岩系列岩石质地坚硬，由于受到地质应力的高温高压作用，往往形成尖峭或陡峭的山形，如山东泰山、陕西华山等。沉积岩系列比较复杂，石英砂岩质地比较坚硬，一般形成块状山形，如果产状平缓，可以形成陡而高的山峰，如张家界的砂岩峰林地貌。细砂岩、粉砂岩和泥页岩类由于质地软弱，往往形成平缓的山脉或者冈丘。碳酸盐岩类（石灰岩为主）由于岩溶作用，形成喀斯特地貌和溶洞景观，如广西桂林的漓江山水等；④地层风化破坏特征——质地坚硬的岩层，在区域内形成高山，如花岗岩、质地坚硬的变质岩、石英砂岩等。泥质成分高的变质岩（如片岩、千枚岩等）、粉砂岩和页岩类，其岩性质地软弱，一般形成低矮的小丘和平缓的山岭、山丘，这类岩石很容易风化，往往形成滑塌、滑坡等地质灾害，这在自然资源调查中必须注意的一项内容。

（2）地貌类型和发育阶段

地貌就是地表的形态及组成这一形态的物质基础。地貌分类的依据不同，分类方法也不同。根据自然旅游资源的要求，采取地理单元分类和岩性分类为主，以地质作用分类为辅的方法。①地理单元分类主要有：流水地貌、湖泊地貌、海岸地貌、黄土地貌等；②岩性分类主要有：花岗岩地貌、变质岩地貌、砂岩地貌、页岩地貌和碳酸盐岩地貌等；③与旅游资源开发相关的地质作用地貌主要有：风化地貌、剥蚀地貌、堆积地貌等；④根据不同的环境条件可以分类为：河流作用和风化作用为主的丹霞地貌、风砂磨蚀作用为主雅丹地貌等。

地貌随着时间变迁，也在发生变化，处于不同地质时期的地貌，其景观造型也不相同。地貌演化的阶段主要有四个时期，即：幼年期、中年期、老年期和衰退期等，其中以中年期的地貌最具有观赏价值。幼年期地貌发育不成熟，不容易形成高山、陡峭的山峦、孤峰和峰林等。老年期的山，有些已经风化瓦解，山貌杂乱，山石垮塌严重。衰退期的山貌已经变成平缓而杂乱的冈丘。只有中年期的山貌陡峻、峭拔、峥嵘，景观优美。

(3) 水文条件和水资源现状

水文条件主要是指地表水和地下水两种存在方式。地表水主要有江河、湖泊、海洋、冰川和人工湖与水田；地下水主要是指埋藏（渗透）于地表以下岩石和松散堆积物空隙中的水体，井和泉是地下水的露头。尽管地下水只是在岩石的空隙中缓慢地渗流，但是它的地质作用却很显著，可以形成优美的风景景观。例如广西桂林山水，就是地下水溶蚀作用的产物。这种地貌称之为岩溶地貌（或者称作喀斯特地貌），它主要发育在碳酸盐岩石中。另外，地下水不仅发育在潮湿地区，同样在干旱的沙漠、极地和高山地区也有地下水存在。

水体是重要的自然旅游资源。水体不仅具有很高的观赏价值，同时也是人类生活的必不可少的自然资源和赖以生存的必需物质，工业、农业对水体的依赖，植物和动物对于水体的依赖性等都是非常强烈的，可以说，世界万物都不能够离开对水体的依赖，离开水体世界就没有了生命。

作为地学旅游资源的调查，水体是至关重要的一项内容。主要调查项目包括：地表水的类型，地下水的赋存状态和活动情况等。具体地，就是要了解该区域水体以什么状态展布，地表水是河流，是湖泊，还是海洋，或者形成瀑布，有没有泉的露头等；地下水在本区的发育赋存情况，有泉水喷出，岩溶地貌发育说明地下水丰富，地下水是另一种形式矿泉水，更是地学旅游资源开发的重点。根据调查工作的详略程度，必要时还需要绘制水资源分布图，测定地下水的蕴藏量和查清其分布规律等。

根据地下水的储存条件和运动规律，探明地下水随季节变化、活动规律，以及可能给人类和环境带来的地质灾害。

地下水的运动状态：有层流状态、紊流状态。

地下水的基本类型：包气带水（包气带水是埋藏在包气带中的地下水）、潜水、承压水。

包气带——水渗入地下后，在水量多时会以重力状态垂直下渗。当水量少时，则以毛细水、薄膜水或者吸着水状态，保存在岩石空隙中，这种地带的水主要呈垂直方向的运动，故称为地下水的垂直运动带，因为空隙中并未充满水，又称包气带（Aeration Zone）。地下水下渗时，因遇到隔水层阻隔而汇聚起来，当水充满了空隙时，则形成饱水带（Saturation

Zone)。

地下水具有潜蚀作用和溶蚀作用。

地下水的岩溶作用——形成溶沟与石芽、落水洞、溶斗与溶洼、溶洞、溶盆与溶原。

地下水的沉积作用——形成溶洞沉积物类的石钟乳（Stalactite)、石笋（Stalagmite)、石柱（Stalacto - Stalagmite)，三者通称钟乳石。

泉华类沉积物——灰华、硅华等。

神水裂隙和孔隙中的沉积物——常见的有方解石脉、石英脉、铁锰，也有相应的沉积结核。

溶洞碎屑物——岩溶角砾岩。

（4）生物群落和组合类型

生物群落和生物组合类型往往是一个地区地学旅游资源环境的重要影响因素。各气候带的生物群落都有自己的特色，各有自己的动植物组合类型。

在区域上，我国主要的五个气温带各有不同的植物群落。热带雨林群落（如中国海南和云南西双版纳)、亚热带常绿阔叶林群落（中国华南)、温带落叶阔叶林群落（中国华北、东北地区)、中温带混交林群落、寒温带针叶林群落（中国东北内蒙古和黑龙江地区）等。另外还有，季雨林、稀树草原、温带草原、荒漠植被、苔原植被等群落。

在垂直气候带地区，植物垂直分布也非常明显，从山脚到山顶，依次可以划分为森林带、灌丛带、草地带垂直植物群落带。

（5）气候气象条件

中国的气候带自北而南划分为五个气候带。寒温带：包括黑龙江省最北部和内蒙古东北端；中温带：寒温带以南，长城以北及新疆准噶尔盆地；暖温带：大致包括长城以南、秦岭——淮河以北的广大地区和新疆塔里木盆地；亚热带包括秦岭——淮河以南、青藏高原以东的绝大部分地区；热带：包括雷州半岛一带、海南岛、南海诸岛及广西、云南、台湾的南部地区。青藏高原由于高度大，地带性规律遭到破坏，不按上述标准划分。

这五个气候带直接控制着旅游区和风景名胜区的气候特征。

气象是大气中的各种物理状态和物理现象的总称。包括冷、暖、干、湿、风、云、雨、雪、雾、霜、雷、电、光象等。主要的气象要素包括：

气温、气压、湿度等状态和凝结、降水、风云、大气、光象等。

2. 区域旅游资源专项调查

区域旅游资源专项调查主要涉及一个地区的具体资源现状，主要内容有：

(1) 当地的气候特征

主要因素有：气温、降水、日照、风向、风力、无霜期、集中降雨期、少雨期或干旱期、降雪期、冰冻起止月份、自然灾害（滑坡、泥石流多发地段）等。

(2) 地形地貌特征

主要内容涉及：最高海拔，最低海拔（最低处）、山地、丘陵、平原、河谷、峡谷、河流、湖泊、水库、海滨与海岸线、海岸类型等。

其中，山地需要了解最高峰海拔高度，山脉延伸方位，坡向、坡位与坡度，山地植被发育，基岩的岩石类型和岩性特征，地层发育特征，地质年代等。

河流要了解河流流向（延伸方向），长度，宽度，流量，洪水期流量和枯水期流量；海岸类型主要有以下几种情况：基岩海岸，沙质海岸，生物海岸；湖泊要了解湖泊大小（面积），湖泊展布形状，延伸特征和方位，水深和水容量，水质和盐度（如淡水湖、咸水湖），湖泊成因类型。

地貌重点调查岩溶地貌（喀斯特地貌）、沉积岩地貌、火山岩地貌（重点熔岩地貌火山口）、岩浆岩地貌、变质岩地貌，尤其是岩溶溶洞等。

(3) 生物特征

包括动物和植物调查，主要调查内容有：珍稀动植物，尤其是国家一、二类保护动物和植物，三类动植物也要重视；动物类型（品种）。

植被调查包括：自然保护区、森林公园、林场、植物类型（针叶林、落叶阔叶林、常绿阔叶林、落叶林）、植被覆盖率，林区要了解林相。

(4) 土壤条件

主要了解调查土壤类型、土层厚度、排水性能、土壤酸碱度等。

3. 区域旅游资源景观美学要素调查

景观美学要素包括形象美、色彩美、动态美、声响美（听觉美）、朦胧美、意境美、嗅觉美、象征美等。

(1) 形象美

雄——雄伟，雄壮，壮观、壮美、崇高、宏大。雄伟强调的是形状、性状，雄壮侧重于气势、气魄、声势。如山之雄（泰山天下雄），水之雄（黄果树瀑布、钱塘江潮）。雄的审美感受体现为赞叹、震撼、震惊、愉悦、雄伟、崇敬、崇高、叹为观止；

秀——秀美、秀媚（秀丽妩媚）、灵秀、钟秀、神秀、娟秀（秀丽）、隽（俊）秀、清秀、秀美、柔媚、柔美、优美等，本质是一种柔美；

奇——罕见、特殊、奇异，少见稀奇，自然界的各种物体、现象、状态都可以有"奇"景。"黄山天下奇"为奇石、怪松、云海、泉瀑。奇石主要是各种各样造型的山石，如：仙桃石、喜鹊登梅、猴子观海、金龟探海，怪松（与奇石结合）有：梦笔生花、迎客松，云海变幻无穷，烟云飘荡千山万壑，泉瀑有温泉、人字瀑、九龙瀑，峨眉山的"佛光"，山东蓬莱的"海市蜃楼"。奇的审美感受体现为新奇、新颖、赏心悦目；

险——险峻、险要。以自然风光的山体为代表的形象特征。五岳之中，以"华山天下险"为典型的险。"自古华山一条路"，山势陡峭，"上天梯"、"擦耳崖"、"百尺峡"、"千尺幢"等，或者借助于山势而建的建筑物，如北岳恒山的悬空寺；

幽——以水体、林木为主，视野受到限制，林中的小溪，幽静，丛林之幽，竹林之幽，原始森林的幽静，青城山之幽，青城天下幽。幽的美感，悠闲自在，安逸，恬静；

旷——与幽相对是旷，开阔，洪荒。视野几乎没有遮挡，不受限制，可以决眦，或者骋目远眺。美感为心旷神怡，一望无际。广袤的沙漠、草原、平原，浩大的湖泊、海洋。

（2）色彩美

色彩指五颜六色的颜色。赤橙黄绿青蓝紫，五彩缤纷、五光十色。主要审美在于视觉眼睛的感受。比如：蔚蓝的天空，湛蓝的大海，白茫茫的雪原，绿色的草原，青山绿水，青翠的竹子，粉红色的桃花等。

（3）动态美

自然景观中，自然现象的动态美：云彩的飘逸，流水引起的动，风引起的树林、树木的摇动。生物（动物）的活动。风起云涌，乌云翻滚，行云流水，波涛汹涌，惊涛拍岸，激浪滔天，流泉飞瀑、雨打芭蕉。各种动物的活动形态：猛虎下山，金蛇狂舞，万马奔腾，涌动的羊群，好动的猴子，笨拙的狗熊，敏捷的小鹿。

(4) 声响美(听觉美)

声响即是声音,声调,包括音乐和其他的声响。作为美感自然是悦耳的声音,美妙的响声,迷人的曲调,醉人的音乐等。声响美种类:鸟语听觉美、风声听觉美、雨声听觉美、水声听觉美、昆虫听觉美、其他动物听觉美、钟声听觉美、铃声听觉美等。

(5) 朦胧美

朦胧美是一种若隐若现的感觉,往往是模模糊糊、虚虚实实、隐隐约约,显得神秘、玄妙、幽邃,这种感觉很容易引起人们的遐想,产生幻想。大雾弥漫,烟笼雾绕,烟雨迷蒙,阴雨霏霏。

(6) 意境美

意境美与朦胧美有相似之处,但又有区别。有些意境并不朦胧。如:"敕勒川,阴山下,天似穹庐,笼盖四野。天苍苍,野茫茫,风吹草低见牛羊"(北朝民歌)。

(7) 嗅觉美

花之香,八月桂花到处飘香。"芳气袭人是酒香"(红楼梦),"鸟语花香","地肥水美五谷香"(人说山西好风光),饭店、餐馆的美味佳肴,阵阵喷鼻香,山野的泥土香、野花香、稻谷香、水果香,沁人心脾。

(8) 象征美

古人"感物咏志"、"托物寄情"、"触景生情"、"触物生情"、"以心照物"。如:"花中四君子"——梅花、兰花、翠竹、菊花;"岁寒三友"——青松、翠竹、腊梅。青松苍劲,伫立寒风,腊梅傲雪,岁寒不凋,翠竹谨节,宁折不弯。竹子清雅、高洁;"凌波仙子"——水仙花;荷花——出淤泥而不染,象征高洁;杨柳枝——送别。

4. 规划区旅游相关资料收集

规划区资料的收集,要有针对性,不同的资料要从相关的部门获取。具体情况如下:

(1) 计委与统计系统

规划区国民经济和社会发展计划及远景规划;该地区年鉴,最新人口普查相关数据。

(2) 交通部门

区域交通规划文本及规划图;全区公路现状,包括:等级(高速、一级、二级、三级、四级、等外)及客运交通运输现状、客运车辆数、完成客运量、开通客运线路数及里程等。

（3）城市建设部门

该地区城市建设总体规划文本及规划图件、主要乡镇绿化规划文本及规划图件。

（4）电信系统

目前开办业务种类、邮政网点、交换机门数、已开通程控电话门数、已通电话行政村数、每百人拥有电话数及远景规划；已建移动通信基站个数、分布地点、信号覆盖面，特别是各重点旅游景区（点）移动通信现状等。

（5）水利水电部门

该地区主要供水水源分布点、供水规模、供水人数、自来水普及率，主要旅游景区排水系统及方式；水能蕴藏量及已开发量、已建水电站数、装机台数、总装机容量、火电及其他能源方式现状、输变电站规模及数量、输变线路长度、农村通电率、主要景区电力接口现状等。

（6）环保部门

大气环境质量现状（各乡镇及主要景区）、污染程度及污染物构成、主要污染源分布、排污量、未来治理规划等；水环境质量：现状（主要河流、湖泊、水库及景区水体质量等级）、主要污染区分布范围及污染因子、污染源分布点及排污量、“十一五”治理规划；声环境质量。

（7）土管农林系统

重点景区 1∶50 000 地形图；土壤类型及分布范围、面积；水土流失分布现状及流失程度、相关材料及图件；土地利用及水土保持规划文本及规划图件等；森林覆盖率、林地面积、林种结构及分布、各乡镇林相图；森林公园或林场分布、范围、森林覆盖率、林种、面积等；珍稀、濒危动物、植物现状（种类、分布）及分布图、保护情况文字材料；退耕还林情况及规划；林业规划文本及规划图件等；主要农作物现状（种类、分布、面积等）、经济高效农业现状（种类、分布、面积等）、果、牧、渔等副业现状，农村生态燃料（沼气等）利用现状、农业规划等。

（8）文化、文物部门

地方史实、民间文学艺术、传说、民间习俗、节庆等文字、图片资料；文物、遗迹、遗址现状及保护措施、保护规划、保护经费状况；当地现代文学作品（小说、戏剧、歌曲、舞蹈等）；地区志、各县市地方志等。

(9) 民政税务部门

该地区与各县市地图（最新行政区划，纸质，做规划底图用）；目前地方适用及执行税种、税率构成情况及政策出处，特别是旅行社、宾馆、景区等与旅游有关企业等。

(10) 气象部门

历年（分月统计）气象气候资料（日照、风力、风向、相对温度、平均温度、极端高温、极端低温）、重点乡镇及重点景区相应气象气候资料。

关于气候、气象资料的具体收集内容简述如下：

气候分区、风速、降水量（毫米）、平均气温（℃）、大气效应（大气对地面的保暖作用）、平均相对湿度（%）、日照时数（小时）、日照辐射、冰冻以及灾害性气候、避暑气候和避寒气候等。

根据生理气候评价指标见表 9-2，主要收集 5 年期间的年平均气温、年平均相对湿度值两项资料。

表 9-2 生理气候评价指标

温湿指数（*THI*）范围	>28.0	28.0～27.0	26.9～25.0	24.9～17.0	16.9～15.0	<15.0
体感程度	炎热	热 *	暖 *	舒适 * *	凉 *	冷

注释：* 表示适宜于旅游活动　* * 表示既适宜旅游，也适宜休憩疗养

根据温湿指数公式，求出某地区的平均温湿指数：

$$THI = t - 0.55\ (1 - f) \cdot (t - 14.47)$$

（式中 t 为气温，f 为相对湿度）

一般认为，宜于开展旅游活动的温湿指数（*THI*）值为 15～27（见表 9-2）。下面以山西省汾阳市为例来说明，将汾阳市所统计的 1998—2001 年的平均气温和平均相对湿度值，代入温湿指数公式，求得汾阳市 1998—2001 年各月份的平均温湿指数（*THI*）值（表 9-3），从表中可以得知，汾阳市适宜于开展旅游活动的月份主要为 5～9 月份（统计结果表明，4～10 月为适宜开展旅游活动的月份，即 210d/a），个别年份（如 1998 年）可以到 4 月份。通过对表 1-7 生理气候评价指标和表 1-8 平均温湿指数值的分析，汾阳市每年的 5～9 月份的生理气候评价指数几乎都在 25～17 之间（表 9-3）。这些参数值的意义在于：这个时段的体感程

度为“舒适”——也就是说，既适宜旅游，也适宜休疗养，这在旅游活动中是最理想的体感指数。

表 9-3　汾阳市平均温湿指数（*THI*）

年＼月	1	2	3	4	5	6	7	8	9	10	11	12
1998	−0.67	−3.99	7.88	15.32	16.92	20.87	23.12	21.74	18.2	12.32	8.2	3.46
1999	3.0	6.9	8.71	14.35	17.92	21.6	23.26	22.06	18.25	11.26	6.18	3.15
2000	−3.6	1.67	9.63	13.66	18.89	21.07	23.4	21.07	16.15	10.26	3.79	3.55
2001	0.71	4.44	9.77	13.29	17.27	21.53	23.36	21.17	16.46	11.22	5.07	0.29

（11）工业、商业系统

特色商品生产加工企业及产品情况资料；主要餐馆家数、分布及风味餐馆（点）、特色菜肴；主要购物场所、类型、数量；地区主要商品品牌、主要旅游商品（旅游纪念品、工艺品、保健品、烟酒等）的品种、品牌、特色、生产、供销情况等。

（12）旅游部门

旅游行业管理现状及服务咨询现状文字材料；最近国家及省旅游局有关旅游方面的政策法规；历年接待游客总人数、人均停留时间、人均天花费、旅游直接收入、旅游总收入；旅行社类别、家数、从业人员数量及学历结构、导游人数及学历结构；已开发主要旅游线路、项目及内容；外语专业人才现状；旅游车队车型、台数及座位；旅行社组团情况、接团情况及客源地域结构统计；宾馆家数和主要宾馆名称、分布、床位数、年平均床位出租率、从业人员数及学历层次；具有代表性的宾馆（星级最高或主要景点景区周边）2～3 家的连续 12 个月的经营情况；主要景区（点）介绍材料及典型景观照片、主要景区（点）门票价格；主要景区（点）餐馆家数、营业面积或餐位数；周边地区旅游资源及游客人数等资料；当地举办过或即将举办的各种节庆、商贸、体育等活动的时间、地点、规模等材料。

（13）本区外围地区资料的收集

要求最基本的自然环境背景和人文环境，包括外围地区的最基本的与旅游关系密切的资料，主要是：山脉、水体、植被、历史文化、经济发展、交通和旅游资源特色等。

四、区域旅游资源开发过程

（一）自然旅游资源调查方法

1. 大区域性旅游资源概略性调查

一个地区旅游资源调查，首先要纵观全区，对全区进行全面踏勘，目的是先有个全局的了解。

概查又称作概略性调查，指全国性或者大区域性的旅游资源调查。一般使用的比例尺小于1∶500 000的地理底图。概查通常是对已经开发或者未开发的已知旅游资源区的旅游资源现状进行现场核查。概查可以采用填制调查表格或者调查卡片的方法进行，并且适当地进行现场核实。调查结果利用旅游资源表和旅游资源分布图表示，在必要时提供相应的调查报告。概查的主要目的在于了解全国或者大区域（如省级区域或者华北、华中、华南等大区）的旅游资源类型及其分布特征，目前开发程度，为统一规划、宏观管理和综合开发提供依据。

2. 区域性旅游资源普查

区域性旅游资源普查主要用于省级和省内区域旅游资源的调查。普查所用图件一般为大、中比例尺（1∶200 000～1∶50 000）的地形图或地理图。普查是对一个旅游资源开发区或者远景规划区的各种旅游资源进行综合性调查，以实地考察为主。第一步，收集1∶50 000～1∶200 000的地形图、地质图及航空照片等，对调查区的地形、地质概况有一个比较全面的了解。通过航片解译，寻找可供开发利用的潜在旅游资源和旅游景观。

3. 路线景观的系统调查

在区域性旅游资源调查的基础上，进一步进行路线穿越式调查。首先在调查区以一定的格局布置观察路线，一般情况下，布设线条状路线即可，特殊部位可考虑网格状布局。调查内容主要涉及调查区的自然景观及其物质组成，地质地貌特征、水体类型（河流、湖泊、海洋、泉瀑等）、气象气候特征、动植物景观特征以及人文景观等，对此进行现场勘查并记录。同时利用照相、摄像、素描图等科学方法手段记录这些可供开发的景观特征。一般情况下，对于所有的景观点均应该统一编号、详实记录，并且标识在地图上。普查的结果以旅游资源图和调查报告及附辅助资料（图片、照片、录像带等）的形式总结出来，向有关单位提供。普查的目的在于为旅游开发区和远景规划区提供详实、系统、全面的旅游资源分布和景观特征的资料，为旅游资源的开发评价与规划，旅游业决策作前期准备。

4. 区域主要景观点的详查

详查一般是在普查、系统调查和评价的基础上进行。通过区域（面）普查和路线（线）系统穿越调查发现的旅游资源景观，景观筛选，确定一定数量的高质量、高品位的景观点（点）作为开发对象，进行更加详实的实地勘查即为详查。

这样经过面（区域）——线（路线穿越）——点（具体景观点）的逐步深入的调查，对于区域旅游资源的总体面貌和特色形象就有了比较全面和逐步深入的了解。

详查除了对调查对象的景观类型、景观特征和景观成因等进行深入调查研究之外，还应该对景观背景环境作必要的叙述，诸如地形高差、最佳观景位置、观景场地、交通路线及其与周边环境空间的相互关系等，进行实地勘查和测量。每个勘查对象都应该有具体的数据控制。详查的结果应该编制成不同景观的详查图件或者实际材料图，并且编写详查报告，编制有关的图件、图片、图像和照片资料。旅游资源详查所用图件一般使用大比例尺地形图（1：5 000～1：50 000）作底图。详查图除标明景观位置外，还应标明建议的最佳观赏景点、旅游路线和服务设施点。在详查中，对于重点景观点的相关数据要真实可靠，不可以随意估计。尤其是对于重点地段和重要问题必须记录在案，甚至需要进行专题研究和评估，对关键性问题提出规划性建议。

在旅游资源的详查中，往往涉及到专业性的调查，从而为专业旅游资源的开发提供详实的资料和相关数据。

5. 旅游用地类型调查

按照风景区用地功能，丁文魁（1988）把旅游用地划分为三大类（表9-4）：第一大类用地——直接用于旅游接待和服务的；第二大类用地

——旅游媒介物，主要指和利用关系非常密切的交通设施、旅游基础设施等；第三大类用地——间接的服务于旅游业的，如旅游管理机构、加工业用地和农副业用地等。

表 9-4　旅游用地类型

大类	亚类	类　型	大类	亚类	类　型
第一大类旅游服务接待用地	游憩用地	a 自然景观游览用地	媒介用地	旅游基础设施用地	a 给水、排水设施用地
		b 人文景观游览用地			b 垃圾、污物处理设施用地
		c 游憩设施用地			c 能源设施用地
		d 文化设施用地			d 加油站用地
		e 体育运动设施用地	第三大类间接旅游服务用地	旅游管理用地	a 行政管理办公用地
		f 游览中继点和厕所用地			b 旅行社用地
	旅游接待用地	a 旅游基地用地			c 公共安全机构用地
		b 旅游村用地		社区居住用地	a 居民建筑用地
		c 旅游旅馆用地			b 社区公共建筑用地
		d 野营场地用地			c 社区道路、绿化和空间场地
		e 临时接待设施用地		旅游加工用地	a 食品加工用地
	旅游商业服务用地	a 商业中心及网点用地			b 土特产品加工工业用地
		b 服务中心及网点用地			c 工艺品加工用地
		c 地方集贸市场用地			d 纪念品、日用品工业用地
		d 农贸市场用地			e 旅游宣传品工业用地
	休疗养用地	a 休养度假村用地		旅游农副业用地	a 蔬菜基地
		b 疗养院用地			b 果园用地
		c 医疗、理疗设施用地			c 园艺场、茶园用地
第二大类旅游媒介用地	交通设施用地	a 对外交通用地			d 奶牛场及奶制品用地
		b 人内交通用地			e 家畜家禽饲养基地
		c 景区内交通用地			f 鱼类养殖场
		d 停车场地用地			g 苗木、花卉盆景生产用地
		e 交通附属设施用地			h 特种动物养殖基地

注：据丁文魁，1988，本文对农副业用地略有修改。

国家建设部在《风景名胜区规划规范》中规定了风景名胜区的用地类型，分为甲、乙、丙、丁、戊、己、庚、辛、壬、癸十个大类。主要用地名称为：风景游赏用地（甲）、游览设施用地（乙）、居民社会用地（丙）、交通与工程用地（丁）、林地（戊）、园地（己）、耕地（庚）、草地（辛）、水域（壬）、滞留用地（癸）等。进一步分为 36 中类，具体分类情况见附录 1。

（二）资料整理归纳与分类

野外旅游资源调查的资料必须经过室内的整理和归纳，一般应该按照旅游资源分类系统进行归纳。关于旅游资源分类系统目前多采用国家旅游局制定的分类系统（具体可以参考国家旅游局《旅游资源分类与评价》），即：A——地文景观类、B——水域风光类、C——生物景观类、D——天象与气候景观类、E——遗址遗迹类、F——建筑与设施类、G——旅游商品类、H——人文活动类，共 8 个主类、31 个亚类和 155 个基本类型。也可以按照第一章自然旅游资源成因分类系统进行归纳综合（参见第一章，表 1 - 1）

旅游资源归纳分类的另外一种情况是对资源品位和级别的归纳分类整理。根据旅游资源的特殊度、独特性和垄断性特征，对旅游资源进行评价和评估。根据其规模大小、体量、分布面积等，划分出世界级、国家级、省级和地市级等级别。

第十章

旅游地分类及旅游区划

一、旅游地概念与特性

（一）旅游地概念

1. 旅游地的两种提法

（1）含有若干共性待征的旅游景点与旅游接待设施组成的地域综合体。包括旅游资源和旅游服务接待设施。

（2）旅游地是对各种不同规模形式和特征的旅游风景区的通称，也就是广义的旅游区。旅游地有两方面的含义：其一是指旅游者观光、游览、访问的目的地，即旅游活动区与旅游资源所在地；其二是土地利用规划的一种方式，如农业用地、林业用地、牧业用地等，旅游地则是一种休憩用地。

2. 旅游地的三大基本条件

（1）具有一定数量的吸引力强的旅游资源

旅游资源是旅游业的客体，是认定一个旅游地的基础条件和先决条件。旅游地经过开发、规划具备了一定的旅游功能，由此才能开展旅游活动，但是如果没有吸引人的旅游资源，便失去旅游活动的载体和依托。所以，一个立项的旅游地的开发、规划、建设，形成热点旅游地，有赖于该地域旅游资源的开发、规划和建设。

（2）具有一定规模和接待能力的旅游设施

旅游服务接待设施通常是指旅游活动六要素（食、住、行、游、购、娱）相关的宾馆、饭店、旅游交通设施、游乐设施等。一般地，作为旅游地的依托城镇，特别是大中城市旅游设施的配套建设和旅游服务接待设施的完善程度及档次是判定一处旅游地好与坏的重要标志之一。旅游服务设施是吸引旅游者的重要因素和重要形象。

(3) 具有一定的可进入性

可进入性是旅游地进行或开展旅游活动的前提。影响可进入性的因素很多，但是最主要的是交通设施条件和旅游地容纳客源的条件，其次是旅游地的安全条件和当地居民对待旅游业的态度。旅游安全包括政治、社会和自然等方面的原因，诸如战争、社会治安，自然因素的地震、洪水、风暴等。

(二) 旅游地特性

1. 空间地域性

旅游地是地球表层一处特殊的地理空间，首先要具有一定的地域范围，占据地球表层一块具体的空间位置。就目前而言，这块地方是人类可以到达的地域。

2. 游览观光性

旅游地与其他地域最大的区别在于它是一处风景优美，使人产生美感的、具有一定的游览观光价值的空间。

3. 科学文化性

一处著名的旅游地，往往具有一定的科学性、历史性、文化性。自然风光为主的旅游区，其地学内涵必然丰富多彩，如特殊的地貌特征（如丹霞地貌、喀斯特地貌、火山地貌、风蚀地貌、峡谷风光等），典型的地质剖面、地质构造、古生物化石基地，典型的地质作用现象（河流作用、海洋作用、火山活动等）。从人文的角度看，这里是一处历史古迹，古人类活动遗址，是一座历史文化名城，或者是宗教圣地等。

4. 系统组合性

旅游地是集旅游资源、旅游服务接待设施、旅游功能设施以及非旅游设施为一体的空间地域组合。包括食、住、行、游、购、娱多项功能，诸如交通设施、饭店、旅行社、旅游管理机构，以及非旅游机构的保健、保险、医院、银行、商场、公安等部门。

二、旅游区划

（一）旅游区划的目的和原则

1. 旅游区划的目的

旅游区划的目的主要在于对旅游资源的科学、合理和充分利用，在于揭示旅游资源的内在规律和不同区域旅游资源的分布状态和组合特征，在于确定不同旅游区的旅游功能和资源优势，最终做到科学、合理的利用、开发和保护旅游资源，制定开发战略，从而带动该区的经济发展。

具体地说，要达到如下目的：

（1）遵循一定的方法、原则，进行详细的考察、勘查，进行科学分析、综合，确定合理的区域界线。

（2）确定旅游区的性质、特征、地位，抓住特色，确定形象，制定开发导向。

（3）确定旅游区内的依托城市、依托城镇和各级旅游经济中心。

2. 旅游地区划的原则

旅游地区划要具有科学性、合理性，避免随意性和盲目性，要遵循一定的原则。

（1）旅游资源的完整性和整体性原则

科学地划定一处旅游地，首先要考虑区域范围内旅游资源的特色，旅游资源自然环境和历史文化背景的完整性和整体性。分区界线比较清楚，尤其是大区之间，要有一定的地理障碍或者地理隔离（如台湾旅游区和青藏高原旅游区），要体现出历史文化的差异（如丝绸之路旅游区），尽可能保持旅游资源的完整性和整体性。

（2）行政区域的协调性和统一性原则

考虑到社会经济发展的历史演化，有些行政区域是几百年甚至几千年演化来的，作为行政管理区域已经形成一种历史的约定和认同。在旅游地区划尽可能保持这种历史延续下来的人为界线，尽可能协调和统一。考虑到区域协调和管理的方便，在旅游地区划时，尽可能照顾行政区域的统一性。

（3）地域文化的一致性或近似性原则

有些地域，行政区划不足以统一或者协调旅游资源，必须考虑区域内的历史文化的融会特征和自然文化的连续现象。比如长江三峡，不可能用行政区划把其分割为两个三峡，必须两个行政区共同协调来解决区划。又如黄河流域，具有特殊的历史文化背景，不可能截然分割开来，其区域跨度大，涉及到的省份也比较多。

以上原则主要考虑自然旅游资源和人文旅游资源的分布和组合特征，也主要是针对旅游大区的区划而提出的，至于一些特殊的旅游区划，如大陆气候带分区和中国文化地理分区，由于划分依据不同，所以就不可能完全遵循上述的原则。还有些小区的划分，其考虑因素更为复杂，除了上述几大原则，还会有一些具体的限定，那就要具体问题具体分析了。

（二）中国旅游区划研究现状

1. 中国旅游地理分区概述

（1）中国旅游地理区划的现状

关于中国的旅游区划，迄今为止还没有颁布法律意义上的正式方案，各派学者根据自己工作和研究的专业特长，或者为了科研、教学及旅游规划工作的需要，分别从不同的角度、不同的目的，提出各自不同的划分方案。根据不完全统计，主要有以下学者提出旅游区划分方案：周进步（1985）、濮静娟（1987）、孙仲明（1987）、郭来喜（1988）、刘振礼（1988）、雷明德（1988）、阎守邕（1989）、孙大闻、吴必虎（1990）、陈传康（1991）、保继刚（1993）等。这些学者的分区方案多数是以行政区划为依托，兼顾地理位置、旅游资源特征和经济环境等因素，如濮静娟以气候为依据进行划分，陈传康以文化为主要依据划分。

（2）旅游地理区划方案。

郭来喜提出三个层次：旅游带、旅游省和旅游区

旅游带——为一级旅游区，为跨越省、市、自治区的旅游地域组合，其职能是协调省际之间的关系，进行横向联系，组织区域性的旅游路线和对外开放口岸。

旅游省——为二级旅游区，主要以现有的省、市、自治区为基本地域组合，个别地区略有改动，以省级行政区作为旅游区的主要是考虑尽可能适应中国现有行政管理体制，便于领导、管理和协调。

旅游区——为三级旅游地域组合，它可以是一座大城市，也可以是中等城市，还可以是几个旅游城市的地域组合，主要职能是开发建设旅游景点及其相应的旅游服务设施，组织、协调、管理旅游活动中的食、住、行、游、购、娱等旅游服务项目。

具体划分为 9 个旅游带、29 个旅游省和 149 个旅游区（表 10－1）。

表 10－1　郭来喜旅游地理分区方案（1988）

旅游带	旅游省	旅游区（数量）
京华古今风貌旅游带	北京、天津、河北	8 个旅游区
白山黑水北国风光旅游带	辽宁、吉林、黑龙江	13 个旅游区
丝路寻踪民族风情旅游带	甘肃、宁夏、内蒙古、新疆	22 个旅游区
华夏文明访古旅游带	陕西、山西、河南、山东	24 个旅游区
西南奇山秀水民族风情旅游带	四川、云南、贵州、广西、重庆	29 个旅游区
荆楚文化湖山景观旅游带	湖北、湖南、江西	16 个旅游区
吴越文化江南水乡风光旅游带	江苏、浙江、上海、安徽	15 个旅游区
岭南文化南亚热带-热带风光旅游带	福建、广东、海南	16 个旅游区
世界屋脊猎奇探险旅游带	西藏、青海	6 个旅游区

说明：由于当时海南省和重庆市还未划分为独立的省、市，原方案中没有这两个省市，此处做了必要的补充。旅游区不再列出，只注明数量

(3) 濮静娟的大陆地区季节气候划分方案

濮静娟等（1987）应用特吉旺提出的以气温为主导因素考虑的舒适度和风效指数概念，对中国大陆地区进行旅游季节气候分区，概况见表 10－2。

王会昌（1992）的关于中国文化地理分区，把中国按文化特征分为两大区，即中国北部农业文化区和西部游牧文化区，其分区界线东部从黑龙江的爱辉起向南延伸到云南省的腾冲。

具体细分如下：

东部农业文化区	西部游牧文化区
传统农业文化亚区	蒙新草原-沙漠游牧文化亚区
西南少数民族农业文化亚区	青藏高原游牧文化亚区

其中，传统农业文化亚区可进一步细分为 12 个小区（副区）：关东、燕赵、黄土高原、中原、齐鲁、淮河流域、巴蜀、荆湘、鄱阳、吴越、岭南、台湾等；蒙新草原—沙漠游牧亚区进一步分为 3 个小区（副区）：内蒙古、北疆、南疆等。

尽管王会昌所作的是文化地理分区，但是作为中国生态文化旅游而言，这将是一个值得考虑的方案。

表 10-2 濮静娟旅游季节气候划分方案（1987）

气候大区		气候区		气候亚区			分布范围
符号	名称	符号	舒适月份（−1，0，1）	符号	−b 月份	n 月份	
Ⅰ	北方温带气候大区	$Ⅰ_1$	6，7，8	$Ⅰ_1$a	6		黑龙江大部，吉、辽，内蒙北部
				$Ⅰ_1$b	9		新、甘、宁、蒙、吉、冀
				$Ⅰ_1$c	6，9		黑、吉
				$Ⅰ_1$d			黄山、泰山、华山
		$Ⅰ_2$	6，7，8，9		6，9		辽东
		$Ⅰ_3$	5，6，7，8，9		5，9		新，甘，宁，陕，晋，冀，鲁，豫
		$Ⅰ_4$	4，5，6，7，8，9		10	5	吐鲁番
		$Ⅰ_5$					五台山
Ⅱ	南方亚热带气候大区	$Ⅱ_1$	4，5，6～8，9，10		10	7，8	甘陕鄂，潼关-菏泽
		$Ⅱ_2$	5，6～9，10		5，10	7，8	豫南，淮北，江苏
		$Ⅱ_3$	4，5，6～9，10	$Ⅱ_3$a	5，10	7，8	长江中下游
				$Ⅱ_3$b	4，10	7，8，9	安徽大别山南麓
		$Ⅱ_4$	4，5，6～9，10，11		4，11	7，8	福建福州以北
		$Ⅱ_5$	4，5～9，10		4，10，11	7，8	桂北、湘赣，闽南
		$Ⅱ_6$	3，4，5～9，10，11，12		4，11	7，8，9	闽厦门-福州沿海
		$Ⅱ_7$	3，4，5～10，11		3，4，11，12	7，8，9	桂西江，粤南岭
		$Ⅱ_8$	3，4～10，11，12		3，4，11，12	5～9	桂右江，粤南部
		$Ⅱ_9$	1，2，3，4，5～9，10，11，12			5	滇西南
		$Ⅱ_{10}$	1，2，3，4～10，11，12		1，2，3，12	5～9	滇河口-粤湛江
Ⅲ	青藏云贵大区	$Ⅲ_1$			6，7，8，9		青藏高原
		$Ⅲ_2$	4～9，10		4～9		云贵高原
		$Ⅲ_3$					峨眉山

（三）中国地学旅游资源分区

作为以旅游地质资源为主要特色而进行分类者，有徐泉清、孙志宏等编写的《中国旅游地质》（地质出版社，1997）一书。该书的分类与众不同处在于，在考虑行政区划的前提下（省市级），更多地考虑了地质内涵和自然地理特征。具体划分为以下六大区：

华北区——包括北京、天津、河北、山西、河南、山东、内蒙古等七省、市、自治区。

东北区——包括辽宁、吉林、黑龙江等东北三省。

华东区——包括上海、江苏、浙江、安徽、福建、台湾六省、市。

华南区——包括广东、江西、海南、湖南、湖北等五省。

西南区——包括四川、重庆、云南、贵州、广西、西藏等六省、市、自治区。

西北区——包括陕西、甘肃、宁夏、青海、新疆等五省、自治区。

三、旅游地类型

旅游地类型重点叙述与旅游地学密切相关的空间地域组合。主要有：观光旅游地、度假旅游地、健身旅游地、修学旅游地、科考旅游地、生态旅游地等。有些旅游地可能会是多功能性质的，所以这里只介绍旅游地的功能，不作具体的旅游地划分和描述。

（一）观光游览旅游地

观光型旅游地，在自然风景方面，风景优美，景观特殊，山、水、林俱佳，具有周边风景不可替代的观光功能；人文旅游资源方面，其历史文化灿烂，历史文化遗存丰富多彩，具有世界声誉，或者是世界级文化遗产而享誉海内外，或者是本国独有的，吸引世界旅游者来观光。

中国广西桂林，是山水甲天下的风景优美之地。另外，四川九寨沟、云南香格里拉、云南西双版纳、湖南张家界等，都是世界少有的自然风光优美的观光旅游地。

自然风景旅游地：

（1）山岳型：黄山、峨眉山、华山、武夷山、恒山、衡山等。

(2) 江河型：长江三峡、浙江富春江、广西漓江等。

(3) 湖泊型：太湖、长白山天池、青海湖、鄱阳湖、巢湖、洞庭湖等。

(4) 海滨型：青岛、大连、天涯海角等。

(5) 自然保护型：四川九寨沟、湖南张家界武陵源、湖北神农架、四川卧龙等。

(二) 度假休憩旅游地

度假型旅游地主要考虑因素是体感的舒适度和精神的愉悦感。日本学者一条真也（1991）在其《度假区的思想：寻求幸福空间》一书中设定的度假区的关键词为：花园、接待地、优雅环境、爱情、和平、母亲、休闲、运动、艺术、妇女、欢乐、富人、生活、大自然、健康、放松、时空宽余、气功、感动和游乐凳等。旅游者可以通过度假型旅游地的优雅的环境和各种各样的服务设施及其可参与的活动（如娱乐、健身等），得到充分的精神享受。

度假型旅游地位置的选择，一般是海滨、湖滨、山地、温泉、山乡和林区等。

1. 海滨度假型旅游地

海滨度假型旅游地有：河北秦皇岛市北戴河与南戴河度假区、海南岛三亚、福建厦门鼓浪屿、广西北海银滩、山东威海成山角等。国外有名的海滨度假区有，南美加勒比海地区、地中海沿岸、墨西哥海湾、印度洋岛群、澳大利亚、南太平洋岛群、印度尼西亚的巴厘岛、菲律宾、新加坡等。在这里，旅游者可以充分享受到“3S”——阳光（Sun）、沙滩（Sand）、海水（Sea）的魅力。这里有未受污染的沙滩和海水、充足的阳光、温湿的海洋气候，这些因素构成海滨度假最重要的条件。海滨地区开展的休闲活动主要有海水游泳、海上运动（如冲浪、帆船航行、滑水、垂钓、赶海、观日出等）和沙滩活动（沙滩散步、排球、骑马、沙丘日光浴等）。

下面以中国北方秦皇岛和南方三亚两地的海滨旅游度假地为例予以介绍：

(1) 河北秦皇岛海滨（北戴河、南戴河为主）旅游度假地

北戴河南临渤海，为曹操所写“东临碣石”的古碣石地区，这里历史

悠久，自春秋战国以来，曾经有齐桓公、燕昭王、秦始皇、汉武帝（刘彻）、魏武帝（曹操）、唐太宗（李世民）、清高宗（乾隆）等帝王来这里巡视、驻跸。北戴河海滨三面临水，北倚联峰山，沿海正好是渤海暖流与大陆的交汇处，气候比较温暖湿润。海滨空气中富含氧、钠、碘等人体必需的元素，负氧离子含量 4 000 个/cm^3。海滨周边森林覆盖率可达 54%。在环海十多公里狭长的滨岸地带内，自然与人文景观丰富多彩，有山、水、林、石、洞、泉、陡壁悬崖、楼、阁、亭、台、塔、寺庙等，国内许多省市在这里都建有度假村、疗养所。北戴河的气象景观主要有观日出。北戴河周边的景观区主要有：鸽子窝景区、联峰山景区、中海滩景区、碧螺塔景区等。中海滩景区是北戴河的精华地带，这里有猫石湾、狼窝、老虎石、犀牛望月、碣石园、鲁迅公园、黎村苗寨、奇园怪楼、中国神话乐园、秦皇宫等景观点和游乐点。

南戴河和黄金海岸一带游乐园、游乐设施多，功能齐全，有滑沙场、滑草场、儿童游乐场、浴场、滑水场、跳水、沙滩球场、水上游乐艇等。

(2) 海南三亚海滨旅游度假地

海南三亚海滨地带地域广阔，旅游功能丰富多样，大东海、小东海、亚龙湾都是天然泳场，天涯海角更是游人乐而忘返的旅游胜地。

亚龙湾背靠绿山，面向南海，海面平滑如镜，清澈透底。九米深水中的鱼儿和五彩珊瑚均可看得一清二楚。百米宽的海滩沙细如粉，柔软如棉，色白如雪，水温常年保持在 23℃以上，是一处理想的冬泳、避寒和度假的胜地。

大东海位于三亚市东约 2 公里处，为一个弓形海湾。海滨带有东南平行走向的两条小山脉，有长达千米的洁白沙滩边围，周边一排排葱翠的椰树擎着巨型绿伞给海滩遮阳，一年内没有刺骨的寒流，没有连绵的阴雨，四季如春，常年朝霞撒玉，丽日铺银，夕照流金。年平均水温 20℃。大东海以其碧水、白沙、青山、绿椰、阳光见长，沙滩宽缓低平，海水浅而湛蓝，成为蜚声中外的“天然浴场”。

鹿回头位于三亚湾，是一座雄伟峻峭的山岭，因为地形酷似一个回头凝望高处的坡鹿而得名。山顶屹立着高 12m，长 9m，宽 4.6m 的巨型石雕像：一只神鹿转头回眸，两旁分别倚立着英俊的黎族青年猎手和美丽的黎族少女。山顶公园曲径通幽，沿山势建有听潮亭、观海轩、情人岛，以及猴山、鹿舍、黎家寮房、龟鳖天堂、游鱼仙池等景观点。山脚下有鹿回头宾馆，坐落在山环水绕之中，环境幽静，建筑雅致，依山傍海，卧红倚绿；周边鸟语花香，蜂蝶竞舞，椰树婆娑摇曳，槟榔亭亭玉立，相思豆辗转反侧，杜鹃花、木棉花殷红如火；院中道路两旁的夹竹桃笑靥绯红。这些天人共造的景观，配以这里的气候、阳光、山水，吸引着海内外的游人。

2. 湖滨度假型旅游地

湖滨度假型旅游地，中国比较有名的如武汉东湖、杭州西湖、江苏太湖（苏州湖滨和无锡湖滨）、扬州瘦西湖，湖滨度假型旅游地的旅游功能和规模也比较大，例如武汉东湖风景区及其周边的游乐区。

湖滨度假村型旅游地往往建有度假区或者度假村。典型湖泊旅游地介绍如下：

(1) 杭州西湖旅游度假地

杭州西湖位于杭州市城西，水域面积 5.66km^2，周长 15km，其成因为海迹湖。西湖作为游览胜地已经有二千多年的历史，曾经使用过的名称有：名圣湖、金牛湖、武林水、钱塘湖。苏轼的名句“若把西湖比西子”传颂以后，又把西湖称作“西子湖”。

西湖的北、西、南三面环山，近湖滨地带主要为泥盆纪砂岩地层，向外依次为石炭纪和二叠纪石灰岩地层，九畹溪一带出露比较老的志留纪砂页岩地层。西湖的西北部有双峰插云和龙井问茶景观，这里有山有洞，这里发育的地层主体为石炭纪和二叠纪地层，有名的龙井茶就产自志留纪砂页岩、石炭纪和二叠纪石灰岩地层中。虎跑泉和钱塘大桥一带主要发育泥盆纪砂岩地层。这里的主要景点基本以古生代地层（志留纪、泥盆纪、石炭纪和二叠纪地层）为背景，由此构成这里的山、水、泉、洞、溪、峰、峦。山峰主要有吴山、云居山、南屏山、凤凰山、将台山、九曜山、青龙山、大慈山、虎跑山、吉庆山、天马山、棋盘山等，溶洞主要有黄龙洞、紫云洞、烟霞洞、金鼓洞、栖霞洞、水乐洞、石屋洞、南观音洞、北观音洞、紫来洞、灵华洞，泉水有龙井泉和虎跑泉。

人文景观主要有以西湖十景和西湖新十景为主的景点和周边的寺庙。

西湖十景为——断桥残雪、平湖秋月、三潭印月、曲院风荷、苏堤春晓、花港观鱼、柳浪闻莺、双峰插云、南屏晚钟、雷锋夕照。

新西湖十景——云栖竹径、满陇桂雨、虎跑梦泉、龙井问茶、九溪烟树、吴山天风、阮墩环碧、黄龙吐翠、玉皇飞云、宝石流霞。

寺庙塔及其他景观——岳飞庙（岳坟）、灵隐寺、净慈寺、梵天寺、六合塔、保椒塔、雷峰塔（已经毁坏）、钱塘江大桥、白堤、楼外楼、孤山中山公园、西泠印社等。

周边主要宾馆有西湖宾馆、杭州饭店、华侨饭店等。

（2）云南滇池旅游地

滇池位于昆明市西南部，是一个烟波浩渺、风姿秀逸的高原湖泊。四周山峰主要为石炭纪和二叠纪地层，以石灰岩为主。滇池是受到第三纪喜马拉雅运动的影响而形成的高原石灰岩断层陷落湖。湖泊海拔高度1 886m，湖面南北长39km，东西方向最大宽度13.5km，湖面积约为318km^2。

滇池四面群山连绵，东有金马山，西为碧鸡山，北倚蛇山（又名长虫山），南枕白鹤山，这些起伏连绵的山形成昆明坝子的天然屏障。沿湖周边分布有海埂、西山、观音山、白鱼口等风景区，以及郑和公园、牛恋乡、石寨山滇王墓、盘龙寺等名胜地。

（三）科学文化旅游地

科学考察旅游地的主要功能是普及科学文化知识，开阔旅游者的眼界，提高其文化素质，有些科考旅游地具有科学研究的价值。

1. 科学考察旅游地

科学考察旅游地：高山地带、火山区域（包括火山遗迹地）、冰川区、山地区域、草原、湿地、自然保护区、生态保护区、天然动物园、地质公园、植物园、典型的地质剖面和古生物化石产地等。

2. 历史文化旅游地

文化旅游地：古人类文化方面有仰韶文化、半坡文化、河姆渡文化、良渚文化等；文化中心地有中国的北京、西安、洛阳、开封、南京、杭州等古都，历史文化名城类有山西平遥、云南丽江等；世界著名古城和古国有雅典（古希腊）、罗马（古罗马帝国）、埃及、巴黎等。

中国的历史文化名城有：北京、承德、大同、南京、苏州、扬州、杭州、绍兴、泉州、景德镇、曲阜、洛阳、开封、江陵、长沙、广州、桂林、成都、遵义、昆明、大理、拉萨、西安、延安（以上为第一批命名的）；上海、天津、沈阳、武汉、南昌、重庆、保定、平遥、呼和浩特、镇江、常熟、徐州、淮安、宁波、歙县、寿县、亳州、福州、漳州、济南、安阳、南阳、商丘、襄樊、潮州、阆中、宜宾、自贡、镇远、丽江、日喀则、韩城、榆林、武威、张掖、敦煌、银川、喀什（以上为第二批命名的）；正定、邯郸、新绛、代县、祁县、吉林、集安、哈尔滨、衢州、临海、长汀、赣州、青岛、聊城、邹城、临淄、郑州、浚县、随州、钟祥、岳阳、肇庆、佛山、梅州、雷州（海康）、琼山、柳州、乐山、都江堰、泸州、建水、巍山、江孜、咸阳、汉中、同仁、天水（以上为第三批命名的）。

3. 宗教文化旅游地

宗教文化旅游地在世界各地的旅游活动中都占有很大的比重，尤其是以四大宗教为主的宗教朝圣、朝觐地。主要的宗教朝觐地有：沙特阿拉伯麦加朝圣地（伊斯兰教）、意大利罗马（梵蒂冈，天主教）、尼泊尔加德满都、柬埔寨吴哥、泰国曼谷等世界宗教圣地；中国宗教旅游地如山西五台山、安徽九华山、浙江普陀山、四川峨眉山、西藏拉萨（布达拉宫）、西藏日喀则等。

四、风景名胜区旅游地

作为综合性旅游，尤其是游览观光和消遣性旅游，人们首先选择到知名度高的风景名胜区旅游。这些风景区或以自然风光为主，或以人文景观著称，或者宗教氛围浓郁，或者在历史的演化进程中，逐渐形成一处综合性强的，集自然、人文、科学文化、宗教等于一处的风景名胜区。中国地域辽阔，旅游资源丰富多彩，东西南北中都有优美的风景点（区）。目前作为国家级的风景名胜区，国务院先后三批公布了119处国家重点风景名胜区，叙述如下：

1. 华北地区

北京（1处）——八达岭-十三陵；天津（1处）——盘山；河北（5处）——承德避暑山庄-外八庙、秦皇岛北戴河、野三坡、苍岩山、嶂石岩；山西（5处）——五台山、恒山、黄河壶口瀑布、北武当山、五老峰。

2. 东北地区

辽宁（7 处）——大连海滨-旅顺口、金石滩、兴城海滨、鞍山千山、本溪水洞、鸭绿江、凤凰山；吉林（2 处）——八大部-净月潭、松花湖；黑龙江（2 处）——镜泊湖、五大连池。

3. 西北地区

陕西（3 处）——临潼骊山、华山、宝鸡天台山；甘肃（3 处）——鸣沙山-月牙泉、麦积山、崆峒山；宁夏（1 处）——西夏王陵；青海（1 处）——青海湖；新疆（1 处）——天山天池。

4. 东南地区

山东（3 处）——泰山、青岛崂山、胶东海滨；江苏（4 处）——南京钟山、蜀岗瘦西湖、云台山、太湖（江苏、浙江）；浙江（11 处）——杭州西湖、富春江-新安江、雁荡山、楠溪江、莫干山、雪窦山、天台山、双龙山、仙都、普陀山、嵊泗列岛；安徽（5 处）——黄山、九华山、齐云山、天柱山、琅琊山；江西（4 处）——庐山、井冈山、三清山、龙虎山；福建（9 处）——武夷山、鼓浪屿-万石山、清源山、老姥山、桃源洞-鳞隐石林、金湖、鸳鸯溪、冠豸山、海坛。

5. 中南地区

河南（4 处）——洛阳龙门、嵩山、鸡公山、王屋山-云台山；湖北（5 处）——武汉东湖、武当山、大洪山、隆中、九宫山；湖南（4 处）——岳阳楼-洞庭湖、韶山、武陵源、衡山；广东（3 处）——肇庆星湖、西樵山、丹霞山；海南（1 处）——三亚热带海滨；广西（3 处）——桂林漓江、桂平西山、花山。

6. 西南地区

四川（10 处）——贡嘎山、金佛山、蜀南竹海、峨眉山、青城山-都江堰、黄龙寺-九寨沟、四面山、西岭雪山、剑门蜀道、四姑娘山；重庆（2 处）——重庆缙云山、长江三峡（重庆、湖北）；贵州（8 处）——黄果树、织金洞、㵲阳河、红枫湖、龙宫、荔波漳江、赤水河、马岭河峡谷；云南（10 处）——昆明滇池、路南石林、大理、西双版纳、丽江玉龙雪山、瑞丽江-大盈江、三江并流、九乡、建水、腾冲地热火山；西藏（1 处）——雅砻河。

第十一章

旅游环境保护与生态旅游

一、旅游环境

（一）旅游环境的界定

旅游环境是一个十分广泛的话题。大则可以囊括世界万物，也就是整个人类所生活和依托的空间环境。具体而言，也就是我们人类和万物赖以生存的地球，包括整个地球表层的岩石圈、生物圈、水圈和大气圈，以及人类自身创造的各类人文环境。狭义的旅游环境是指旅游者在整个旅游活动中所接触到的各种空间形态，主要包括交通环境、服务接待环境、旅游地的景观资源环境、气候环境和休假娱乐环境等。自然旅游资源所占据的空间环境与地球表层的四大圈有着极为密切的关系，可以说所有自然旅游资源（环境）都是地球表层四大圈形成的各种具有美学价值和吸引力的景观与造型，如山岳峰岭、森林、草原、沙漠、云海、河流、湖泊、海洋等。人文旅游资源则涉及的是人类历史进程中所创造的一切物质文明和精神文明的产物和遗存，它们或为固态的造型（如宫殿建筑、园林），或为动态的事象（如民俗风情、艺术表演）。由此可知，广义和狭义的旅游环境并没有本质的区别，前者代表整体，后者代表局部。

（二）旅游环境问题

所有困扰人类的环境问题，在旅游活动中也突出地反映出来，再加上旅游活动本身所造成的环境问题更显严重。

1. 旅游资源的脆弱性和不可再生性

旅游环境是一种特殊的环境。它是集审美、休闲、娱乐、消遣和观赏等为一体的资源空间环境。而旅游资源又有着与其他资源不同的特性，尤其是自然成因的旅游资源，最显著的特征乃是其脆弱性和不可再生性。所谓脆弱性，是指其很容易遭受毁坏和损坏，由此导致旅游环境的退化、恶化和毁灭，失去旅游功能；所谓不可再生性是指某些自然旅游资源本身是地球演化过程中由大自然雕塑造就而成的。像泰山、黄山和长江三峡这类自然景观，它们曾经历了多少个百万年、甚至上亿年才孕育成现在的形态面貌。泰山的雄伟骨架是一套变质杂岩，其生成年龄距今约有 28～30 亿年的历史；黄山花岗岩体是距今 7 千万年前地壳运动（地质学家称为燕山运动）的产物，这是形成景观的基础环境，其山体的崛起并形成各种形态的奇特景观（如仙桃石、梦笔生花、仙人下棋等）则是几百万年地质作用的结果；长江三峡中著名的巫山神女峰，其基岩年龄值为二亿多年，其造型形成也经历了几百万年潜移默化的地质作用才磨砺而成。以上所有年龄值是人类不可能体验和想象的，但是在人类这短暂的经历中这些景观一旦遭到破坏，就将永远地从地球上消失而不复存在，人类尽管可以去复制一个维妙维肖的造型，但毕竟不是自然，从而失去其观赏的真正价值。动物和植物资源也是如此，其脆弱性和不可再生性更为突出，曾经在地球上称霸一亿多年的恐龙类，由于其生存的生态环境改变和遭受破坏，在极短的时间内全部覆灭，也意味着它们将永远地从地球上消失。当今世界依然有许多生物从地球上悄然消失。它们不论是古代的物种还是现在生存的生命体，一旦绝灭将永远不会重新出现在地球上。

2. 环境破坏与污染

旅游环境被破坏和遭污染有自然因素和人为因素两个方面。

自然因素中，风吹、日晒、雨淋等自然风化可引起固态旅游资源的崩裂、垮塌、表层剥落、物像磨损而变模糊（如石窟造像），木质结构腐朽破败、壁画褪色等；地震、火山喷发、暴雨、洪水、泥石流和滑坡等灾变和突发事件，对环境有极大的破坏性，甚至是毁灭性的。有些灾害在造成毁坏的同时还产生污染，如火山喷发、森林大火在造成毁灭的同时造成大气的污染，随之地震发生而伴有瘟疫流行，直接危及人类和生物的生命。

其次，人类非旅游活动对环境的破坏，即整个人类生产、生活所造成的公害也危及到旅游环境。就某种意义上说，人类活动所造成的环境破坏与污染比自然因素造成的更具危险性和毁灭性。这种环境的破坏和污染是全球性的，旅游环境更难逃厄运。人们所熟悉的工业排放废水、废气，农田施用化肥、农药，许多有害元素和放射性废料进入大气和水体，石化燃

料为主的大量 CO_2 排入大气，森林严重破坏降低对 CO_2 的吸收功能，能源中大量 SO_2 进入大气形成酸雨……由此而引发出一系列灾害：臭氧层出现空洞、温室效应加剧、冰川消融、海平面上升、水土流失、水质和大气污染严重、土质退化、风沙肆虐、气候失调、旱涝频繁、沙漠化加剧、地下水位下降、生态失调、动植物濒临绝灭的数量增大和速度加快等。

3. 旅游业直接对环境的影响

旅游活动造成的环境破坏和污染也越来越引起人们的关注，特别是对大气、水体和生物界产生的影响也相当严重。进入旅游区的主要交通工具如汽车排放大量 CO_2；生活用能源也主要是排放 CO_2，超载的游客呼出大量 CO_2。家用电器排放废气直接危及臭氧层。旅游区内各种生产和生活（餐饮、洗涤、洗澡和食品加工等）消耗大量水资源。世界一些著名度假区和游览区水体污染而富营养化导致海水和湖水藻类滋生，使水体缺氧引起鱼类等水生生物大批死亡。生活垃圾中所含铅、汞等有毒元素直接危害人体健康甚至危及生命。传染病医院排放废物废水进入人类生活用水中使水体污染而传播各种疾病。大气和水体污染导致林木花卉死亡，游人过多使大片植被被踩死，土壤固化。自然保护区边缘过量地垦荒、伐林，使野生动物丧失栖息地，加剧食肉动物和非食肉动物关系的压力，限制迁移运动。贫困地区居民出于赚钱欲望大量偷猎捕杀野生动物，在人类精心“护理”下的一些野生动物，其捕食和繁衍规律被破坏，甚至改变生活习性。这些环境问题已经给旅游区管理者敲起了警钟。

二、旅游可持续发展

综上所述，旅游环境问题是非常严峻的。旅游环境问题已经到了非治理和保护不可的严峻时刻。科学而合理地解决好以下三大课题是旅游环境可持续发展的关键：其一是社会、经济与环境之间的协调发展；其二是对旅游环境的保护；其三是大力提倡生态旅游。

（一）社会、经济与环境的协调发展

旅游业发展和旅游区开发将会导致旅游地及其所依托区域的社会、经济和环境的变化。当地社区和居民要严格遵照该区旅游用地规则方案，合理安排旅游专项设施、公共设施、旅游加工业和农副业的用地计划，不可

为眼前利益而毁林或者随意开山取石，乱挖土方，破坏当地特色资源，偷猎珍稀野生生物。随着旅游业的发展，游客会大量涌入旅游区，旅游服务接待设施会急剧增加。对于游人而言，来到一处旅游地只是短暂的临时逗留，环保意识淡薄，往往会出现一些不负责任的随意行为，自觉或不自觉地践踏草坪，攀折花木，随手丢抛垃圾，甚至乱丢火种（如烟头）。但是这对于旅游区来说，则是长期的、无时无刻不在发生的麻烦。鉴于这种情况，有关部门应制定相应的环境保护措施和法规，应有必要的限定，并派专人负责管理和宣传，对社区居民也要进行大力宣传和教育，增强环保意识，让每个市民了解当地环境与自己生活的密切关系，在社区内形成人人爱护环境、大家齐行动的风气。

（二）把环境保护纳入区域规划

旅游区开发规划要与依托城市的规划协调一致，在交通设施、给水排水、排污设施、各类用地、绿化带布局、环境卫生等方面要科学合理地规划设计，尽可能地避免无秩序、无规则状态。海滨带建筑要充分考虑到热带风暴和飓风的侵袭，地震多发区要有防震措施；大面积水体环境的度假区要采取具体可行的措施防止污水泛滥和富营养物质超量；对于当地的古老文化及其遗存要有防范和监测措施；在规划中尽可能小的改变和破坏当地生态环境，尽量维护当地的地理条件和生态环境的完整性、继承性，为其自然复原创造有利条件。

（三）保护大气与水资源的重要性

旅游环境可持续发展最核心的环境保护问题是对大气和水资源的保护。在茫茫宇宙中，地球之所以能够以其独有的环境优势造就人类和万物，除去宇宙间的其他运动规律之外，至关重要的因素就是大气与水体的存在及其所特有的成分构成。在地球形成的早期（40 亿年左右），大气圈的形成首先是臭氧层的出现，尔后出现富 H_2大气，原核生物（菌类、藻类）出现以后，进而演化为少 O_2富 CO_2大气和水体，直到 10 亿年前后多细胞动物和高级藻类出现，才基本形成富 O_2大气和水体，地球上的生物才得以迅速发展和演化。由此可以看出大气与水体的演化是一个极其漫长而复杂的过程，距今 10 亿年以来能基本保持住这一大气和水体，是大自然本身调节的结果。随着人类文明的发展和世界人口的急剧增长，掠夺性地开发地球表层的各类资源（包括矿产资源），大肆地排放污物、废气废水，臭氧层遭破坏，温室效应加剧，大气与水体中有害成分过量增加，使得大气和水体本身的调节功能受到限制，遭到严重破坏。大自然回报给人类的则是各种自然灾害的频繁发生和环境的急剧恶化。从而打破了地球外部圈层惯有的运动规律。

由上不难看出，大气和水体对于人类和生物界是多么重要。人类保护环境，首先就是要保护大气和水资源。尽管各国已经意识到这种危机感，做了大量防治和补救工作，但在一些经济落后的区域依然未予以足够重视。城市垃圾的埋藏是一种愚蠢的行为，它是未来地下水和大气的潜在污染源，随着人口的增加，消费水平提高，垃圾会成倍地增多。应该采取分离和化解的方法彻底"销毁"垃圾，使其能再生利用，这样既节省资源又净化了环境。节省能源（主要有石油、煤炭、电力、水、气等），也是保护大气和水体的不可忽视的措施。

三、生态旅游的提出及其环境意义

（一）生态旅游的起始与概念的提出

1. 生态旅游的起始

作为术语，"生态旅游"起始于 20 世纪 80 年代。最早由 Hetor Ceballos 和 Lascurain（1983）首先提出。"生态旅游"英文为"Ecological Tourism"。作为缩写的"Ecotourism"（生态旅游）一词首次出现于英文著作，是在 Romeril（罗玛丽，1985）的一篇文章中，原文是以连字符连接的形式出现的（Eco－Tourism）。实际上，早在 20 世纪 80 年代初期，墨西哥生态学家 Ceballos－Lascurain（谢贝洛斯·拉斯喀瑞）就使用了西班牙词汇"Ecotourimo"一词，同时加拿大森林管理处早在 1973 年就沿着横贯加拿大的高速公路推广"Ecotour（生态旅行）这一概念。Romeril（1985）在使用这一词汇时也是参考了 Budowski（巴道斯基，1976）较早时期的一篇文章。由上可以认为，Budowski 是最早涉及生态旅游概念的学者，在 Budowski 的文章中，提到旅游与自然环境的关系，一方面会产生冲突，另一方面二者之间也存在一种共生的关系，同时提出这种共生型的旅游形式应该如何运作。Budowski 所描述的这种旅游方式几乎完全与当时的生态旅游形式相类似。

显然，不论作为一种概念，或者作为一种实践，生态旅游早在20世纪80年代中期这一词汇（Ecotourim）创造出来之前实际上就已经存在了。其原始的含义是，人们出于某种教育目的，到一些受到较少干扰和污染的区域进行自然旅行。也就是说，生态旅游的产生和发展是由全球环境问题所引起的，其最初的目的是想借助人类本身的意识，采取生态方式的旅游来保护和改善自然环境系统的质量，并且在资金上能给予支持。

实践证明，通过开发生态旅游项目和开展生态旅游活动，逐渐改变了国际旅游客源市场的构成和客流流向——使得原先传统的以涌向工商业发达城市为主的客流，改变为由发达城市流向大自然，追求返璞归真，体味天人合一，感悟人类与自然和谐的深远意义。由此，旅游者在生态旅游活动中，不再是纯粹地进行观赏、娱乐和享受，而是自发地参与更多保护环境的实际行动。从最初的生态旅游只是为了维护健康的生态系统而采取的权宜之计，到随后的二十多年时间，生态旅游活动迅速发展，并且从此掀起了一股全球性的生态旅游热潮。通过这二十多年人类的主动参与和人与自然的密切接触，生态旅游作为一种现代旅游时尚和追求，已经日渐深入人心。从参与生态旅游活动和生态旅游收入的统计数据（世界旅游组织）来看，当前生态旅游收入占世界旅游业总收入的比例为15%～20%，美国的生态旅游者已达到4 800万人次。业内专家认为，生态旅游必将成为21世纪旅游业发展的一种时尚和潮流。

2. 生态旅游的概念

生态旅游的概念最早出现于20世纪90年代，随后不同学者根据自己的实践和工作研究情况，从不同角度提出生态旅游的概念。就目前而言，还没有一个权威性的、精确的定义。现根据国外学者的研究总结如下：

1992年，Valentine提出的定义：生态旅游是具有生态可持续性的自然旅游方式，它以相对未被侵扰的自然区域为基础，其活动不破坏环境，不会导致自然环境退化，并直接促进保护区的持续保护与管理，而且遵循适当的与合理的管理方式。

1992年，Scace（斯凯思）、Grifone（格力冯）和Usher（阿舍）提出的定义：生态旅游是一种具有教育意义的自然旅游体验，它将促进生态系统的保护，同时要尊重东道主社区的完整性。

1993 年，生态旅游协会（The Ecotourism Society）的 Lindberg（林德伯格）、Hawkins（霍金斯）提出的定义：生态旅游是对自然区域负责任的旅行，它将保护环境并提高当地社区居民的福利。

1993 年，J. Butler（巴特勒）、Scace（斯凯思）总结了生态旅游的一些体会：①它必须与有益于环境的道德相一致，培养更有益于环境的行为；②它不能导致环境资源的退化，不侵蚀资源的完整性；③它关注内在的价值而不是外部的价值；④在意识形态上，它是生物中心论而不是同心论，在生态旅游中，生态旅游者应主要按照自然环境本身的状况去接受它，而不是为了个人的舒适要对自然环境进行明显的改造；⑤生态旅游必须有利于环境，自然环境必须从生态旅游活动中获得净收益，尽管这些收益往往是社会、经济、政治或科学收益的派生产品；⑥它是对自然环境的第一手体验；⑦在生态旅游活动中，旅游者获得满足程度的期望值是以欣赏和教育来衡量的，而不是以追求刺激和锻炼身体的成就来衡量的；⑧在生态旅游的体验中有很大程度的认知（有教育价值的）和情感（使人感动的）体验，要求无论领队者还是参与者都要有高水平的准备工作。

1994 年，Allcock（沃考克）等人提出的定义：（生态旅游）包含了自然环境教育和解释的自然旅游，对它的管理具备生态可持续性特点。这一定义认识到“自然环境”之中包含了文化因素，同时“生态可持续性”包括拨专款返回当地社区及对资源进行长期的保护。

1996 年，Goodwin（古德温）提出的定义：生态旅游是一种低影响的自然旅游，它会促进对物种及动物栖息地的保护，其方式有直接促进保护，或通过向当地社区居民提供足够的收益来促进间接的保护，因为收益会使社区居民将他们的野生动植物遗产当作收益的来源而加以保护。

1999 年，Fennell（范内尔）提出的定义：生态旅游是一种可持续形式，并以自然资源为基础的旅游方式。它的中心主要是体验及了解自然，生态旅游应该进行合乎生态伦理道德的管理，以促进其低影响、非消耗性的特点，而且，它要定位于社区（控制、利益与规模）。它主要发生在自然区域，并将促进这类地区的保护与保存。

2000 年，EAA（澳大利亚生态旅游协会）提出的定义：生态旅游是具备生态可持续性的旅游方式，它主要关注对自然区域的体验，并培养对自然环境和文化的理解、欣赏与保护。

（二）人类社会文明发展与生态旅游

1. 人类社会文明发展的阶段

人类社会文明的发展大致经历了采猎文明（史前文明）、农业文明、工业文明，到20世纪后期开始出现生态文明。

采猎文明——也叫史前文明。在人类诞生的初期，生产力水平非常低，人类聚集于气候适宜、水资源充足的地方，过着采集和狩猎的原始生活。人类完全是自然的一员，被动地依赖于山林、水、风、雷电等自然条件和自然现象以及为人类提供衣食的动植物，人类的行为尚未引起环境问题。

农业文明——公元前3000年左右，作为人类社会文明最早发源地的古埃及进入农业文明时代。农业文明的主要特征是人类利用自身力量改变局部生态系统和区域生态系统。虽然人类在改变局部生态系统时也会导致平衡的失调，但是从整体上看，由于人口数量少，生产规模不大，社会组织程度不高，农业文明远未达到能引发全球性环境问题的程度。

工业文明——18世纪，西方工业革命浪潮席卷全球，机器延伸了人的器官，化石能源取代了畜力，社会化大生产代替了手工生产，人类开始影响地球的生物化学循环，改变物质循环与能量流动，创造出更加灿烂的物质文明。

工业文明时代，人类摒弃了“天人合一”的古朴思想，“驾驭自然，做自然的主人”的机械论思想开始统治全球。人们把环境与社会、客观世界与主观世界绝对地割裂开来，前者是被动的，后者的任务则是发现、认识、研究以至征服前者。人类在“人定胜天”思想的支配下，迅速地发展和运用最新科学技术，去征服每一寸土地和每一片空间。人类在征服自然的时候，根本没有意识到在人与环境之间还存在着一个协同发展的规律，也没有认识到在人类对环境每一次作用的同时都还会存在一个程度不同的反馈作用。这一反馈作用随着人类物质欲望的日益增加而日益增大，以至于最终引发出全球性的环境问题，引起了人类的震惊与正视。人们不得不大声疾呼：救救地球！救救人类！

生态文明——生态文明的阶段代表着新文明的前进方向。它强调人类社会与环境协调发展将最终实现人类的持续发展；人类在注重物质价值的同时更应追求精神价值；人类在从环境中索取物质的同时，也应注重对环境的投入；空间上各个国家、各个民族应平等地拥有环境资源与生存空间，时间上各个不同年代的人群应平等地享用这些资源；科学与社会、科学与哲学、艺术重新走向统一和融合；艺术上从单纯表现人类自我转变为更多地赞美自然和爱护自然；技术上从改造自然转变为养护自然；国家之间从单纯地注重军事安全转变为更多地关注全球安全。未来的新文明将是人类与自然以及人类自身之间高度和谐的生态文明，这在人类社会的各个方面已经得到充分的体现。

2. 生态文明对旅游的启示

随着人类对生态文明的认识，为许多部门提供了社会、经济和环境的全新发展目标。由此产生了生态城市、生态农业、生态旅游资源、生态化工、生态环境、生态产品和商品、生态规划和生态旅游开发等全新的生态文明或生态文化概念，同时从理论上根据生态学的思维和生态意识，提出生态文化和生态伦理学的概念。从而使生态学逐步成为当今社会一切行动的准则，生态旅游理所当然地成为当代旅游业的首选行动指南和发展目标。

四、生态系统与生态平衡

(一) 生态系统

1. 生态系统

生态系统也称生态系，是生物群落及其地理环境相互作用的自然系统。例如：森林、草原、苔原、湖泊、河流、海洋、农田等。生态系统包括四个基本组成部分：①无机环境；②生物的生产者——绿色植物；③消费者——草食动物和肉食动物；④分解者——腐生微生物。生物之间存在一种生物链（食物链，或食物网）的关系。

生态系统是生态学的一个概念。生态学是一门研究生物和其生活环境的相互关系的科学，是生物学的主要分支。

生物群落连同其所在的物理环境共同构成生态系统（Ecosystem）。生态系统就是生命系统和环境系统在特定空间的组合，其特征是系统内部以及系统与系统外部之间存在着能量的流动和由此推动的物质循环。例如，森林、草原、河流、湖泊、山脉或其一部分都是自然生态系统；农田、水库、城市则是人工生态系统。生态系统具有等级结构，即较小的生态系统组成较大的生态系统，简单的生态系统组成复杂的生态系统，最大的生态系统是生物圈。

生态系统的能量流和物质循环以多种渠道进行着，如果某一渠道受阻，其他渠道就会发挥补偿作用。对污染物的入侵，生态系统表现出一定的自净能力，也是系统调节的结果。生态系统的结构越复杂，能量流和物质循环的途径越多，其调节能力或者抵抗外力影响的能力就越强。反之，结构越简单，生态系统维持平衡的能力就越弱。农田和果园生态系统是脆弱生态系统的例子。

一个生态系统的调节能力是有限度的。外力的影响超出这个限度，生态平衡就会遭到破坏，生态系统就会在短时间内发生结构上的变化，比如一些物种的种群规模发生剧烈变化，另一些物种则可能消失，也可能产生新的物种。但变化总的结果往往是不利的，它削弱了生态系统的调节能力。这种超限度的影响对生态系统造成的破坏是长期性的，生态系统重新回到和原来相当的状态往往需要很长的时间，甚至造成不可逆转的改变，这就是生态平衡的破坏。作为生物圈一分子的人类，对生态环境的影响力目前已经超过自然力量，而且主要是负面影响，成为破坏生态平衡的主要因素。人类对生物圈的破坏性影响主要表现在三个方面：一是大规模地把自然生态系统转变为人工生态系统，严重干扰和损害了生物圈的正常运转，农业开发和城市化是这种影响的典型代表；二是大量取用生物圈中的各种资源，包括生物的和非生物的，严重破坏了生态平衡，森林砍伐、水资源过度利用是其典型例子；三是向生物圈中超量输入人类活动所产生的产品和废物，严重污染和毒害了生物圈的物理环境和生物组分，化肥、杀虫剂、除草剂、工业三废和城市三废是其代表。

2. 生态系统结构

任何一个生态系统都由生物群落和物理环境两大部分组成。阳光、氧气、二氧化碳、水、植物营养素（无机盐）是物理环境的最主要要素，生物残体（如落叶、秸秆、动物和微生物尸体）及其分解产生的有机质也是物理环境的重要要素。物理环境除了给活的生物提供能量和养分之外，还为生物提供其生命活动需要的媒质，如水、空气和土壤。而活的生物群落是构成生态系统精密有序结构和使其充满活力的关键因素，各种生物在生态系统的生命舞台上各有角色。

生态系统的生命角色有三种，即生产者、消费者和分解者，分别由不同种类的生物充当。生产者吸收太阳能并利用无机营养元素（C、H、O、N 等）合成有机物，将吸收的一部分太阳能以化学能的形式储存在有机物中。生产者的主体是绿色植物以及一些能够进行光合作用的菌类。由于这些生物能够直接吸收太阳能和利用无机营养成分合成构成自身有机体的各种有机物，我们称它们是自养生物。消费者是直接或间接地利用生产者所制造的有机物作为食物和能源，而不能直接利用太阳能和无机态的营养元素的生物，包括草食动物、肉食动物、寄生生物和腐食动物。消费者以动物为主。消费者按其取食的对象可以分为几个等级：草食动物为一级消费者；肉食动物为次级消费者（二级消费者或三级消费者）等；杂食动物既是一级消费者，又是次级消费者。分解者是指所有能够把有机物分解为简单无机物的生物，它们主要是各种细菌和部分真菌。分解者以动植物的残体或排泄物中的有机物作为食物和能量来源，通过它们的新陈代谢作用，有机物被分解为无机物并最终还原为植物可以利用的营养物。消费者和分解者都不能够直接利用太阳能和物理环境中的无机营养元素，我们称它们为异养生物。值得特别指出的是，物理环境（太阳能、水、空气、无机营养元素）、生产者和分解者是生态系统缺一不可的组成部分，而消费者是可有可无的。这一点可以在图 2-2 中得到直观的反映。

3. 生态系统的物质循环

在生态系统中，物质从物理环境开始，经生产者、消费者和分解者，又回到物理环境，完成一个由简单无机物到各种高能有机化合物，最终又还原为简单无机物的生态循环。通过该循环，生物得以生存和繁衍，物理环境得到更新并变得越来越适合生物生存的需要。在这个物质的生态循环过程中，太阳能以化学能的形式被固定在有机物中，供食物链上的各级生物利用。

生物维持生命所必需的化学元素虽然为数众多，但有机体的 97%以上是由氧、碳、氢、氮和磷五种元素组成的。作为物质循环的例子，下面分别介绍碳、氮和磷的生态循环过程。

（1）碳循环。碳是构成生物原生质的基本元素，虽然它在自然界中的蕴藏量极为丰富，但绿色植物能够直接利用的仅仅限于空气中的二氧化碳

(CO_2)。生物圈中的碳循环主要表现在绿色植物从空气中吸收二氧化碳，经光合作用转化为葡萄糖，并放出氧气(O_2)。在这个过程中少不了水的参与。有机体再利用葡萄糖合成其他有机化合物。碳水化合物经食物链的传递，又成为动物和细菌等其他生物体的一部分。生物体内的碳水化合物一部分作为有机体代谢的能源经呼吸作用被氧化为二氧化碳和水，并释放出其中储存的能量。由于这种碳循环，大气中的 CO_2 大约 20 年就完全更新一次。

(2) 氮循环。在自然界，氮元素以分子态（氮气）、无机结合氮和有机结合氮三种形式存在。大气中含有大量的分子态的氮。但是绝大多数生物都不能够利用分子态的氮，只有象豆科植物的根瘤菌一类的细菌和某些蓝绿藻能够将大气中的氮气转变为硝态氮（硝酸盐）加以利用。植物只能从土壤中吸收无机态的铵态氮（铵盐）和硝态氮（硝酸盐），用来合成氨基酸，再进一步合成各种蛋白质。动物则只能直接或间接利用植物合成的有机氮（蛋白质），经分解为氨基酸后再合成自身的蛋白质。在动物的代谢过程中，一部分蛋白质被分解为氨、尿酸和尿素等排出体外，最终进入土的壤。动植物的残体中的有机氮则被微生物转化为无机氮（氨态氮和硝态氮），从而完成生态系统的氮循环。

(3) 磷循环。磷是有机体不可缺少的元素。生物的细胞内发生的一切生物化学反应中的能量转移都是通过高能磷酸键在二磷酸腺苷（ADP）和三磷酸腺苷（ATP）之间的可逆转化实现的。磷还是构成核酸的重要元素。磷在生物圈中的循环过程不同于碳和氮，属于典型的沉积型循环。生态系统中的磷的来源是磷酸盐岩石和沉积物以及鸟粪层和动物化石。这些磷酸盐矿床经过天然侵蚀或人工开采，磷酸盐进入水体和土壤，供植物吸收利用，然后进入食物链。经短期循环后，这些磷大部分随水流进入海洋的沉积层中。因此，在生物圈内，磷的大部分只是单向流动，形不成循环。磷酸盐资源也因而成为一种不能再生的资源。

4. 生态系统的能量流

推动生物圈和各级生态系统物质循环的动力，是能量在食物链中的传递，即能量流。与物质的循环运动不同的是，能量流是单向的，它从植物吸收太阳能开始，通过食物链逐级传递，直至食物链的最后一环。在每一环的能量转移过程中都有一部分能量被有机体用来推动自身的生命活动（新陈代谢），随后变为热能耗散在物理环境中。

为了反映一个生态系统利用太阳能的情况，我们使用生态系统总产量这一概念。一个生态系统的总产量是指该系统内食物链各个环节在一年时间里合成的有机物质的总量。它可以用能量、生物量表示。生态系统中的生产者在一年里合成的有机物质的量称为该生态系统的初级总产量。在有利的物理环境条件下，绿色植物对太阳能的利用率一般在1%左右。生物圈的初级生产总量约4.24×10^{21} J/a，其中海洋生产者的总产量约1.83×10^{21} J/a，陆地的约为2.41×10^{21} J/a。总产量的一半以上被植物的呼吸作用所耗用，剩下的称为净初级产量。各级消费者之间的能量利用率也不高，平均约为10%，即每经过食物链的一个环节，能链的净转移率平均只有十分之一左右。因此，生态系统中各种生物量按照能量流的方向沿食物链递减，处在最基层的绿色植物的量最多，其次是草食动物，再次为各级肉食动物，处在顶级的生物的量最少，形成一个生态金字塔。只有当生态系统生产的能量与消耗的能量大致相等时，生态系统的结构才能维持相对稳定状态，否则生态系统的结构就会发生剧烈变化。

（二）生态环境与生态平衡

1. 生态环境

生态环境是指由生物群落及非生物自然因素组成的各种生态系统所构成的整体，主要或完全由自然因素形成，并间接地、潜在地、长远地对人类的生存和发展产生影响。生态环境的破坏，最终会导致人类生活环境的恶化。

我国近几十年来生态环境问题日益突出：农业方面主要是毁林垦荒、毁牧开垦、围湖造田、填海种植，导致森林和草原等植被破坏，加剧了水土流失，湿地减少，土壤退化和沙化、荒漠化、盐碱化；滥用化肥农药，导致土壤功能衰退，植物无法生存。工业方面的生态环境问题主要是废水、废气、废渣不经有效达标治理就大量排放，破坏了整体环境的自然形态。在城市建设方面环境问题是城市布局混乱，工业区与居民区、商业区混杂，人为破坏了区划功能。资源产业方面的环境问题主要涉及矿业盲目开采，森林乱采滥伐，加之灭绝性地捕杀珍稀濒危野生动植物，破坏了生物链，导致生物多样性无法得到保护，使我国生态环境问题达到了危机的程度。

2. 生物群落

一个物种在一定空间范围内的所有个体的总和在生态学里称为种群（Population），所有不同种的生物的总和为群落（Community）。生物群落实际上是生活在一定环境中相互影响、相互制约、构成一个自然生态单元的许多种生物的总体。一个生物群落是由许多不同物种的种群所组成，其中全部的动物总体称作动物群落，全部的植物总体称为植物群落。地质历史时期的生物界已经变成生物遗体（包括残体）或者遗迹化石。其群落研究主要有四种类型：尸体群落、残体群落、埋藏群落和化石群落。

尸体群落——指生物的尸体堆积。常见的尸体堆积多是由死于不同原因、不同时间和不同地点的生物遗体堆积而成，其中可能混有仍然生存的生物的部分遗体等。

残体群落——指生物尸体堆积和生物活动遗迹的集合体。残体堆积包括生物的尸体堆积和仍然生存的生物的部分遗体，如植物的落叶、孢子、花粉，节肢动物脱落的甲壳，哺乳动物脱落的乳齿，鸟类的羽毛等，以及留在沉积物中或者其表面上的生物生活活动遗迹，如足迹、移迹、潜穴及排泄物等。

埋藏群落——指被沉积物覆盖而保存下来的残体群落。同一残体群落中的成分不一定都能被沉积物所覆盖保存，其中有的在未被覆盖之前就已经腐烂毁坏、搬运迁移或者其他生物所食，而不同残体群落的成分也可被搬运到同一地点埋藏保存。埋藏群落虽然被沉积物覆盖，但是仍然继续发生变化，没有硬体部分的生物及由易溶物质组成的外壳等常遭受破坏而不能保存，故埋藏群落的内容远较残体群落单调而贫乏。埋藏群落可以分为未经搬运的原地埋藏群落和经过搬运的异地埋藏群落。

化石群落——指保存为化石的部分埋藏群落。埋藏群落并非全部能转变为化石，其中没有硬体或者硬体不坚固的生物及幼虫等常被破坏而不形成化石，所以，只有部分的埋藏群落经石化作用而形成化石群落。化石群落形成以后，由于风化剥蚀及变质作用等也可能部分或者全部被毁坏。从生物群落经尸体群落、残体群落、埋藏群落到化石群落的形成，经历了长期而复杂的变化过程，生物群落的质与量均发生了明显的变化，化石群落已远非原来生物群落的全貌。

地层中的生物群落是地学旅游资源的重要组成部分。化石群落是地球诞生以来，特别是38亿年地球孕育最早的生物以来，研究生物演化的重要依据。大型的生物化石景观（如珊瑚礁化石）和生物化石实体（例如恐龙化石）是科学考察、科普教育和游览观光的重要旅游资源和旅游景观。

3. 生态平衡

生态平衡也称自然平衡。生物群落（包括动物和植物群落）和生态系统发展过程中，各种对立因素（相互排斥的生物种和非生物条件），通过相互制约、转化、补偿、交换等，达到一个相对稳定阶段；生态系统中的能量流和物质循环在通常情况下（没有受到外力的剧烈干扰）总是平稳地进行着，与此同时生态系统的结构也保持相对稳定的状态，这叫做生态平衡。生态平衡的最明显表现就是系统中的物种数量和种群规模相对平稳。当然，生态平衡是一种动态平衡，即它的各项指标，如生产量、生物的种类和数量，都不是固定在某一水平，而是在某个范围内来回变化。这同时也表明生态系统具有自我调节和维持平衡状态的能力。当生态系统的某个要素出现功能异常时，其产生的影响就会被系统做出的调节所抵消。

生态系统的能量流和物质循环以多种渠道进行着，如果某一渠道受阻，其他渠道就会发挥补偿作用。对污染物的入侵，生态系统表现出一定的自净能力，也是系统调节的结果。生态系统的结构越复杂，能量流和物质循环的途径越多，其调节能力或者抵抗外力影响的能力就越强。反之，结构越简单，生态系统维持平衡的能力就越弱。农田和果园生态系统就是脆弱生态系统的例子。

4. 生态失调

一个生态系统的调节能力是有限度的。外力的影响超出这个限度，生态平衡就会遭到破坏，生态系统就会在短时间内发生结构上的变化，比如一些物种的种群规模发生剧烈变化，另一些物种则可能消失，也可能产生新的物种。但变化总的结果往往是不利的，它削弱了生态系统的调节能力。这种超限度的影响对生态系统造成的破坏是长期性的，生态系统重新回到和原来相当的状态往往需要很长的时间，甚至造成不可逆转的改变，这就是生态平衡的破坏，即生态失调。作为生物圈一分子的人类，对生态环境的影响力目前已经超过自然力量，而且主要是负面影响，成为破坏生态平衡的主要因素。人类对生物圈的破坏性影响主要表现在三个方面：一是大规模地把自然生态系统转变为人工生态系统，严重干扰和损害了生物圈的正常运转，农业开发和城市化是这种影响的典型代表；二是大量取用生物圈中的各种资源，包括生物的和非生物的，严重破坏了生态平衡，森林砍伐、水资源过度利用是其典型例子；三是向生物圈中超量输入人类活动所产生的产品和废物，严重污染和毒害了生物圈的物理环境和生物组分（包括人类自己），化肥、杀虫剂、除草剂、工业三废和城市三废是其代表。

五、生态旅游环境与生态旅游活动

（一）生态旅游环境

生态旅游环境首先是自然环境。自然保护区作为生态旅游地，是重要的生态旅游环境，也是一处未遭受破坏或基本未遭受破坏的自然环境。大多数自然保护区都是为了达到使其自然环境和生物多样性相对不受干扰而得到保护，所以，这里为生态旅游提供了适宜的物质环境或者物质基础。

世界自然保护联盟（IUCN，1994）把自然保护区定义为：为环境保护和维持生物多样而划定的一块特定陆地或海洋区域，是纯自然环境的或者是与文化资源相联系的，并通过法律的或其他有效措施对其进行管理的区域。

为了维护生态平衡和生态旅游环境质量，许多国家和地区都在致力于自然保护区和国家公园系统的建设工作。自然保护区的首要任务就是保护生态，保护生态就是保护自然环境，从而也就保护了自然旅游资源，在保护的过程中，同时具有促进风景景观完美的作用。国家公园系统尽管具有开放性的旅游功能，但是也具有对自然环境和生态系统的保护作用。

1. 自然保护区

自然保护区主要是指在生态学上具有典型性、代表性的自然环境综合体。它可以作为一个国家或地区珍贵的自然遗产或者文化遗产永久地保存、保护下来，并把它作为一处科学研究的基地。其目的就是保存自然生态系统的纯真性，即纯天然性。

作为一个国家建立自然保护区，主要是国家把一些能揭示自然界内在规律的、具有科学研究价值和典型意义的生态区域（诸如森林、草原、水域、湿地、荒漠及其相伴生的动物等各种不同生态类型的区域），以及自然历史演化过程中的遗存、遗迹（如火山活动遗迹、地貌景观、地层景观、古生物景观和化石产地等特殊地质过程景观）等，规划并圈定一定的区域范围，设定专门的研究与管理机构，其职能在于保护、管理和建设这个区域。

世界自然保护联盟（IUCN）关于自然保护区类型提出了一个简明的保护区分类体系，有六种类型（表 11－1）。这个标准或分类系统的基本原则已经成为国际广泛公认的保护区分类标准。

表 11－1　世界自然保护联盟（IUCN）关于自然保护区的类型

类型	名称	描　述
1a	严格的自然保护区	指一类陆地或海洋区域，具有突出的或代表性的生态系统、地质或生理学特征、特殊的物种，具有原生性而适于科学研究或环境检测
1b	野生动物保护区	大面积未受到或略受到人类侵扰的陆地或海洋，保持着其自然特征和生态功能，没有永久性或显著的人类居所，保护和管理以便保持其自然环境
2	国家公园	自然的陆地或海洋区域，命名设立：①目前和将要产生的一个或多个生态系统的完整性；②禁止与其命名建立目标不相符的开发和土地占用；③提供保证满足精神的、科学研究的、环境教育的、休闲游览的活动条件，但是所有这些条件要与当地环境和文化相协调
3	自然纪念地	这类区域，包含一个或多个特别的自然或自然文化形态，因为其固有的珍稀性、代表性、美学价值和文化重要意义而具有突出的或唯一的价值
4	生境/物种保护管理区	特定陆地或海洋区域，通过积极的人工管理以便达到保证生境的维持和满足特殊物种的需求
5	陆地和海洋景观保护区	陆地区域及适合的海洋区域，其中人与自然长期的相互作用，已经形成了突出的特色，如重要的美学、生态学或文化价值，通常具有丰富的生物多样性。保护这种传统的相互关系的完整性，对于这样一个区域的保护、维持和演进是非常重要的
6	资源管理保护区	区域内具有占优势的未受到干扰的自然生态系统，对其管理的目的是保证其生物多样性的长期保护和维持，同时使其能持续地提供自然产物和服务功能，以满足社区的需要

2. 中国的自然保护区

中国关于自然保护区的限定：国家为了保护自然环境和自然资源，促进国民经济的持续发展，将一定面积的陆地和水体划分出来，并经各级人民政府批准而进行特殊保护和管理的区域。根据国家标准（GB/T14529－93《自然保护区类型与级别划分原则》），我国的自然保护区划分为 3 个类别 9 个类型（表 11－2）。

表 11-2 中国自然保护区分类标准

类　别		类　型	备注
1	自然生态系统类（自然保护区）	①森林、②草原与草甸、③荒漠、④内陆湿地和水域、⑤海洋与海岸	5个生态系统类型
2	野生生物类自然保护区	⑥野生动物、⑦野生植物	两个类型
3	自然遗迹类自然保护区	⑧地质遗迹、⑨古生物遗迹	两个类型

根据国家环保总局的统计，截至2005年底，中国已经建立各级各类自然保护区2 349处，总面积为14 995万公顷，占国土面积的15%，已超过世界平均水平。到2006年，全国自然保护区已经超过2 370多个，其中国家级自然保护区265个，面积9 185.1万公顷，国家级自然保护区面积约占国土面积的9.6%。目前，已经在全国范围内初步形成了一个类型齐全、分布基本合理的自然保护区网络。

目前我国70%的陆地生态系统种类、80%的野生动物和60%的高等植物，特别是国家重点保护的珍稀濒危动植物绝大多数都在自然保护区里得到较好的保护。我国自然保护区在国际上的影响也日益扩大，已有21处自然保护区加入世界人与生物圈保护区网络，21处自然保护区被列入国际重要湿地名录，3处自然保护区被列为世界自然遗产地。

中国列入世界生物圈保护网的9处是：吉林长白山、四川卧龙、广东肇庆鼎湖山、福建武夷山、贵州梵净山、江苏盐城滩涂、内蒙古锡林郭勒草原、新疆博格达峰、湖北神农架。

地质公园也是自然保护区的一部分，我国已经先后四批建立地质公园138处，其中有12处已经列入世界地质公园（详见第十二章）。

3. 湿地保护区

目前，中国的湿地保护区已经达到240处。

湿地是地球的肾脏。湿地类型主要有：海洋及其海滨地带、冰川与雪山、人工湖（水库）与水田、湖泊、沼泽、河流等七种类型。

2004年我国制定了湿地的新划分方案，这个新方案将我国的湿地划分为八大湿地区：①东北湿地区；②黄河中下游湿地区；③长江中下游湿地区；④滨海湿地区；⑤云贵湿地区；⑥东南华南湿地区；⑦西北干旱湿地区；⑧青藏高寒湿地区。

中国列入“国际重要湿地名录”的湿地主要是：黑龙江扎龙、吉林向海、江西鄱阳湖、湖南洞庭湖、海南东寨港、青海青海湖等。

国际湿地组织把每年的2月2日确定为世界湿地日。2005年的主题口号为：生物多样性与文化多样性。2005年2月2日，国际湿地组织秘书处批准中国九处湿地区为：辽宁双台河口、云南大山包、云南拉市海、碧塔海、纳帕海、扎陵湖、鄂陵湖、玛旁雍错、麦地卡。

4. 草地的退化与沙化

(1) 可利用草地的退化。我国草地每年减少65～70万公顷。北方草地退化面积达到90%以上。全国可利用草地每年以2%的速度加速退化，2亿头牲畜因灾害而死亡。专家建议建立草地“禁垦区”。我国草地面积居世界第二位，将近60亿亩，占全国陆地面积的40%左右。据卫星遥感调查技术统计，1995年与20世纪80年代中期的数字相比较，草地退化（不包括轻度退化）从13亿亩增加到20亿亩，10年中增加7亿亩。全国可利用草地以每年2%的速率加速退化，已经构成资源与环境的重大问题之一。

(2) 草地的沙化。我国草地的沙化现象更为严重。内蒙古阴山北麓由于风沙侵蚀，80%的耕地沙化，形成了1万多平方公里的风蚀沙化带。这一发展趋势已经对北京的生态环境造成严重威胁。

资料显示，在我国草地沙化的原因中，盲目开垦草原占25.4%；过度放牧占28.3%；过度樵采草地植物占31.8%。由此造成的我国水土流失面积由建国初期的11 600万公顷扩展到现在的15 466万公顷。由于人类对草原的严重破坏，特别是撂荒行为，使得我国发生沙尘暴的范围越来越大，次数越来越多。1993年和1998年发生在我国的特大沙尘暴，都造成了巨大的人员伤亡和财产损失。

（二）生态旅游活动

1. 世界生态旅游及其相关建议

(1) WTO与UNET的提醒。WTO（世界旅游组织）和UNEP（联合国环境署）提醒所有从事生态旅游的部门注意以下几点：①最大限度地让政府、私营企业、公众和消费者意识到生态旅游能够促进自然和文化遗产的保护和提高农村地区的生活水平；②为保证生态旅游在长时期内的可持续发展，应该进行有关生态旅游的规划、管理、法规制定和监督等方面的知识宣传；③加强生态旅游领域成功经验的交流；④增加生态旅游目的地和产品在国际市场上的促销机会。

（2）生态旅游的世界合作。为达到上述生态旅游的目的，WTO、UNEP 将在以下几个方面进行合作：①与世界保护联盟合作出版国家公园和保护区旅游可持续发展的管理指南；②在 2001—2002 年组织和参与就生态旅游某一具体问题在世界范围内举办的地区性的会议和研讨会；③把2002 年世界旅游日的主题定为生态旅游；④建立网站让不同的组织机构和企业代表获得有关活动的信息，交流开展生态旅游项目的经验和教训。

（3）国际生态旅游年的主要活动。世界生态旅游峰会于 2002 年 5 月 19 日—22 日在加拿大魁北克举行。此次大会是有史以来有关生态旅游的最高级会议，参加会议的代表有政府部长和其他官员、旅游公司和旅游协会、地方政府、国家公园与生态旅游相关的民间组织以及学术界人士。

（4）WTO、UNEP 的建议：①各国政府鼓励旅游和环境部门成立跨部门的工作小组以协调有关生态旅游年中国家级的活动，国际间的协调工作则由 WTO、UNEP 进行；②各国政府制定有关生态旅游可持续发展的国家战略和具体计划；③各国政府为从事生态旅游的中小企业在技术、资金和促销方面给予支持；④建立多种体制的规范和监督系统，特别是涉及环境、社会和文化可持续发展方面时；⑤设立政府和地方级别的庆祝国际生态旅游年委员会，由各级政府旅游和环境部门、私营企业、民间组织、公众以及当地新闻媒体组成；⑥欢迎各国政府和企业向 WTO、UNEP 介绍所在国家“国际生态旅游年”活动计划。

2．生态旅游活动的特点

生态旅游总的特点主要是：

（1）所有建立在自然基础上的旅游形式，游客的主要目的是观察和欣赏自然以及在自然界中流传下来的传统文化。

（2）具有教育和理解的特点。

（3）通常是由专业的小型地方企业为少数人组织的活动。国外不同规模的旅行社也可以组织、操作或销售生态旅游项目，一般情况下为小型旅游团。

（4）最低限度地降低对自然、社会和文化环境的负面影响。

（5）在以下几个方面有利于对自然界环境的保护：①给所在地的公众、组织以及自然保护区的管理部门带来经济效益；②给当地公众提供额外的就业机会和增加收入的机会；③增加地方公众和游客保护自然和文化遗产的意识。

3. 生态旅游活动需要注意的问题

（1）土地使用权所在地公众进行生态旅游开发进行的控制。

（2）以保护生物和文化多样性为目的的自然保护区概念是否具有有效性和公正性。

（3）在特殊敏感的区域进行操作时给予额外的警示监督的必要性。

（4）适合进行生态旅游开发地区的土著和传统的权利。

（三）可持续发展与生态旅游

1. 生态旅游与可持续发展的区别

世界旅游组织 1988 年对可持续发展原则做了如下定义："可持续旅游表现在它可以在这种方式下管理所有的资源，即在满足经济、社会和审美需要的同时，保持文化统一，基本的生态进程、生物多样性进程和生命支持系统。"

关于生态旅游和可持续旅游概念应清楚地加以区分：

（1）生态旅游只是旅游业中的一部分，而可持续旅游原则应适用于各种旅游活动，运作、设施和项目，包括常规的和可选择的形式。

（2）"国际生态旅游年"将给我们提供一个在世界范围内交流生态旅游成功经验的机会，以便为以后可持续发展奠定基础。这就意味着在从生态旅游获得最大的经济、环境和社会效益的同时，避免过去的缺点和负面影响。

（3）世界各地许多生态旅游公司和政府以及研究人员都在为更好地了解生态旅游，改进它的规划、管理和促销技巧进行努力。但是，到目前为止还没有一个真正意义上的尝试可以让不同部门的人士发表他们的意见、广泛传播他们的成果，或者把这些成果利用起来使它们能够为确保生态旅游获得预期的经济、环境和社会效益提供必要的条件。

2. 生态旅游是旅游环境可持续发展的重要途径

生态旅游促使环境保护由静态保护向动态保护转变。生态旅游已经成为当今旅游业大力推崇的旅游项目，亚洲太平洋旅行协会（PATA）所倡导的生态旅游和"绿色战略"，是加强环境保护和可持续发展的一项重大决策。生态旅游乃是通过旅游活动让人类真正认识自然、了解自然、利用自然，从而保护自然。在旅游中了解人类对地球各种环境的依赖行为，认识人类与生物界的亲情和相互依赖关系，从而真正地去爱护自然、爱护森林、爱护绿地、爱护水体、爱护大气、爱护动物，并深刻地认识到如果地球上只剩下人类，那将是极大的孤独和悲哀。

六、中国的生态旅游地简介

（一）野生动物观赏景点

1. 野生动物观赏

（1）观鸟景观点 25 处：北京西山观鸟、百鸟园；河北北戴河及其周围地区观鸟；青海青海湖鸟岛观鸟；新疆巴音布鲁克观天鹅、赛里木湖观鸟；内蒙古东胜卜汇海子观鸟；宁夏沙湖观鸟；辽宁盘锦双台河口观鸟；辽宁旅顺口老铁山观鸟；吉林通榆向海自然保护区观鸟；黑龙江齐齐哈尔扎龙保护区观鸟；陕西洋县观朱鹮；江西鄱阳湖、象山观鸟；安徽紫蓬山、黄甫山观鸟；上海崇明岛东滩观鸟；江苏盐城观丹顶鹤；山东长岛、鲁南海滨、黄河口观鸟；山东荣成天鹅湖观天鹅；河南黄河故道、鸡公山观鸟；福建厦门大屿观白鹭；贵州草海观黑颈鹤；云南昆明观海鸥；湖南衡阳江口鸟洲观鸟；湖南衡阳团湖观鸟；广东流溪河观鸟；广东新会小鸟天堂。

（2）其他动物景观点 14 处：河北秦皇岛野生动物园；新疆奇台卡拉麦里山（观野驴）；内蒙古呼伦贝盟新巴尔虎右旗（观蒙古羚羊、黄羊）；黑龙江哈尔滨东北虎林园；四川卧龙、蜂桶寨、王朗自然保护区（观大熊猫）；安徽宣州（观扬子鳄）；江苏大丰（观麋鹿）；海南东方大田（观坡鹿）；海南陵水南湾（观猕猴）；广西梧州云龙公园（观黑叶猴）；广西陇瑞自然保护区（观白头叶猴）；广西隆安龙虎山（观猕猴）；云南西双版纳野象谷（观象）；湖北神农架（观金丝猴、娃娃鱼）。

（二）草原、沙漠、自然生态考察景点

1. 沙漠探险旅行

沙漠探险 4 处：甘肃敦煌玉门关、阳关沙漠；新疆塔里木盆地塔克拉

玛干沙漠、胡杨林景观；内蒙古科尔沁沙地、巴丹吉林沙漠、库布齐沙漠；陕西榆林沙漠（沿古长城）。

2. 保护环境行动之旅

保护环境行动之旅 7 处：北京蟒山森林公园植树、河南郑州花园口植树、洛阳黄河河岸植树、内蒙古恩格贝沙漠植树、毛乌素沙漠植树、西藏清洁珠峰山麓、宁夏沙坡头植树、治沙。

3. 自然生态考察游

（1）森林生态考察 12 处：云南西双版纳热带雨林；广西姑婆山、大明山、陇瑞热带雨林；海南尖峰岭、霸王岭、吊罗山热带雨林；浙江天目山自然保护区；浙江天台山华顶森林公园；四川甘孜贡嘎山原始森林；四川蜀南竹海；四川邛崃山脉、卧龙、蜂桶寨等大熊猫自然保护区；西藏雅鲁藏布大峡谷原始森林保护区；吉林长白山原始森林；内蒙古祁麟山原始森林、白音敖包沙地经皮云杉林；贵州赤水桫椤自然保护区。

（2）草原生态考察 4 处：内蒙古呼伦贝尔草原、科尔沁草原、鄂尔多斯草原、黄河三角洲草地。

（3）沙漠生态考察 3 处：新疆塔里木绿色走廊、古尔班通古特沙漠索湾绿洲、宁夏中卫沙坡头。

（4）洞峡生态考察 6 处：辽宁本溪水洞、北京房山云水洞、浙江桐庐瑶琳仙境、重庆奉节天坑地缝、黑龙江火山口森林、广东韶关南岭地下森林。

4. 我国一级保护动植物名录

（1）我国的一级保护植物 8 种：人参、金花茶、银杉、珙桐、水杉、望天树、秃杉、桫椤。

（2）我国的一级保护动物 95 种：蜂猴、熊猴、台湾猴、豚尾猴、叶猴、金丝猴、长臂猿、马来熊、大熊猫、紫貂、貂熊、熊狸、云豹、豹、虎、雪豹、儒艮、白鳍豚、中华白海豚、亚洲象、蒙古野驴、西藏野驴、野马、野骆驼、鼷鹿、黑鹿、白唇鹿、坡鹿、梅花鹿、豚鹿、麋鹿、野牛、野牦牛、普氏原羚、藏羚、高鼻羚羊、扭角羚、台湾鬣羚、赤斑羚、塔尔羊、北山羊、河狸、短尾信天翁、白腹军舰鸟、白鹤、黑鹤、朱鹮、中华秋沙鸭、金雕、白肩雕、玉带海雕、白尾海雕、虎头海雕、拟兀鹫、胡兀鹫、细嘴松鸡、斑尾榛鸡、雉鹑、四川山鹤鸪、海南山鹧鸪、黑头角雉、红胸角雉、灰腹角雉、黄腹角雉、虹雉、褐马鸡、蓝鹏、黑颈长尾雉、白颈长尾雉、黑长尾雉、孔雀雉、绿孔雀、黑颈鹤、白头鹤、丹顶鹤、白鹤、赤颈鹤、鸨、遗鸥、四爪陆龟、鳄蜥、巨蜥、蟒、扬子鳄、新疆大头鱼、中华鳄、达尔鳄、白鳄、红珊瑚、库氏砗磲、鹦鹉螺、中华蛩镰、金斑喙凤蝶、多鳃孔舌形虫、黄岛长吻虫。

(三) 中国的自然保护区

中国265处国家级自然保护区（截至2006年2月23日）在各大区和各省、市、自治区的划定数量为：

华北38处，其中：北京1处、天津3处、河北8处、山西5处、内蒙古21处。

东北35处其中：辽宁11处、吉林9处、黑龙江15处、华东41处、上海2处、江苏3处、浙江9处、安徽6处、福建11处、江西5处、山东5处。

中南57处，其中：河南10处、湖北7处、湖南11处、广东9处、广西12处、海南8处。

西南55处，其中：重庆3处、四川20处、贵州7处、云南15处、西藏10处、西北39处、陕西7处、甘肃13处、青海5处、宁夏6处、新疆8处。

国家级自然保护区名录详细见附录2。

第十二章

地质公园及其行动计划

本章着重论述了地质公园的概念、各种分类特征以及地质公园的科学功能、旅游功能和自然环境保护功能，在此基础上提出建立地质公园的现实意义，介绍国家有关建立地质公园的实施步骤、行动计划和规划设计原则。

一、地质公园行动计划背景

随着人类社会的发展，人类在开发利用自然旅游资源的同时，对自然资源和环境的破坏也越来严重，许多地带已经面目全非，地球上原始、自然状态的遗迹越来越少了。科学家们已经看到了这种危机，感觉到了问题的严重性，预感到这种状况发展下去将对人类生存意味着什么。人类赖以生存的地球太应该珍惜了。珍惜地球，首先应该珍惜与人类直接相关的地球表层的自然环境，保护地壳上尽可能多的自然性和原始性。地质公园作为一种新型的、具有特殊科学含义的旅游资源，有助于提高旅游活动的科学品位，有利于缓解旅游与环境保护之间的矛盾，从而保护好地球上为数不多的、最原始的一块"沃土"。

为了更有效地保护地质遗迹，联合国教科文组织第 29 次大会决定"建立具有特殊地质特色的全球地质景区网络"，156 次执行局会议为了贯彻这一决定，决议启动联合国教科文组织世界地质公园计划（UNESCO Geopark Program）。选择地质上有特色，同时兼顾景观优美，有一定历史文化内涵的地质遗迹（区、点）建立地质公园，以期强调全球地质公园网络景观与人文历史紧密结合，强调地质遗迹的保护与地方经济发展紧密结合，强调地质公园的开发与生产资料教育紧密结合，强调地质遗迹的保护与地质研究紧密结合，强调地质公园的发展与当地民众就业特别是残疾人就业紧密结合，强调为了保护地质遗迹应重视开发，以开发来促进保护。

为此，UNESCO 建立了世界地质公园计划秘书处、世界地质公园咨询委员会及世界地质公园专家小组，开展可行性研究，制定计划方案和实施指南。我国被选为首批世界地质公园试点国。

我国早在 1985 年就提出建立国家地质公园的设想，把它作为地质自然保护区的一种特殊类型。国土资源部组建后，部领导高度重视地质遗迹保护工作。1999 年 12 月国土资源部在山东威海市召开了“全国地质地貌景观保护工作会议”。会上讨论了 2000—2010 年“全国地质遗迹保护规划”，在规划中重新提出了建立国家地质公园的设想。此举受到联合国教科文组织驻中国代表的重视。为了更好地推动我国地质遗迹保护工作，国土资源部决定成立国家地质公园领导小组。负责地质公园建设等重大政策决策、审批等。下设国家地质公园办公室，挂靠国土资源部地质环境司，负责拟定有关的地质公园法规、规划、组织实施地质公园建设日常工作。为了指导国家地质公园规划工作，国土资源部特编制了“国家地质公园总体规划工作指南”。

二、地质公园的理论基础

（一）地质公园的概念

地质公园（Geopark）是指地球在其演化过程中形成并保留下来的、目前地球上保存完整的、基本未遭受破坏的、保持其自然原始状态的自然空间环境。

从旅游的角度来看，地质公园是生态旅游资源的重要组成部分，地质公园是旅游资源环境保护的理想选择方式。

地质遗迹是 21 世纪重要的旅游资源。就某种意义而言，地质公园乃是能集中体现某一地质作用或地质过程中，在地球表层保存下来的遗迹、遗物的精华和精品，也即地球历史演化过程中遗留在地球表层的精彩一幕的遗存。在特定的自然条件下，在特定的地史环境里，某一地区集中而完好地保存并体现出某些地质特征和地质现象，把这些地质遗迹和遗存进行科学合理的规划，使其既受到保护，同时又可以供游人参观、游览或考察，这种特定的地质环境空间就是地质公园。

国土资源部（国土资厅发［2000］77 号）“关于申报国家地质公园的通知”指出：地质公园（Geopark）是以具有特殊的科学意义，稀有的自然属性，优雅的美学观赏价值，具有一定规模和分布范围的地质遗址景观为主体；融合自然景观与人文景观并具有生态、历史和文化价值；以地质遗迹保护，支持当地经济、文化和环境的可持续发展为宗旨；为人们提供具有较高科学品位的观光游览、度假休息、保健疗养、科学教育、文化娱乐的场所。同时也是地质遗迹景观和生态环境的重点保护区，地质科学研究与普及的基地。

地质遗迹景观是指在地球演化的漫长地质历史时期由于内外动力的地质作用，形成、发展并遗留下来的不可再生的地质自然遗产。重要的地质遗迹是国有的宝贵财富，是生态环境的重要组成部分。我国是世界上地质遗迹资源比较丰富，分布地域广阔，种类齐全的少数国家之一。

（二）地质公园的分类

就目前研究现状而言，地质公园还没有一个公认的标准。依据不同，划分的方案也就不同。下面将从不同的角度探讨地质公园的分类。

1. 根据地质过程遗迹分类

地质过程遗迹是指在漫长的地质历史发展时期，各个地质历史阶段的地质产物和记录。地质记录主要有无机和有机两大类，无机的主要是沉积物的组成成分（化学成分和元素组合等）、地质过程中的各种形迹记录（如高压、高温、火山喷发、岩浆活动、变质形迹、沉积构造等）；有机的主要是生物界，各个地质时期都有不同的生物景观、生物遗迹、遗物和生物群落组合类型。比较典型的、具有保护价值的地质过程遗迹归纳见表 12 - 1。

2. 根据地质年代分类

根据地质年代分类主要依据地质演化的阶段性，由老到新划分地质公园（表 12 - 2），其考虑因素主要是地层剖面、古生物化石、岩相古地理环境等。

表 12－1 地质遗迹分类表

	基本类别	典型地区和案例
1	古生物化石类	硅化木化石地（新疆、江西）、恐龙化石地（四川自贡、云南禄丰）、恐龙蛋化石地（湖北郧县、河南南阳）、关岭动物群化石地（贵州）
2	熔岩与火山遗迹	海南琼山马鞍岭、山西大同火山口群、吉林长白山、黑龙江镜泊湖、新疆天山天池、福建漳州滨海火山景观
3	地层剖面类	天津蓟县元古代地层剖面、长江三峡震旦纪地层剖面、广西南丹泥盆纪海相地层剖面、广西桂林南边村石炭纪/二叠纪界线层型剖面，浙江长兴煤山二叠系一三叠系界限层型剖面和点（GSSP）
4	古人类遗址类	北京周口店古人类遗址地、山西丁村人遗址地、云南元谋人遗址地、广西柳江人遗址地
5	古人类遗址类	北京周口店古人类遗址地、山西丁村人遗址地、云南元谋人遗址地、广西柳江人遗址地
6	古气候遗迹类	庐山冰川遗迹地
7	特殊地质构造类	断层构造（庐山龙首崖）
8	古地理环境遗迹类	典型古湖泊环境（山东山旺）、古河流环境（南京雨花台）、古海洋环境（广西桂林泥盆纪、石炭纪地层、贵州都匀地区泥盆纪和石炭纪地层）
9	综合地质作用类	雅鲁藏布大峡谷
10	风化剥蚀类	雅丹地貌（新疆、黄土地貌、云南石林地貌等）
11	河流侵蚀类	丹霞地貌（广东仁化、福建武夷山、江西龙虎山等）
12	变质岩地貌类	山东泰山、河南嵩山、山西五台山等
13	岩浆岩地貌类	安徽黄山、九华山、江西三清山、浙江天目山等
14	特殊地貌类	岩溶地貌、丹霞地貌、雅丹地貌、砂岩峰林地貌、象形地貌（海南保亭毛公山、湖北兴山睡佛山）等
15	矿床地质类	广西大厂锡矿，湖北大冶铜绿山，江西瑞昌古矿坑，查尔汗盐湖等
16	典型矿物型类	江苏东海县水晶矿
17	地质灾害遗迹类	地震灾害（河北唐山、云南丽江），滑坡地质灾害，泥石流地质灾害等
18	地热矿泉类	西藏羊八井地热区，云南腾冲地热火山
19	现代冰川类	新疆天山，四川海螺沟

说明：以上所举例证，目前大多数还没有被评定为地质公园，只作分类参考

表 12-2　地质年代划分的地质公园分类

	代	纪
1	新生代地质公园	第三纪地质公园、第四纪地质公园
2	中生代地质公园	三叠纪地质公园、侏罗纪地质公园、白垩纪地质公园
3	晚古生代地质公园	泥盆纪地质公园、石炭纪地质公园、二叠纪地质公园
4	早古生代地质公园	寒武纪地质公园、奥陶纪地质公园、志留纪地质公园
5	前寒武纪地质公园	太古代地质公园、元古代地质公园

3. 根据地质遗迹的综合程度分类

单一性地质公园；综合性地质公园。

4. 地质公园级别分类

（1）根据其科学价值划分。地质公园的级别分类，主要考虑地质遗迹的科学价值、研究价值，在世界范围内稀有罕见，同时考虑其可进入性、可观赏性、可利用性等，具体分级见表 12-3。

表 12-3　根据科学价值级别划分的地质公园

级别	典 型 例 证
世界级	科学价值极高，在世界上也是罕见的，可申报为或已经是《世界自然遗产名录》的。如：雅鲁藏布大峡谷，九寨沟，武陵源（张家界砂岩峰林地貌），北京周口店猿人，浙江长兴煤山二叠系一三叠系界限层型剖面（为全球层型剖面——金钉子）等
国家级	科学价值很高，在国际上有很高的知名度，是国际科学交流的重要地区。如：天津蓟县元古代地层剖面，长江三峡震旦纪地层剖面，四川自贡恐龙化石地，湖北郧县恐龙蛋化石地，云南路南石林等
省级	科学价值高，在国内知名度高，是国内大区域科学交流的重要地区。如：海南琼山火山熔岩景观等
地区级	在国内某一区域科学价值高，在一定的区域内具有代表性

（2）根据保护价值划分。可划分为三类：一级保护地质公园；二级保护地质公园；三级保护地质公园。

（3）根据空间展布面积划分。可划分为：特大型、大型、中型、小型等四个级别。

特大型——保护区面积大于 $100km^2$；大型——保护区面积在 50～$100km^2$ 之间；中型——保护区面积在 10～$50km^2$ 之间；小型——保护区面积小于 $10km^2$。

(三) 地质公园的功能

1. 科学研究功能

这是建立地质公园的最基本的条件。一个地质公园可以代表某一个地质年代（时期）的地质过程记录。具有很高的典型性，地质现象发育完好，地质剖面发育完整，具有世界参考价值和对比意义，或者是世界上独有的地质记录和地质现象。地质公园可说是地球上的一块未被随意开发的原始的“处女地”。随着人类对地球资源开发力度的不断加大和开发范围的不断延伸，这样保存完好的原始地区会越来越少，范围越来越小。随着时间的迁移，其科学研究价值也就越来越显得突出。它是研究地球发展演化历史、演化规律，宇宙演化规律的微型实验室，是人类认识地球，认识宇宙的窗口。也是人类认识自己，预测人类未来发展趋势的哲学经典。欧洲哲学的建立和形成，与当时阿尔卑斯山区的地质调查有着密切都关系。欧洲 18 世纪后期出现的“水成论”（维尔纳，A. G. Werner，1749—1817）与“火成论”（郝屯，J. Hutton，1726—1797）、“均变说”（莱伊尔，C. Lyell，1797—1875）与“灾变说”（居维叶，G. Cuvier，1769—1832）的哲学思想大论战，19 世纪提出的“活动论”（魏格纳，A. Wegener，1880—1930）与“固定论”，达尔文的“生物进化论”与“上帝创世说”等都从当时形成的地质调查热潮中得到了启示。恩格斯对居维叶“灾变论”的批判，“水成论”被教皇视为“圣经”的“经典”。可以说，阿尔卑斯山是最大的一座“地质公园”，它不仅是地质科学的摇篮，研究自然科学、地球演化的摇篮，而且是哲学思维的启示地和论战载体。

2. 参观游览功能

作为旅游，可供旅游者参观游览的地质公园主要是一些具有奇特地质现象与地貌景观的地质公园。随着人类旅游观念的更新与转变、文化素质的提高，追求自然、追求新奇、追求科学成为一种时尚，作为集中体现大自然奥秘的地质公园无疑将成为人们旅游的热点目的地之一。

3. 环境保护功能

地质公园首先是一处集中体现某一地质时代和某些地质作用与地质过

程的遗存物及其所占据的空间环境。它是一处自然遗产，所以，它是一处受保护的自然环境区域。人们通过它的科学价值和其与人类的密切关系研究，逐渐认识到对这些地质遗迹和遗存进行保护的重要性。建立地质公园可以有效地对该地质景观进行保护，引起人们的重视，增强保护意识。

三、地质公园建立的前期工作

（一）前期研究工作和建立原则

1. 前期预研究内容

前期工作主要是进行地质调查。首先划定地质公园的区域方位，在收集前人工作资料的基础上，对划定区域进行地质调查、测制地质剖面、测定地质年代、确定地质含义。前期研究内容具体有以下几个方面：①主要地质遗迹概况及其保护现状；②自然环境状况及人文景观资源状况；③地质公园及其周围地区社会经济状况及其评价；④建立国家级地质公园的综合价值；⑤地质公园与其他保护机构的关系；⑥科学研究概况；⑦前期工作及总体规划简介；⑧基础设施概况等。

2. 前期综合考察

（1）地质公园基本概况。主要涉及：地理位置、自然条件及园区范围，主要保护对象及目的和意义，地质公园及其周围地区社会经济状况及其评价，科学研究概况等。

（2）地质背景及遗迹评价。主要考察内容有：区域地质背景，地质遗迹的形成条件和形成过程，地质遗迹类型与分布，地质遗迹评价等。

（3）地质公园保护管理现状。保护管理现状大致有：机构设置与人员状况，边界划定与土地权属状况和历史沿革、基础工作和管理现状。

3. 建立的原则

建立地质公园应该考虑以下几个原则：

（1）必须要有一个依托城市，而且起码应该是一个县市级的城市。依托城市能够满足旅游活动六要素——食、住、行、游、购、娱的服务接待需求。

（2）必须要有一个以上的风景区、点作为支撑景观。这些风景区、点在区域范围内有一定知名度和较强吸引力的旅游资源。如：自然旅游资源的风景水体（湖泊、风景河段）、森林公园、风景地貌、溶洞和历史文化价值比较高的人文旅游资源等。

（3）必须要有一个良好的区位环境和便捷的交通条件，可进入性强。交通是进入旅游区的先决条件，没有便捷的交通，游人就不会来，没有旅游者，地质公园也就失去其意义和价值。

（4）地质公园可以作为自然旅游资源的一部分（一个局部）予以考虑，并纳入旅游区规划与设计：确定旅游导向，分析预测客源市场，设计旅游项目，规划旅游线路，同时在地质公园附近修建必要的服务接待设施和保护机构。

（二）地质公园申报表的填写

地质公园的申报是一项复杂而严格的工作，科学性、实用性也很强，申报必须按照严格的程序和步骤进行。

具体内容见表 12－4。

表 12－4　地质公园申报表

地质公园名称			
地质公园类型			
地　　点			
地理坐标			
总面积（平方公里）		主要地质遗迹面积（平方公里）	
地方建立保护区状况			
建立时间、批准机构、批准文号			
地质公园建立级别变动情况			
管理机构名称			
隶属关系			
人员编制		科技人员	
行政管理人员		工　　人	
固定经费来源及数额（万元）			
现有固定资产（万元）			

四、地质公园总体规划

（一）总体规划基本内容

（1）基本情况。包括：自然地理概况、社会经济概况、历史沿革和公园建设与旅游现状。

（2）地质景观资源开发建设条件评价。包括：区域地质概况、区域旅游地学资源、地质遗迹景观、地质旅游资源评价、开发建设条件评价等。

（3）总体规划依据和原则。包括：总体规划依据、总体规划原则。

（4）总体布局。包括：地质公园性质、地质公园范围、总体布局。

（5）环境容量与游客规模。包括：环境容量、游客规模。

（6）地质生产资料教育游览线路规划。包括：景点规划、旅游线路规划。

（7）保护工程规划。包括：地质遗迹景观保护、其他资源保护、生态环境保护、安全卫生工程。

（8）旅游服务设施规划。包括：餐饮与住宿、科普娱乐、购物（地质工艺品）、医疗与地学保健、导游标志。

（9）基础设施工程规划。包括：道路交通规划、给水工程规划、排水工程规划、供电工程规划、供热工程规划、通讯广播电视工程规划。

（10）组织管理。包括：管理体制、组织机构、人员编制。

（11）投资概算与开发建设顺序。包括：概算依据、投资概算、资金筹措、开发建设顺序。

（12）效益评估。包括：经济效益评估、生态效益评估、社会效益评估。

（二）总体规划图件

（1）区域地质图（1∶10 万～1∶20 万）。

（2）区域综合旅游资源分布图（1∶5 万～1∶20 万）。

（3）地质公园总体规划图（1∶5 万～1∶20 万）。

（4）地质遗迹保护规划图（1∶5 万～1∶20 万）。

（5）主要地质旅游景区（点）规划图（1∶1 000～1∶1 万）。

(6) 地质公园基础建设规划图（1∶5万～1∶20万）。

(三) 附件

(1) 地质公园可行性研究报告及其批准文件。

(2) 有关会议纪要和协议文件。

(3) 地质旅游资源调查评价报告。

五、地质公园总体规划工作指南

(一) 总则

1.1 为适应地质公园建设的需要，统一地质公园总体规划的要求，特制定本规划工作指南。

1.2 本规划工作指南适用于全国新建和改建的地质公园及其他以地质地貌景观为主的旅游景区的总体规划编制。

1.3 本规划工作指南制定的依据是《中华人民共和国环境保护法》、《中华人民共和国自然保护区条例》、原地矿部1995年21号令《地质遗迹保护管理规定》、“世界地质公园工作指南”等有关法规与规定。

1.4 地质公园总体规划的指导思想，应以独特的地质地貌与地质遗迹景观资源为主体，充分利用各种自然与人文旅游资源，在保护的前提下合理规划布局，适度开发建设，为人们提供旅游观光、休闲度假、保健疗养、科学研究、教育普及、文化娱乐的场所，以开展地质旅游促进地区经济发展为宗旨，逐步提高经济效益、生态环境效益和社会效益。

1.5 地质公园总体规划应该遵循下列基本原则：

(1) 地质公园应以地质遗迹景观和地质生态环境为主体，突出自然科学情趣、山野风韵观光和保健旅游等多种功能，因地制宜，发挥自身优势，形成独特风格和地域特色的科学公园。

(2) 以保护地质遗迹景观为前提，遵循开发与保护相结合的原则，严格保护自然与文化遗产，保护原有的景观特征和地方特色，维护生态环境的良性循环，防止污染和其他地质灾害，坚持可持续发展。

(3) 为促进当地社会经济可持续发展服务，依据地质等自然景观资源与人文旅游资源特征、环境条件、历史情况、现状特点，以及国民经济和社会发展趋势，以旅游市场为导向，总体规划布局，统筹安排建设项目，切实注重发展经济的实效。

（4）要协调处理好景区环境效益、社会效益和经济效益之间的关系，协调处理景区开发建设与社会需求的关系，努力创造一个风景优美、设施完善、社会开明、生态环境良好、景观形象和旅游观光魅力独特、人与自然协调发展的地质公园。

1.6　地质公园规划应分为总体规划、详细规划二个阶段进行。大型而又复杂的地质公园，可以增编控制性详细规划或修建性详细规划。

1.7　通过规划与分析对比，地质公园可分为县市级、省级、国家级和世界级四个级别，按用地规模可分为小型地质公园（$20km^2$以下）、中型地质公园（$21\sim100km^2$）、大型地质公园（$101\sim500km^2$）、特大型地质公园（$500km^2$以上）。

1.8　地质公园规划应与国土规划、区域规划、城市总体规划、土地利用总体规划及其他相关规划相互协调。

1.9　地质公园规划除执行本规划工作指南外，尚应符合国家有关强制性标准与规范的规定。

（二）一般规定

2.1　地质遗迹景观（原地矿部第 21 号令）

（1）对追溯地质历史具有重大科学研究价值的典型层型剖面（含副层型剖面）、生物化石组合带地层剖面、岩性岩相建造剖面及典型地质构造剖面和构造形迹。

（2）对地球演化和生物进化具有重要科学文化价值的古人类与古脊椎动物、无脊椎动物、微体古生物、古植物等化石与产地以及重要古生物活动遗迹。

（3）具有重大科学研究和观赏价值的岩溶、丹霞、黄土、雅丹、花岗岩奇峰、石英砂岩峰林、火山、冰川、陨石、鸣沙、海岸等奇特地质景观。

（4）具有特殊学科研究和观赏价值的岩石、矿物、宝玉石及其典型产地。

（5）有独特医疗、保健作用或科学研究价值的温泉、矿泉、矿泥、地下水活动痕迹以及有特殊地质意义的瀑布、湖泊、奇泉。

（6）具有科学研究意义的典型地震、地裂、塌陷、沉降、崩塌、滑坡、泥石流等地质灾害遗迹。

（7）需要保护的其他地质遗迹。

2.2　地质遗迹分级标准

2.2.1　国家级：

（1）能为一个大区域甚至全球演化过程中，某一重大地质历史事件或演化阶段提供重要地质证据的地质遗迹。

（2）具有国际或国内大区域地层（构造）对比意义的典型剖面、化石产地。

（3）具有国际或国内典型地学意义的地质景观或现象。

2.2.2　省级：

（1）能为区域地质历史演化阶段提供重要地质证据的地质遗迹。

（2）有区域地层（构造）对比意义的典型剖面、化石及产地。

（3）在地学分区及分类上，具有代表性或较高历史、文化、旅游价值的地质景观。

2.2.3　县级：

（1）在本县的范围内具有科学研究价值的典型剖面、化石及产地。

（2）在小区域内具有特色的地质景观或地质现象。

（三）总体规划布局

3.1　总体规划布局

（1）总体布局必须全面贯彻有关各项方针、政策及法规。

（2）有利于保护和改善生态环境，妥善处理开发利用与保护之间、游览与生产和服务及生活等诸多方面之间的关系。

（3）从公园的全局出发，统一安排；充分合理利用地域空间，因地制宜地满足地质公园多种功能需要。

（4）在充分分析各功能区的特点及其相关关系的基础上，以游览区为核心，合理组织各功能系统，既要突出各功能区的特点，又要注意总体的协调性，使各功能区之间相互配合、协调发展，构成一个有机整体。

（5）要有长远观点，为今后发展留有余地。

3.2　地质公园区划

3.2.1　根据地质公园综合发展需要，结合地域特点，应因地制宜设置不同功能区。

3.2.2　生态保护区：保护地质遗迹及生态环境，涵养水源，保持水土，维护公园生态环境重要功能的地区。

3.2.3　特别景观区：具有独特的地质遗迹景观和自然人文景观的地区。

3.2.4　史迹保护区：地质遗迹与历史遗迹需要特别突出保护的地区。

3.2.5　地质游览区：为游客游览观光区域。重点在于景区、景点建设；在不降低景观质量的条件下，为方便游客及充实活动内容，可根据需要适当设置一定规模的饮食、购物、照相等服务与游艺项目。

3.2.6　野营区：为开展野营、露宿、野炊，模拟野外地质科考调查生活区。

3.2.7　休疗养区：利用特殊的地质条件与自然环境和资源，为游客提供较长时期的休憩疗养、增进身心健康之用地。

3.2.8　游乐区：对于距城市 50km 之内的近郊地质公园，为吸引游客，在条件允许的情况下，需建设大型游乐与体育活动项目时，应单独划分区域。

3.2.9　接待服务区：用于相对集中建设宾馆、饭店、购物、娱乐、医疗等接待服务项目及其配套设施。

3.2.10　生产经营区：从事石材生产、矿井开发等非地质旅游业的各种生产活动区。

3.2.11　行政管理区：为行政管理建设用地。主要建设项目为办公厅、仓库、车库、停车场等。

3.2.12　居民生活区：为地质公园职工及公园境内居民集体建设住宅及其配套设施用地。

3.3　环境容量与游客规模评定

3.3.1　确定合理环境容量应遵循的原则：

（1）合理环境容量必须符合在旅游活动中、在保护旅游资源质量不下降和生态环境不退化的条件下，取得最佳经济效益的要求。

（2）合理环境容量应满足游客的舒适、安全、卫生、方便等旅游需要。

3.3.2　环境容量计算：

（1）应分别按景区、景点可游面积测算日环境容量，并结合旅游季节特点，计算公园年环境容量。

（2）环境容量一般采取面积法、卡口法、游路法等三种测算方法，可因地制宜加以选用或综合运用。

3.3.3　游客容量在环境容量测算基础上，按景点、景区、公园换算日、年游客容量。

3.3.4　根据地质公园所处地理位置，景观吸引能力，公园建成后的旅游条件及客源市场需求程度，按年度分别预测国际与国内游客规模。

3.4　旅游景点与景区规划

3.4.1　突出地质公园主题，从公园整体到局部都应围绕公园主题安排。

3.4.2　景点必须以地质自然景观为主，突出科技情趣、自然野味，以人文景观作必要的点缀，起到画龙点睛的作用。除特殊功能需要外，景区内不宜设置大型人造景点。如必须设置时，应以不破坏自然景观并与总体相协调为前提条件。

3.4.3　静态空间布局与动态序列布局紧密结合，处理好动与静之间的关系，使之协调，构成一个有机的艺术整体。

3.4.4　景点的连续序列布局应沿山势、河流水系、道路、疏林、草地等自然地形、地物设置展开。正确运用“断续”、“起伏曲折”、“反复”、“空间开合”等手法，构成多样统一的鲜明连续风景节奏。

3.4.5　景点命名：

（1）要突出科学普及的特点，深入浅出，并保持地质科学内容的严谨性。

（2）高度概括景点特点，主题恰如其分，充分揭示景观的科学内涵与自然美学精髓。

（3）雅俗共赏，应满足各层次多数游人游览需要。不得单纯追求艺术、片面标新立异、古辟、抽象、令人费解。

（4）具有新疑性、知识性与趣味性，能启迪游人探索自然和游赏的兴趣。

（5）景名构思应虚实并举，达到意境与景物形体的完美结合。

3.5　旅游线路规划

3.5.1　游览线路规划：

（1）合理布局，充分利用各种游览方式，形成有机结合，提供丰富的游览内容。

(2) 游览线路应有鲜明的阶段性和空间序列变化的节奏感，由起景开始、发展，到高潮、结束，逐渐引人入胜。

(3) 游览线路应便捷、安全，使游客在尽可能短的时间内观赏到景观精华。

(4) 使游人能感受和利用地质公园的多种效益功能。

(5) 有利于地质公园景观资源和环境保护。

(6) 有利于合理安排游人的食、住、行、游、购、娱等旅游服务设施。

3.5.2　游览方式的选择，应合理利用地形、地势等自然条件，充分体现景点特点，紧密结合游览功能需要，因地因景制宜、统筹安排，选择陆游、水游、空游、地下游览等各种方式。

(四) 地质遗迹景观保护规划

4.1　地质遗迹景观保护区划

保护区划应包括查清需保护的地质遗迹景观资源，明确保护的具体对象，划定保护范围，制定保护原则和措施等基本内容。景观保护的区划应包括生态保护区、自然景观保护区、史迹保护区、景观游览区和发展控制区等，并应符合以下规定：

4.1.1　生态保护区的划分与保护规定：

(1) 对风景区内有科学研究价值或其他保存价值的地质地貌自然景观及其环境，应划出一定的范围与空间作为生态保护区。

(2) 在生态保护区内，可以配置必要的研究和安排防护性设施，应禁止游人进入，不得搞任何建筑设施，严禁机动交通及其设施进入。

4.1.2　自然景观保护区的划分与保护规定：

(1) 对需要严格限制开发行为的特殊地质遗迹和景观，应划出一定的范围与空间作为自然景观保护区。

(2) 在自然景观保护区内，可以配置必要的步行游览和安全防护设施，宜控制游人进入，不得安排与其无关的人为设施，严禁机动交通及其设施进入。

4.1.3　史迹保护区划分与保护规定：

(1) 在景区内各级文物和有价值的历代史迹遗址的周围，应划出一定的范围与空间作为史迹保护区。

(2) 在史迹保护区内，可以安置必要的步行游览和安全防护设施，宜控制游人进入，不得安排旅宿床位，严禁增设与其无关的人为设施，严禁机动交通及其设施进入，严禁任何不利于保护的因素进入。

4.1.4 风景游览区的划分与保护规定：

(1) 对风景区的景物、景点、景群、景区等各级风景结构单元和风景游赏对象集中地，可以划出一定的范围与空间作为风景游览区。

(2) 在风景游览区内，可以进行适度的资源利用行为，适宜安排各种游览欣赏项目；应分级限制机动交通及旅游设施的配置，并分级限制居民活动进入。

4.1.5 发展控制区的划分与保护规定：

(1) 在风景区范围内，对上述四类保护区以外的用地与水面及其他各项用地，均应划为发展控制区。

(2) 在发展控制区内，可以准许原有土地利用方式与形态，可以安排同风景区性质与容量相一致的各项旅游设施及基地，可以安排有序的生产、经营管理等设施，应分别控制各项设施的规模与内容。

4.2 地质遗迹景观保护区的分级

保护区的分级应包括特级保护区、一级保护区、二级保护区和三级保护区等四级内容，并应符合以下规定：

4.2.1 特级保护区的划分与保护规定：

(1) 风景区内的自然保护核心区及其他不应进入游人的区域应为特级保护区。

(2) 特级保护区应以自然地形地物为分界线，其外围应有较好的缓冲条件，在区内不得搞任何建筑设施。

4.2.2 一级保护区的划分与保护规定：

(1) 在一级景点和景物周围应划出一定范围与空间作为一级保护区，宜以一级景点的视域范围作为主要划分依据。

(2) 一级保护区内可以安置必需的步行游赏道路和相关设施，严禁建设与风景无关的设施，不得安排旅宿床位，机动交通工具不得进入此区。

4.2.3 二级保护区的划分与保护规定：

(1) 在景区范围内以及景区范围之外的非一级景点和景物周围应划为二级保护区。

(2) 二级保护区内可以安排少量旅宿设施，但必须限制与风景游赏无关的建筑，应限制机动交通工具进入本区。

4.2.4 三级保护区的划分与保护规定：

(1) 在风景区范围内，对以上各级保护区之外的地区应为三级保护区。

(2) 在三级保护区内，应有序控制各项建设与设施，并应与风景区环境相协调。

4.3 地质遗迹景观的保护规划

地质遗迹景观保护规划应依据本景区的具体情况和保护对象的级别而择优实行分类保护或分级保护，或两种方法并用，应协调处理遗迹保护、开发利用、经营管理的有机关系，加强引导规划措施。

（五）专题规划

5.1 游览设施规划

旅行游览接待服务设施规划应包括游人与游览设施现状分析；客源分析预测与游人发展规模的选择；游览设施配置与直接服务人口估算；旅游基地组织与相关基础工程；游览设施系统及其环境分析等。

5.2 基础工程规划

地质公园基础工程规划，应包括交通道路、邮电通讯、给水排水和供电能源等内容，根据史迹需要，还可进行防洪、防火、抗灾、环保、环卫等工程规划。

应符合下列规定：

(1) 符合景区保护、利用、管理的要求。

(2) 同景区的特征、功能、级别和分区相适应，不得损坏地质旅游景观和风景环境。

(3) 要确定合理的配套工程、发展目标和布局，并进行综合协调。

(4) 对需要安排的各项工程设施的选址和布局提出控制性建设要求。

(5) 对于大型工程或干扰性较大的工程项目及其规划，应进行专项景观论证、生态与环境敏感分析，并提交环境影响评价报告。

5.3 居民社区调控规划

凡含有居民点的地质公园，应编制居民点调控规划；凡含有一个乡或镇以上的地质公园，必须编制居民社会系统规划。居民社会调控规划应包括现状、特征与趋势分析；人口发展规模与分布；经营管理与社会组织；居民点性质、职能、动因特征和分布；用地方向与规划布局；产业和劳力发展规划等内容。

居民社会调控规划应遵循下列基本原则：

(1) 严格控制人口规模，建立适合风景区特点的社会运转机制。

(2) 建立合理的居民点或居民点系统。

(3) 引导淘汰型产业的劳力合理转向。

5.4　经济发展引导规划

经济发展引导规划，应以国民经济和社会发展规划、风景与旅游发展战略为基本依据，形成独具地质公园特征的经济运行条件。经济发展引导规划应包括经济现状调查与分析；经济发展的引导方向；经济结构及其调整；空间布局及其控制；促进经济合理发展的措施等内容。

5.5　土地利用协调规划

5.5.1　土地利用协调规划应包括土地资源分析评估；土地利用现状分析及其平衡表；土地利用规划及其平衡表等内容。

5.5.2　土地资源分析评估，应包括对土地资源的特点、数量、质量与潜力进行综合评估或专项评估。

5.5.3　土地利用现状分析，应表明土地利用现状特征，风景用地与生产生活用地之间的关系，土地资源演变、保护、利用和管理存在的问题。

5.5.4　土地利用规划，应在土地利用需求预测与协调平衡的基础上，表明土地利用规划分区及其用地范围。

5.5.5　土地利用规划应遵循下列基本原则：

(1) 突出风景区土地利用的重点与特点，扩大风景用地。

(2) 保护风景游赏地、林地、水源地和优良耕地。

(3) 因地制宜地合理调整土地利用，发展符合风景区特征的土地利用方式与结构。

5.6　分期发展规划

5.6.1　地质公园总体规划分期应符合以下规定：

(1) 第一期或近期规划：5 年以内。

(2) 第二期或远期规划：5～20 年。

（3）第三期或远景规划：大于 20 年。

5.6.2　在安排每一期的发展目标与重点项目时，应兼顾地质遗迹景观保护、风景观赏、游览设施、居民社会的协调发展，体现地质公园自身发展规律与特点。

5.6.3　近期发展规划应提出发展目标、重点、主要内容，并应提出具体建设项目、规模、布局、投资估算和实施措施等。

5.6.4　远期发展规划的目标应使风景区各项规划内容初具规模。并应提出发展期内的发展重点、主要内容、发展水平、投资估算、健全发展的步骤与措施。

5.6.5　远景规划的目标应提出地质公园规模所能达到的最佳状态和目标。

5.6.6　近期规划项目与投资估算应包括风景游赏、景观保护、游览设施、居民社会四个职能系统的内容以及实施保护措施所需的投资。

六、地质公园评审委员会资质和工作制度

为确保新建国家地质公园的质量，切实加强地质遗迹保护，保障地质公园的评审工作顺利进行，制定本制度。

（一）评审委员会的任务、职责

受国土资源部的委托，国家地质遗迹（地质公园）评审委员会负责国家级地质遗迹（地质公园）的评审工作，对经地质遗迹（地质公园）主管部门初审合格的申报材料进行评审，以记名方式表决并提出评审委员会评审意见。

（二）评审委员会成员条件

（1）拥护中国共产党领导，作风正派，工作负责，办事公正。

（2）学术造诣较深，能对地质遗迹保护和建设或管理工作提出权威性建议。

（3）具有高级技术职称的专家或主管行政领导。

（4）身体健康，能参加实际工作。

（三）组织机构

1. 评审委员会

评审委员会由一名主任委员，三名副主任委员和若干名委员组成，任期三年。评审委员会换届及评审委员会解聘或增补手续，由有关单位提出人选，报国土资源部批准后办理。

2. 评审委员会办公室

评审委员会办公室为评审委员会的评审办事机构，挂靠在中国地质学会，其主要任务是：

（1）负责评审委员会的日常事务。

（2）对经主管部门初审合格的国家地质遗迹（地质公园）申报书进行评审。

（3）建立和管理国家地质遗迹（地质公园）评审工作档案。

（4）受主管部门委托，开展与世界地质公园组织的联系工作。

（四）评审及复评程序

（1）评审委员会原则上每年召开一次评审会议，一般定于每年第四季度举行。

（2）评审会议由主任委员或主任委员委托副主任委员召集主持。

（3）由国家地质遗迹（地质公园）领导小组指派一至两名评审委员作为主审委员，负责向评审委员会介绍有关地质公园的情况及评估意见，代拟评审委员会评审意见，并依据评审结果修改完成评审意见。

（4）申报国家地质公园复评程序同评审程序。

（五）报批程序

（1）经评审委员会 2/3 以上评审委员（包括 2/3，含委员委托的代表或书面评审意见）表决后，由评审委员会办公室将评审意见及申报材料报送国土资源部地质遗迹（地质公园）领导小组审查，对在隶属关系、管理体制等方面不存在异议的地质公园，由国土资源部提出审批意见。

（2）对虽经评审委员会 2/3 以上（包括 2/3）评审委员表决通过，但在隶属关系、管理体制等方面存在异议的地质公园，由国土资源部委托国家地质遗迹（地质公园）领导小组负责于地质公园所在省、自治区、直辖市有关部门协调后，报国土资源部审批。

七、国家地质公园评审标准

为了保证国家地质公园评审工作的顺利进行，确保新建国家地质公园的质量，同时与世界地质公园接轨，特制定本标准。

（一）申报与评审

（1）申报国家地质公园，由地质公园所在省、自治区、直辖市国土资源主管部门提出申请。

（2）国家地质公园评审委员会负责国家地质公园的评审工作。

（3）申报国家地质公园的地质公园必须为省（自治区、直辖市）级地质公园，且原则上应在该级别建设和管理二年以上。

（4）申报国家地质公园，必须提交下列材料：①拟建国家地质公园申报书；②拟建国家地质公园综合考察报告；③拟建国家地质公园总体规划；④拟建国家地质公园位置图、地形图、卫片、航片、环境地质图、植被图、规划图及文献等图件资料；⑤拟建国家地质公园的地质遗迹及主要保护对象的录像带、照片集；⑥批准建立省（自治区、直辖市）级地质公园的文件、土地使用权属证等有关材料。

（5）国家地质公园评审委员会在听取申请建立国家地质公园的主管部门情况汇报和评估意见后，以记名形式投票表决。经评审委全体成员2/3以上（包括2/3、含委员委托的代表或书面评审意见）表决通过的地质公园，具备报国土资源部审批的资格。

（二）评审指标与赋分

（1）国家地质公园的评审指标由自然属性、可保护属性和保护管理基础三个部分组成，其下又分为12项具体指标。

（2）根据各评审指标的重要程度，分别赋予一定分值，总分为100分。

（3）评审指标总分得分小于60分时，具有否决意见。

（三）国家地质公园评审指标及赋分

1. 自然属性（60分）

（1）典型性（15分）：

a. 遗迹的类型、内容、规模等具有国际对比意义（15分）

b. 遗迹的类型、内容、规模等具有全国性对比意义（10分）

c. 遗迹的类型、内容、规模等在国内具有重要的地学意义（5分）

d. 遗迹的类型、内容、规模等属国内常见（0分）

（2）稀有性（17分）：

a. 属世界上唯一或极特殊的遗迹（17分）

b. 属世界上少有或国内唯一的遗迹（12分）

c. 属国内少有的遗迹（6分）

d. 在国内外均不具特殊性的普通遗迹（0分）

（3）自然性（8分）：

a. 基本保持自然状态，未受到或极少受到人为破坏之遗迹（8分）

b. 虽受到一定程度的人为破坏，但影响程度很低或稍加人工整理可恢复原有面貌之遗迹（6分）

c. 受到比较明显的人为破坏，但经人工整理后仍有较大保护价值的遗迹（3分）

d. 人为破坏严重，极难恢复之遗迹（0分）

（4）系统性和完整性（10分）：

a. 遗迹的形成过程和表观现象保存系统而完整，内容丰富多样（10分）

b. 遗迹的形成过程和表观现象保存比较系统而完整，内容较多样（6分）

c. 遗迹的形成过程和表观现象保存不够系统而完整，但基本能反映该类型遗迹的主要特征（3分）

d. 遗迹的形成过程和表观现象保存较少，内容单一，不能反映该类型遗迹的基本特征（0分）

（5）优美性（10分）：

a. 具有极高的美学价值（10分）

b. 具有较高的美学价值（7分）

c. 具有一般的美学价值（4分）

d. 不具有美学价值（0分）

2. 可保护属性（20 分）

（1）面积适宜性（6 分）：

a. 面积足以有效保护遗迹的全部保护对象（6 分）

b. 面积基本能够保护遗迹的全部保护对象（4 分）

c. 面积能够保护遗迹的主要保护对象（2 分）

（2）科学价值（8 分）：

a. 在地学和生态学等方面具有极高的科学价值（8 分）

b. 在地学和生态学等方面具有较高的科学价值（4 分）

c. 在地学和生态学等方面具有一般的科学价值（2 分）

（3）经济和社会价值（6 分）：

a. 在资源利用、旅游、教育等多方面具有重大意义（6 分）

b. 在资源利用、旅游、教育等多方面具有较大意义（3 分）

c. 在资源利用、旅游、教育等多方面具有一般意义（1 分）

3. 保护管理基础（20 分）

（1）机构设置与人员配备（4 分）：

a. 具有健全的管理机构和适宜的人员配备，且专业技术人员占管理人员的比例≥20%（4 分）

b. 管理机构健全并配备了相应的管理人员，但专业技术人员占管理人员的比例＜20%（3 分）

c. 已建立管理机构，但现有管理人员数量不能满足资源保护与日常管理的需要（1 分）

d. 尚未建立管理机构（0 分）

（2）边界划定与土地权属（3 分）：

a. 边界清楚，无土地使用权属纠纷，已获得全部土地的使用权并领取了土地使用权属证（3 分）

b. 边界清楚，无土地使用权属纠纷，已获得核心区土地的使用权并领取了土地使用权属证（2 分）

c. 虽未获得土地使用权，但边界清楚，无土地的使用权属纠纷（1 分）

d. 边界不清楚，土地使用权属存在较大的争议（0 分）

（3）基础工作（6 分）：

a. 完成综合科学考察，系统全面掌握资源，环境本底情况，编制完

成详细综合考察报告和总体规划，收集了完整的样本材料（6分）

b. 完成综合科学考察，基本掌握资源，环境本底情况，编制完成较详细的综合考察报告和总体规划，收集了大部分的样本材料（4分）

c. 完成针对主要保护对象的科学考察，初步掌握资源，环境本底情况，完成了部分或初步的科学考察报告和总体规划，收集了主要保护对象的样本材料（2分）

d. 尚未开展科学考察，无考察报告和总体规划（0分）

（4）管理条件（7分）：

a. 具有良好的基础设施，包括完备且先进的办公、保护、科研、宣传教育、交通、通讯、生活用房等设施（7分）

b. 基本具备管理所需的办公、保护、科研、宣传教育、交通、通讯、生活用房等设施（4分）

c. 初步具备管理所需的基础设施，但尚不能满足一般管理工作的需求（2分）

d. 不具有或基本不具有基础设施，无法进行正常的管理工作（0分）

（四）国家地质公园评审表

见表12－5。

（五）提交成果

（1）国家地质公园综合考察报告提纲（综合材料）。

（2）地质公园总体规划报告（由规划报告书、规划图纸和附件三部分组成）。

（3）总体规划图件（功能图件）：①区域地质图（1/10万～1/20万）；②区域综合旅游资源分布图（1/5万～1/20万）；③地质公园总体规划图（1/5万～1/20万）；④地质遗迹保护规划图（1/5万～1/20万）；⑤主要地质旅游景区（点）规划图（1/1 000～1/1万）；⑥地质公园基础建设规划图（1/5万～1/20万）。

（4）航片、卫片、照片集。

（5）光盘。

（6）导游词解说。

（7）路线图。

（8）规划文本。

表 12－5　国家级地质公园评审表

拟建国家地质公园名称					
指标及赋分					
典型性	满分	得分	稀有性	满分	得分
	15			17	
自然性	满分	得分	系统性和完整性	满分	得分
	8			10	
优美性	满分	得分	面积适宜性	满分	得分
	10			6	
科学价值	满分	得分	经济和社会价值	满分	得分
	8			6	
机构设置和人员配备	满分	得分	边界划定和土地权属	满分	得分
	4			3	
基础工作	满分	得分	管理工作	满分	得分
	6			7	
总分	100				
是否同意建立国家地质公园					
专家签名： 年　月　日					

八、中国国家和世界地质公园名录

（一）第一批国家地质公园

第一批国家地质公园共计 11 处：①云南石林岩溶峰林国家地质公园（400km²）；②湖南张家界砂岩峰林国家地质公园（3 600km²）；③河南嵩山地层构造国家地质公园（450km²）；④江西庐山第四纪冰川国家地质公园（500km²）；⑤云南澄江动物群古生物国家地质公园（18km²）；⑥黑龙江五大连池火山地貌国家地质公园（720km²）；⑦四川自贡恐龙古生物国家地质公园（8.7km²）；⑧福建漳州滨海火山地貌国家地质公园（318.64km²）；⑨陕西翠华山山崩地质灾害国家地质公园（32km²）；⑩四

川龙门山构造地质国家地质公园（1 900km²）；⑪江西龙虎山丹霞地貌国家地质公园（380km²）。

关于第一批国家地质公园的地质特征、地质遗迹和主要人文景观见表12－6。

表 12－6　第一批国家地质公园地质特征、地质遗迹和主要人文景观一览表

序号	国家地质公园名称	主要地质特征地质遗迹保护对象	主要人文景观
1	云南石林国家地质公园	碳酸盐岩溶峰丛地貌，溶洞	哈尼族民族风情，歌舞
2	湖南张家界国家地质公园	砂岩峰林地貌，柱、峰、塔锥上植物奇秀，附近有溶洞和脊椎动物化石产地	土家族民族风情
3	河南嵩山国家地质公园	完整的华北地台地层剖面，三个前寒武纪的角度不整合	五千年华夏文化，文物，寺庙集中，少林寺，嵩阳书院
4	江西庐山国家地质公园	断块山体，江南古老地层剖面，第四纪冰川遗迹	白鹿洞书院，世界不同风格建筑，中国近代史重大历史事件发生地
5	云南澄江国家地质公园	寒武纪早期（5.3亿年）生物大爆发，数十个生物种群同时出现	湖旅游区
6	黑龙江五大连池国家地质公园	火山岩地貌景观、温泉	中国最近的火山喷发(1719—1712年)
7	四川自贡恐龙国家地质公园	恐龙发掘地、多种恐龙化石密集埋藏	世界最早的超千米盐井
8	福建漳州国家地质公园	滨海火山岩，玄武柱状节理群火山喷气口，海蚀地貌	沙滩，海滨休闲区，古炮台寺庙
9	陕西翠华山国家地质公园	地震引起的山体崩塌堆积	古代名人碑刻
10	四川龙门山国家地质公园	四川盆地西缘巨大推复构造，飞来峰	寺庙
11	江西龙虎山国家地质公园	丹霞地貌景观	古代道教活动中心之一，并有悬棺群和古崖葬遗址

（二）第二批国家地质公园

第二批国家地质公园共计 33 处：①安徽黄山国家地质公园；②甘肃敦煌雅丹国家地质公园；③内蒙古赤峰市克什克腾国家地质公园；④云南

腾冲火山国家地质公园；⑤广东丹霞山国家地质公园；⑥四川海螺沟国家地质公园；⑦山东山旺国家地质公园；⑧天津蓟县国家地质公园；⑨四川大渡河峡谷国家地质公园；⑩福建大金湖国家地质公园；⑪河南焦作云台山国家地质公园；⑫甘肃刘家峡恐龙国家地质公园；⑬黑龙江嘉荫国家地质公园；⑭北京石花洞国家地质公园；⑮浙江常山国家地质公园；⑯河北涞源白石山国家地质公园；⑰安徽齐云山国家地质公园；⑱河北秦皇岛柳江国家地质公园；⑲黄河壶口瀑布国家地质公园；⑳四川安县生物礁一岩溶国家地质公园；㉑广东湛江湖光岩国家地质公园；㉒河北阜平天生桥国家地质公园；㉓山东枣庄熊耳山国家地质公园；㉔安徽浮山国家地质公园；㉕北京延庆硅化木国家地质公园；㉖河南内乡宝天幔国家地质公园；㉗浙江临海国家地质公园；㉘陕西洛川黄土国家地质公园；㉙西藏易贡国家地质公园；㉚安徽淮南八公山国家地质公园；㉛湖南郴州飞天山国家地质公园；㉜湖南莨山国家地质公园；㉝广西资源国家地质公园。

关于第二批国家地质公园的地质特征、地质遗迹和主要人文景观见表12－7。

表 12－7　第二批国家地质公园地质特征、地质遗迹和主要人文景观一览表

序号	国家地质公园名称	主要地质特征地质遗迹保护对象	主要人文景观
1	安徽黄山国家地质公园	花岗岩峰丛地貌	历代名人踪迹
2	甘肃敦煌雅丹国家地质公园	雅丹地貌，黑色戈壁滩	千佛洞石窟，月牙泉
3	内蒙克什克藤国家地质公园	在花岗岩峰林地貌，沙漠与大兴安岭林区接壤地，草原，达里湖，云衫林	金边堡，岩画，蒙族风情
4	云南腾冲国家地质公园	近代火山地貌，温泉，生物多样性	古边城，少数民族风情
5	广东丹霞山国家地质公园	丹霞地貌命名地	
6	四川海螺沟国家地质公园	现代低海拔冰川	藏族风情
7	山东山旺国家地质公园	第三纪湖相沉积，脊椎昆虫鱼等多种化石	
8	天津蓟县国家地质公园	中国北方中晚元古界标准剖面	长城黄崖关，古塔，庙宇
9	四川大渡河峡谷国家地质公园	雄奇险峻的大渡河峡谷及支流形成的障古，大瓦山及第四纪冰川遗址	藏族风情
10	福建大金湖国家地质公园	湖上丹霞地貌	
11	河南焦作云台山国家地质公园	丹崖赤壁，悬崖瀑布，水利工程，岩溶	“竹林七贤”居地，寺，塔，古树

续表 12－7

序号	国家地质公园名称	主要地质特征地质遗迹保护对象	主要人文景观
12	甘肃刘家峡恐龙国家地质公园	恐龙化石和足印	刘家峡电站及水库
13	黑龙江嘉荫恐龙国家地质公园	恐龙发掘地	中国最北部的自然景观
14	北京石花洞国家地质公园	石灰岩岩溶洞穴，各类石笋，石钟乳，房山北京人遗址	北京西郊大量人文遗址
15	浙江常山国家地质公园	奥陶系达瑞威尔阶层型界线（GSSP）礁灰岩岩溶	太湖风景名胜
16	河北涞源白石山国家地质公园	白云岩，大理岩形成的石柱，峰林地貌，泉，拒马河源头	古寺，古塔，长城，关隘
17	安徽齐云山国家地质公园	丹霞地貌，崖谷寨柱峰洞	方蜡寨
18	河北秦皇岛柳江国家地质公园	华北北部完整的地层剖面，海滨沙滩，花岗岩峰丘，洞穴	长城，度假区
19	黄河壶口瀑布国家地质公园	黄河壶口大瀑布与沉积构造	“二战”时期的遗址
20	四川安县国家地质公园	成片硅质海绵形成生物礁	庙宇
21	广东湛江湖光岩国家地质公园	火山地貌，马尔湖	古代人文，名人碑刻
22	河北阜平天生桥国家地质公园	阜平群（28—25亿年）地层产地	“二战”和国内革命战争遗址
23	山东枣庄熊耳山国家地质公园	灰岩岩溶地貌，洞穴，峡	古文化遗址，古战场
24	安徽浮山国家地质公园	火山岩风化作用形成特有洞崖	古寺庙
25	北京延庆硅化木国家地质公园	原地埋藏的硅化木化石	延庆具有大量人文遗迹如古崖居
26	河南内乡宝天幔国家地质公园	变质岩结构，构造	生物多样性
27	浙江临海国家地质公园	白垩纪火山岩及风化成的洞穴	东海海滨地球风情
28	陕西洛川黄土国家地质公园	中国黄土标准剖面，黄土地貌	洛川会议，黄土风情文化
29	西藏易贡国家地质公园	现代冰川，巨型滑坡，堰塞湖	藏族风情，青藏高原南部风情
30	安徽淮南八公山国家地质公园	7—8亿年的淮南生物群：晚前寒武-寒武纪地层，岩溶	肥水之战古战场，古寿州城，刘安墓
31	湖南郴州飞天山国家地质公园	丹霞地貌，崖，天生桥，洞，峡	寺庙，碑刻，悬棺
32	湖南莨山国家地质公园	丹霞地貌	古代名人和战争遗址
33	广西资源国家地质公园	丹霞地貌	瑶族风情

（三）第三批国家地质公园

第三批国家地质公园共计 41 处：①河南王屋山国家地质公园；②四川九寨沟国家地质公园；③浙江雁荡山国家地质公园；④四川黄龙国家地质公园；⑤辽宁朝阳鸟化石国家地质公园；⑥广西百色乐业大石围天坑群国家地质公园；⑦河南西峡伏牛山国家地质公园；⑧贵州关岭化石群国家地质公园；⑨广西北海涠洲岛火山国家地质公园；⑩河南嵖岈山国家地质公园；⑪浙江新昌硅化木国家地质公园；⑫云南禄丰恐龙国家地质公园；⑬新疆布尔津喀纳斯湖国家地质公园；⑭福建晋江深沪湾国家地质公园；⑮云南玉龙黎明—老君山国家地质公园；⑯安徽祁门牯牛降国家地质公园；⑰甘肃景泰黄河石林国家地质公园；⑱北京十渡国家地质公园；⑲贵州兴义国家地质公园；⑳四川兴文石海国家地质公园；㉑重庆武隆岩溶国家地质公园；㉒内蒙古阿尔山国家地质公园；㉓福建福鼎太姥山国家地质公园；㉔青海尖扎坎布拉国家地质公园；㉕河北赞皇嶂石岩国家地质公园；㉖河北涞水野三坡国家地质公园；㉗甘肃平凉崆峒山国家地质公园；㉘新疆奇台硅化木—恐龙国家地质公园；㉙长江三峡（湖北、重庆）国家地质公园；㉚海南海口石山火山群国家地质公园；㉛江苏苏州太湖西山国家地质公园；㉜宁夏西吉火石寨国家地质公园；㉝吉林靖宇火山矿泉群国家地质公园；㉞福建宁化天鹅洞群国家地质公园；㉟山东东营黄河三角洲国家地质公园；㊱贵州织金洞国家地质公园；㊲广东佛山西樵山国家地质公园；㊳贵州绥阳双河洞国家地质公园；㊴黑龙江伊春花岗岩石林国家地质公园；㊵重庆黔江小南海国家地质公园；㊶广东阳春凌宵岩国家地质公园。（《国土资源报》2004 年 3 月 19 日）

关于第三批国家地质公园的地质特征、地质遗迹和主要人文景观见表 12－8。

表 12-8　第三批国家地质公园地质特征、地质遗迹和主要人文景观一览表

序	国家地质公园名称	主要地质特征地质遗迹保护对象	主要人文景观
1	河南王屋山国家地质公园	地质构造和地层遗迹	小浪底水利工程
2	四川九寨沟国家地质公园	“层湖叠瀑”景观	扎如寺，达吉寺
3	浙江雁荡山国家地质公园	火山地质遗迹	寺庙
4	四川黄龙国家地质公园	以露天钙化景观为主的高寒岩溶地貌，冰川	宗教寺庙，藏族风情，革命遗址
5	辽宁朝阳鸟化石国家地质公园	古生物化石，凤凰山地质构造	槐树洞，热水汤，古人类遗址
6	广西百色乐业大石围天坑群国家地质公园	岩溶地貌，天坑群，溶洞，地下暗河	少数民族风情
7	河南西峡伏牛山国家地质公园	恐龙蛋集中产地	
8	贵州关岭化石群国家地质公园	关岭古生物群，小凹地质走廊	布依族，苗族风情
9	广西北海涠洲岛火山国家地质公园	火山，海岸，古地震遗迹，古海洋风暴遗迹	天主教堂，圣母堂，三婆庙
10	河南嵖岈山国家地质公园	花岗岩地貌	历史名人（施耐庵等）
11	浙江新昌硅化木国家地质公园	硅化木	
12	云南禄丰恐龙国家地质公园	古生物遗迹	古人类文化遗址，少数民族风情
13	新疆布尔津喀纳斯湖国家地质公园	冰川遗迹，流水地貌	蒙古族人图瓦文化，图鲁克岩画
14	福建晋江深沪湾国家地质公园	海底森林，海蚀地貌	
15	云南玉龙黎明—老君山国家地质公园	高山丹霞地貌，冰川遗迹	民俗文化
16	安徽祁门牯牛降国家地质公园	花岗岩峰丛，怪石，岩洞及水文地质遗迹	千年古村，根据地遗址
17	甘肃景泰黄河石林国家地质公园	黄河石林，融合峰林，雅丹和丹霞等地貌特征	明长城，五佛寺
18	北京十渡国家地质公园	峡谷，河流地貌	
19	贵州兴义国家地质公园	贵州龙动物群化石，岩溶地貌	古人类文化遗址，布依族、苗族风情
20	四川兴文石海国家地质公园	岩溶地貌，古生物化石	苗族风情
21	重庆武隆岩溶国家地质公园	岩溶地貌，天生桥群，洞穴，天坑，地缝，峡谷	古崖新栈，吊脚楼，清代古墓
22	内蒙古阿尔山国家地质公园	火山，温泉，地质地貌	战争遗址，蒙族风情

续表 12-8

序	国家地质公园名称	主要地质特征地质遗迹保护对象	主要人文景观
23	福建福鼎太姥山国家地质公园	火山，海蚀地貌	客家文化
24	青海尖扎坎布拉国家地质公园	丹霞地貌	宗教，藏族风情
25	河北赞皇嶂石岩国家地质公园	构造地貌	
26	河北涞水野三坡国家地质公园	构造—冲蚀嶂谷地貌	明、清长城摩崖石刻
27	甘肃平凉崆峒山国家地质公园	丹霞地貌，斑马山	道教发源地，佛教胜地
28	新疆奇台硅化木—恐龙国家地质公园	硅化木，恐龙化石，雅丹地貌	古遗址，古地貌
29	长江三峡（湖北、重庆）国家地质公园	河流、岩溶、地层	长江文明
30	海南海口石山火山群国家地质公园	火山、岩溶隧道	火山文化，田园风光
31	江苏苏州太湖西山国家地质公园	花岗岩、湖泊地貌	江南刺绣
32	宁夏西吉火石寨国家地质公园	丹霞地貌，地史遗迹，水文景观	石窟
33	吉林靖宇火山矿泉群国家地质公园	火山，温泉	近代人文景观
34	福建宁化天鹅洞群国家地质公园	岩溶洞穴	
35	山东东营黄河三角洲国家地质公园	河流三角洲地貌	胜利油田
36	贵州织金洞国家地质公园	岩溶地貌，织金洞，峡谷	苗族风情
37	广东佛山西樵山国家地质公园	粗面质火山遗迹，明代采食遗迹，古文化遗址	佛家文化遗址
38	贵州绥阳双河洞国家地质公园	喀斯特洞穴	公馆桥，金钟山寺
39	黑龙江伊春花岗岩石林国家地质公园	花岗岩地貌	
40	重庆黔江小南海国家地质公园	地震灾害遗迹，岩溶地貌	革命历史遗址
41	广东阳春凌宵岩国家地质公园	岩溶地貌，地层及构造遗迹，古人类洞穴遗址	摩崖石刻，碑帖，民族风情

（四）第四批国家地质公园（共 53 处）

第四批国家地质公园于 2005 年 8 月公布，共计 53 处：①山东泰山国家地质公园；②云南大理苍山国家地质公园；③河南郑州黄河国家地质公园；④安徽天柱山国家地质公园；⑤黑龙江镜泊湖国家地质公园；⑥福建德化石牛山国家地质公园；⑦安徽大别山（六安）国家地质公园；⑧广东深圳大鹏半岛国家地质公园；⑨四川射洪硅化木国家地质公园；⑩四川四姑娘山国家地质公园；⑪福建屏南白水洋国家地质公园；⑫广东封开国家地质公园；⑬湖南凤凰国家地质公园；⑭河南关山国家地质公园；⑮河北临城国家地质公园；⑯山东沂蒙山国家地质公园；⑰江西三清山国家地质公园；⑱福建永安国家地质公园；⑲湖北神农架国家地质公园；⑳青海久治年宝玉则国家地质公园；㉑广西凤山岩溶国家地质公园；㉒河南洛宁神灵寨国家地质公园；㉓河北武安国家地质公园；㉔新疆富蕴可可托海国家地质公园；㉕河南洛阳黛眉山国家地质公园；㉖陕西延川黄河蛇曲国家地质公园；㉗青海格尔木昆仑山国家地质公园；㉘四川华蓥山国家地质公园；㉙山东长山列岛国家地质公园；㉚贵州六盘水乌蒙山国家地质公园；㉛青海互助北山国家地质公园；㉜河南信阳金岗台国家地质公园；㉝湖南古丈红石林国家地质公园；㉞四川江油国家地质公园；㉟山西五台山国家地质公园；㊱江苏六合国家地质公园；㊲内蒙古阿拉善沙漠国家地质公园；㊳广西鹿寨香桥岩溶国家地质公园；㊴江西武功山国家地质公园；㊵大连滨海国家地质公园；㊶湖南酒埠江国家地质公园；㊷黑龙江兴凯湖国家地质公园；㊸贵州平塘国家地质公园；㊹西藏札达土林国家地质公园；㊺辽宁本溪国家地质公园；㊻重庆云阳龙缸国家地质公园；㊼湖北武汉木兰山国家地质公园；㊽山西壶关峡谷国家地质公园；㊾山西宁武冰洞国家地质公园；㊿广东恩平地热国家地质公园；51湖北郧县恐龙蛋化石群国家地质公园；52大连冰峪沟国家地质公园；53上海崇明岛国家地质公园。

（五）世界地质公园

截至 2005 年 8 月，中国列入世界地质公园名录者 12 处：①安徽黄山地质公园；②广东丹霞山地质公园；③江西庐山地质公园；④湖南张家界地质公园；⑤河南云台山地质公园；⑥黑龙江五大连池地质公园；⑦河南嵩山地质公园；⑧云南石林地质公园；⑨雁荡山地质公园；⑩泰宁地质公园；⑪克什克腾地质公园；⑫宜宾兴文地质公园。

欧洲列入世界地质公园名录者 21 处：①法国普罗旺斯高地；②希腊莱斯沃斯石化森林；③德国埃菲尔山脉；④西班牙马埃斯特；⑤希腊普西罗芮特；⑥法国罗什舒瓦尔—沙斯农陨石坑；⑦德国特拉维塔；⑧爱尔兰科佩海岸；⑨英国大理石拱形洞；⑩意大利马东尼；⑪意大利罗卡迪切雷拉；⑫奥地利坎普谷；⑬奥地利埃森武尔瑾；⑭德国贝尔吉施-奥登瓦尔德；⑮英国北奔宁山；⑯英国阿伯雷与莫尔文；⑰英国苏格兰西北高地；⑱法国吕贝龙；⑲德国施维比阿尔比；⑳德国布朗斯韦尔；㉑德国麦克兰堡冰川地貌地质公园。

第十三章

精美的地史珍品——宝玉石

一、珠宝玉石与金银饰品

（一）珠宝玉石基础知识与金银首饰介绍

1. 宝石

宝石——绝大部分宝石由矿物组成。除了有机质的珍珠、珊瑚、琥珀、龟甲、煤玉等，宝石的绝大部分是晶质矿物（结晶体），除了欧泊和黑曜岩为非晶质。宝石多数是矿物。矿物是自然产出的单质（单体化学元素）和化合物（复合元素）。单质者如自然金（Au）、自然铜（Cu）、金刚石（C）等；化合物者如水晶（SiO_2）、刚玉（Al_2O_3），即红宝石和蓝宝石）、欧泊（$SiO_2 \cdot nH_2O$）。宝石主要是非金属矿物。

2. 玉石

玉石——玉石即是岩石，岩石是矿物的集合体。玉石有硬玉和软玉两类。硬玉是翡翠；软玉以和田玉为代表，其他有岫玉、独山玉（南阳玉）、蓝田玉、东陵玉（东陵石）、寿山石等。湖北的绿松石是玉石中的上品。

3. 珍珠

珍珠被列为宝石。珍珠是由淡水珠蚌和海洋中的海贝体内分泌的碳酸钙质结晶而成的矿物——文石形成。文石是一种层状碳酸钙。淡水的“蚌类”（珠蚌类、主要有三角帆蚌）和海水中的白蝶贝、黑蝶贝体内分泌碳酸钙，一层一层地涂在贝壳上，使贝壳逐渐增厚，保护其体内的生物体，在分泌过程中，当一粒细小的砂粒、一个小虫或者其他的异物，甚至一个细菌进入贝和蚌的体内，使它的软体感到很不舒服，于是它便把自己建造贝壳（外壳）的一部分物质一层又一层地涂到小异物上（或一粒细砂，或一个小虫），这样越涂越厚，逐渐变成一粒小圆珠，这就是珍珠。

4. 金银首饰

黄金首饰和白银首饰。金首饰根据含金量区别质量，24K 黄金一般认为是纯金（金含量为 99.99%或者 99.9%），18K 黄金相对含量低（金含量为 75%），12K 黄金（金含量为 50%）。其他 K 金（开金）可以按 24K 为 100%予以计算。如 16K（66.67%）、10K（41.67%）、8K（33.33%）等。

5. “白金”首饰

白金可分两类：一类为铂金（Pt），它又可按其含铂（Pt）的纯度分为 Pt950 和 Pt900 两种。Pt950 的含钯（Pd）量为 5%，Pt900 的含钯（Pd）量为 10%；另一类为白（色）金，它具有铂金的外表，其实它是一种 18K 的以黄金（Au）为主（75%），另含其他金属成分，如 Pd、Ph（铑）、Ag、Cu、Ni 及 Zn 等元素组合而成的。其价格与黄金相当，是一种新型的首饰金属，其组合配方尚未完全公开。很多人误以为白金即是铂金，商家经常以此而误导消费者。18K 白金首饰其正确的名称应是白色 18K 金首饰。

（二）宝石鉴定要点

宝石者乃石之宝也。自然界的矿物，包括有机的和无机的，大约有 3 000种左右，在这么多种类的矿物中，适合于作为宝石加工的只有百余种。这百余种矿物，对于珠宝首饰商来说，也只有大约 20 种是最主要的、最具经济价值的。那么这个 100/3 000 和 20/100 是依据什么标准确定的呢？第一是漂亮，这是最主要的一个因素。如钻石，如果其透明度、净度、白度达不到宝石级的要求，就不能成为宝石，而只能用于工业上；第二是耐用性，即具有一定的硬度，否则再美也不适合于人们的“亲密接触”，很易损坏。一般好宝石的硬度在 6.5 以上；第三是稀少。物以稀为贵，是“石”之所以为“宝”的重要依据。作为宝石，稀少是重要的尺度。产量越少，需求越大，其价值就越高。以上三点是确定矿物能否选为宝石的重要条件。

我们通常说的宝石又称“有色宝石”，它本身不包含钻石，钻石是宝石中的特殊品种，且绝大多数是无色的。

宝石之美在于颜色、光泽、反射光能力、透明度、硬度和不变形、不变质及其个体大小和重量等。

宝石的重量以“克拉”（法语 Carat，英语 Karat 或者 Carat [kæret]）计算，1 克拉等于 0.2 克（200 毫克），1 克拉等于 100 分，上 30 分的钻石价格就开始猛涨。戒指与耳坠上镶嵌的钻石往往在 10～30 分之间为多（到珠宝店可以看一下）。

（三）翡翠欣赏及其基本鉴定要素

以翡翠为例，我们来简单地介绍玉石的特点、特征和品种价值。翡翠是一种以硬玉为主的钠铝硅酸盐矿物集合体，其化学成分为 $NaAl(SiO_3)_2$。柱状或纤维状集合体，致密块状，单科晶系。上等的绿色硬玉是其结构中含 CrO_3 杂质所致。

1. 翡翠的“货”

翡翠质量的好坏用“货”来表示。

（1）A 货——为天然翡翠。天然真色翡翠，没有任何人工处理的天然翡翠。

（2）B 货——简称“漂胶玉”。是将质量欠佳的天然翡翠，用浓酸和漂白液浸泡，使之去黑、去黄，并用环氧树脂充填（又叫“注胶”，也有不注胶的 B 货）等特殊方法处理后，使其水头变好、颜色变美的真玉改色翡翠，其翠绿色多为本色。

（3）C 货——简称“染色玉”。是指“真玉假色”的各种翡翠玉器而言，C 货的翠绿色是由人工将无色翡翠加热后染色所致。所以也叫“加色玉”（或者叫“炝色玉”）。加色玉既不美观，又不稳定，所以价格很低。但是用无色透明的翡翠加色而成的“C 货”则相当美观，具有很大的欺骗性。

（4）B+C 货——简称“漂胶染玉”。如果在原玉翠绿色偏淡的情况下，加入不含铬的绿色颜料，这样经过加工的翡翠就被称为“B+C 货”。

2. 翡翠的特有颜色——绿色

（1）翡翠绿色等级。分为：超高档、高档、中档和低档四个档次，各档次绿色特点如表 13－1 所示。

表 13-1　翡翠的绿色等级

	超高档	高档	中档	低档
绿的程度	宝石绿	翠绿	绿色中稍夹蓝	绿色中显黑或多蓝、闪黑
种分	全透明，质地细而坚	基本透明，质地较细坚硬	半透明，质地坚实	微透明，质地一般有加棉

(2) 翡翠绿色好坏的“10 字口诀”。翡翠绿色的“10 字口诀”主要体现其品质的好坏，具体描述如下：

浓、淡——“浓”指颜色深绿而不带黑；“淡”指绿色浅，显示无力。

阳、阴——“阳”指颜色鲜艳明亮；“阴”即绿色昏暗而凝滞。

俏、老——“俏”指绿色显得美丽晶莹；“老”指绿色显得平淡呆滞。

正、邪——“正”指绿色鲜艳纯正；“邪”即是绿色中泛有黄、青、蓝、灰、黑等色，价值明显降低。

和、花——“和”指绿色均匀而不花；“花”指绿色中呈丝条状或有散点、散块。

(3) 绿色翡翠的主要品种。宝石绿（翡翠中的最佳颜色）；艳绿；阳俏绿；玻璃绿；黄阳绿；菠菜绿；浅阳绿；蛙绿（蛤蟆绿）；瓜皮绿；梅花绿；油绿（也称油青）。

3. 翡翠的鉴定要素

主要有地、水头、雾、红皮、椿、俏色绝品、脏色、石花、广片、子料和璞、赌货和开门子等要素。简述如下：

(1) 地

就是玉石的底色，或称“底”。北方称作“底子”，南方称作“地张”。如细白地上（底上）有青辣椒般翠绿的玉，可称作为“白地青”或者“白底青”。一般而言，在翡翠玉中，除了翠绿色以外的部分都被称作“底子”（地子）。翡翠玉的底子种类很多，比较常见的有 23 种。以下介绍几种比较好的“地”：

玻璃地——透明，明亮如玻璃般的地（底）子，为所有底子中最高级的一种底子；

藕粉地——透明或半透明，像熟莲藕色的地（底）子，其特点是紫色或粉色，透明的很有价值；

豆青地——半透明，像豆青色的地子，常常带有白色点状石花。绿色豆青中，透明价值相当高，一只好的玉镯可值数万元以上（石花越少，翠绿越多越好）。具有浓翠绿的玉叫豆青出翠（或称出彩）；

紫花地——半透明或透明，间有紫花的地子；

青花地——广东称花青地。半透明或透明，飘青花或黑绿色的花；

细白地——半透明，质地细润而色白的地子。

另外，介绍四种较差的“地”：

瓷地——半透明或不透明，质地如瓷器，使人有凝滞感的地子；

干白地——不透明，水头差的地子；

糙豆青地——不透明，质地粗糙，石性石花粗大；

狗屎地——不透明，质地粗水头差，呈黑褐色或黄褐色，其形态如狗屎的地子。

（2）水头

玉器行业中，透明度叫“水头”。透明度高（好）的叫水头足，透明度差的叫“没水头”（或者叫“干巴”）。一件翡翠玉器，颜色好（有翠绿），水头足，称作“有色有种”，其价值就高；颜色好而水头差，叫做“有色无种”；水头好而颜色差，叫做“有种无色”。

（3）雾、红皮和椿

雾——在翡翠的玉肉与砂发皮壳之间，有一层环包的内皮层，云南玉人称其为“雾”。“雾”有白雾、黄雾、红雾、黑雾等多个品种。白雾、黄雾最好，红雾次之，黑雾最差。

红皮——翡翠中的“红”生于玉肉之中，也生于内皮和外皮，生于内皮“雾”中者称为“红皮”，亦称“翡红”。

椿——翡翠玉肉中的紫色称为“椿”，也称“紫罗兰”，浓紫而水头好的紫罗兰翡翠玉器具有较高的价值，深受广大消费者的喜爱。

（4）俏色与俏色绝品、脏色、石花

俏色与俏色绝品——俏色特指在一块玉料上的颜色被运用得非常巧妙，对于这样的玉雕作品，人们称作“俏色”。对于世上绝无仅有、只此一件的高级俏色品，被称作“俏色绝品”。

脏色——一块玉料中，往往不免存在一些黑点或黄点，不仅不能作俏色利用，反而大大影响产品的质量和价值。这些有害的脏点，叫做“脏色”。

石花——翡翠中常有透明度稍差的小团快与纤维状晶体交织在一起的现象，称为“石花”。根据形状与特征的不同，可以分为以下几种类型：石脑——比较干巴死板者；芦花——比较散碎者；棉花——状似棉絮者；韭菜拌豆腐——白色与绿色混在一起者。

（5）仔料和璞、赌货和开门子

仔料——目前中缅边界出售的翡翠原料多是缅甸河床里的翡翠大砾石块（翡翠滚石），块度在20～50cm为多，这类翡翠原料叫做“仔料”。

璞——由于含有翡翠的砾石在河床里经历了漫长的风化搬运过程，其表面均有一层与内部特征不太相同的外皮，这层外皮称作玉“璞”。

赌货——玉石市场有直接购买翡翠原料（仔料）的习惯。由于仔料的外边都有一层厚薄不等的外皮（璞）与内部相隔，很难判断内部玉质的优劣，如果在不开口的情况下进行交易，对于买卖双方都有很大的冒险性，对于以这种方式进行交易的仔料，行家们称之为“赌货”。

开门子——也叫开天窗。在赌货交易中，为了显示翡翠仔料（砾石块）内部的颜色和质地，一般都在靠皮（璞）的部位锯开一个大小不等的口子，这个口子就叫“开门子”。玉石商为了牟取暴利常有开假门子的现象，即将一件质次的砾石块上镶上一块质地较好的门子，然后做一层假皮，以假乱真，以次充好。

二、宝玉石精品典型

（一）宝石精品

1. 宝石之王——钻石

钻石的原材料就是金刚石。只有那些透明如水的、达到了作为宝石原料要求的金刚石（宝石级金刚石），经过加工、琢磨，变成闪耀迷人彩色光芒的宝石级金刚石才能称为钻石。

主要产地：非洲南部和澳大利亚、俄罗斯等地。

金刚石之所以珍贵，主要有下面的一些原因。

（1）特别稀少，地球上罕见。作为矿物的金刚石，大部分都是黑色不透明，或者有很多裂纹包裹体，这些都不可能加工成钻石。只有极少量透明的才能加工成钻石。

（2）金刚石是世界上最硬的物质（摩氏硬度为 10 级）。摩氏硬度计将矿物划分为 10 个级别，分别用 10 种矿物来表示：1 级——滑石、2 级——石膏、3 级——方解石、4 级——萤石、5 级——磷灰石、6 级——长石、7 级——水晶（石英）、8 级——黄玉、9 级——刚玉、10 级——金刚石。平时用的小刀是 5.5 级，5 级以下小刀都可以刻动，1、2 级用手指甲可以划动，金刚石可以刻划任何物体。

（3）具有极高的折射率和很大的色散。金刚石的折射率高达 2.4 左右，几乎是世界上透明物质中折射率最高者。折射率高，反光能力就越大，所以表面磨光的钻石能大量反射外界光线，钻石把表面上的和射入内部的光，全部反射出来，使整个钻石闪烁出耀眼的光芒。

钻石的色散很大。一束白光由“赤、橙、黄、绿、青、蓝、紫”七种色光组成，由于七种色光的波长不同，其折射率差别很大。这样，当一束白光射入钻石后，长波的红光和短波的紫光会分散开来，由于折射率很大，红光和紫光间的距离拉得就越开，就更远，色散也就很大，从而使钻石呈现出五颜六色的闪光。当你佩戴着钻石不停的晃动、移动的时候，钻石便不停地闪耀着美丽迷人、光彩夺目的彩色光芒。

（4）金刚石的化学性质特别稳定。金刚石的化学性质特别稳定，不风化、不变形、不变质，不仅在空气中稳定，而且用强酸和强碱也不能腐蚀它。在清除宝石金刚石表面的杂质时，可以用强酸、强碱长期浸泡，把杂质溶去，金刚石丝毫不会被损坏。

2. 钻石的评价标准——4C

评价一颗钻石的价值，往往取决于 4 个因素：重量（克拉 Carat）、洁净度（Clarity）、颜色（Color）、切磨（Cut）。在国际首饰行业中，“4C”缺一不可。

（1）克拉——钻石的重量。钻石的重量用克拉计算，1 克拉＝0.2 克。钻石珍贵的原因之一就是稀罕，重量大者就更稀罕，一般达到 1 克拉以上者就属于大钻，钻石价格与大小的关系为：

$$N=m\times K$$

式中：N——钻石价值；m——克拉数的平方；K——每克拉市场价。

例如：每克拉钻石单价为 1 万元，一颗 3 克拉的钻石价值就是：

$$N=3^2\times 1\text{ 万元}=9\text{ 万元}$$

（2）洁净度——即纯度和透明度。洁净度很高的钻石，由于无杂质、无瑕疵，应当是完全无色透明的，其价值就很高。可分为：①完全洁净级（FL）；②内部洁净级；③极其轻微的瑕疵级（VVS）；④很轻微瑕疵级（VS）；⑤轻微瑕疵级（SI）；⑥不洁净级（I）。

（3）颜色——钻石颜色非常重要，国际珠宝界对钻石颜色的分级十分严格，颜色一直是决定钻石是否名贵和价值高低的基本和首要因素。作为宝石级钻石，主要有：无色、接近无色、微黄色、淡浅黄色、浅黄色五种。另外，粉红色、蓝色、绿色、紫色和金黄色的都很罕见，可作为稀有珍品收藏。中国钻石分级系统把无色定为100，以后逐步下来是近无色、微黄、淡浅黄、浅黄，号码也从99、98、97、96……至77（77以下颜色为非宝石级钻石）。

（4）切磨（亦称切工）——根据钻石的光学、折光、色散、透明等物理特性，在切磨钻石时，其工艺水平主要决定于角度和比例是否正确（切割恰当的宝石可以折射更多的光线，倍添闪烁火光），式样是否新潮、新颖，琢磨是否精巧等因素。如果角度不当、比例失调、式样陈旧、琢磨粗糙，其价值就大打折扣。

3. 星光闪耀的宝石——红宝石、蓝宝石

红宝石和蓝宝石都是色彩瑰丽而透明的、矿物刚玉的晶体，化学成分为Al_2O_3，结晶属三方晶系，完整的晶体为六边形桶状或者柱状。刚玉硬度为9，仅次于金刚石，折光率为1.760和1.768。红、蓝宝石硬度大（也算最硬的矿物之一），不容易被刻划划伤和磨毛，刚玉的化学性质非常稳定，在空气中经久不变，也不会燃烧，不溶于酸，这些特性都是高级宝石所具备的。

（1）红宝石——（目前规定）专指红色的刚玉宝石，其他的红色宝石，都不能称“红宝石”，只能称作“红色××宝石”。

（2）蓝宝石——最早泛指各种蓝色宝石，后来专指蓝色的刚玉宝石；近年来，这一含义又改变为泛指宝石级刚玉中除红色以外的其他各种颜色（包括蓝色、浅蓝色、绿色、黄色、无色等）的刚玉宝石。名称如黄色蓝宝石、无色蓝宝石等。

4. 最美最艳丽绿宝石——祖母绿

祖母绿，英文名称 Emerald。祖母绿来源于波斯语（伊朗）Zumurrud（原来译作“助木鲁”）。中国古代将其称作“字母绿”或者“芝麻绿”，都是谐音。祖母绿又名翠绿宝石，绿刚玉，矿物学名叫纯绿宝石，俗称吕宋绿。祖母绿玉钻石、红宝石、蓝宝石以及金绿猫眼等，并列为世界五大珍贵宝石。

在矿物学上，祖母绿是矿物绿柱石的一种，属于六方晶系，为非均质体，硬度7.5～8，比重2.67～2.78，折光率1.56～1.60，其化学成分是$Be_3Al_2Si_6O_{18}$。其颜色是一种特殊晶莹翠绿的祖母绿色，其绿色之美是任何绿色宝石所无法比拟的。祖母绿的绿色是因有少量的杂质元素Cr（铬，杂质以Cr_2O_3的形式出现，含量0.15%～0.20%，高含量者可达0.5%～0.6%，颜色到浓绿色）代替了矿物成分中的Al而引起的。

祖母绿的90%产自哥伦比亚，其他主要产地有南非、津巴布韦、俄罗斯的乌拉尔、巴西等地。祖母绿的最大特色是独有的绿色，如果不是Cr引起的绿色就决不可能如此绿得鲜艳美丽。祖母绿是所有绿色宝石中最瑰丽的，被称作“绿色宝石之王”。

祖母绿的经济评价条件主要有四项：

颜色——以翠绿、浓绿色为佳，绿色偏蓝、偏黄色者次之。

透明度——晶莹剔透，清澈明亮为最佳，半透明者只能列入三级品。

纯净度——祖母绿多有瑕疵，纯净者罕见而珍贵，属特级品。1、2、3级品裂隙分别不得超过5%、10%、15%。

重量——祖母绿的晶体或块度都很小，一般5克拉以上已是难得的珍品，成品或半成品2克拉以上已经很有价值。

5. 湛蓝海水凝成的宝石——海蓝宝石

海蓝宝石也是绿柱石家族的成员，是含铁的天蓝色、海蓝色绿柱石，或者是一种蓝色、蓝绿色而又清澈透明的绿柱石。海蓝宝石的绿色主要来自其内部所含的微量二价铁。

海蓝宝石由于具有一种中空或者充满液体的细长管状包体，当其密集排列时，即可琢磨出“猫眼”效应。其质量要求是清澈通透，颜色以较深的海水蓝为佳，晶体要比较大，最好能切出10克拉以上的戒面。

6. 宝石之奇——猫眼石、变石

“猫眼石”专指具有猫眼效应的金绿宝石，其他任何具有猫眼效应的宝石矿物，都不能笼统地直称为“猫眼石”，而必须在其名称前面冠以矿物名称，如：祖母绿猫眼、石英猫眼等。

金绿宝石的化学组成为铍铝酸盐（$BeAl_2O_4$），晶体呈柱状或者板状，刻有棕黄色、绿黄色等几个品种；呈玻璃光泽，硬度 8.5，比重 3.73，贝壳状断口，条痕白色。当它的内部具有密集定向排列的纤维状或者针状矿物包裹体或者管状孔洞时，就会由于光线的反射而产生一条像猫眼瞳孔一般的光亮带，这就是猫眼效应。

据不完全统计，在两千多种矿物中，除金绿宝石外，具有猫眼效应者有二十余种，以后还会有所增加。这些具有猫眼效应的宝石矿物（除金绿宝石外）名称是：变石猫眼石（既有变色现象，又有猫眼效应，非常罕见而珍贵）、红宝石、蓝宝石、祖母绿、碧玺（电气石）、海蓝宝石、石英、锆石、锡石、透辉石、透闪石、月光石、拉长石、橄榄石、阳起石、方柱石、绿帘石、红柱石、顽火辉石、蛇纹石、磷灰石、硅灰石、针铁石、孔雀石猫眼等。

“变石”也称“亚历山大石”。是金绿宝石中含铬而具有变色效应的品种。变石具有在阳光下呈绿色和在白炽灯或者烛光下呈红色的变色效应。

（二）玉石种类与精品

1. 中国四大名玉

和田玉——产于新疆和田县。主要产地昆仑山、天山、阿尔金山。和田玉是由闪石类矿物组成的特殊集合体，化学成分为硅酸盐类（硅酸钙、镁、铁），摩氏硬度 6～6.5，比重 2.9～3.1，断口参差状，油脂光泽，半透明至不透明，颜色有白、青、黄、黑、红等多种。其化学性质稳定，除氢氟酸外，能耐强酸、强碱。和田玉也叫“软玉”、“玉”、“国石”。

独山玉——产于河南省南阳市东北部的独山，它是一种黝帘石化斜长岩。

绿松石——中国的产地主要是湖北省郧县，其次有湖北郧西、竹山。陕西、河南、云南等地也有产出。绿松石为一种含水的铜铝磷酸盐。

岫玉——主要产地是辽宁省岫岩县产的岫岩玉（岫玉）。广义的岫玉包括辽宁岫岩、广东南方岫岩、云南大理岫岩、新疆昆仑岫岩、北京十三陵产黄岫玉等。矿物名称蛇纹石。

2. 玉的分级及价值

(1) 和田玉分级

一等品——颜色洁白，质地细腻、无裂纹、无杂质，块重在 5kg 以上。

二等品——颜色较白，质地细腻、无裂纹、无杂质，块重在 3kg 以上。

三等品——颜色青白，质地较细、无裂纹、稍有杂质，块重 3kg 以上。

(2) 独山玉分级

特级——单一的绿色或绿白色，质地细腻，无白筋，无裂纹，块体 20kg 以上。

一级——白色、奶油白色或绿色，色泽鲜艳，无裂纹，无杂质，块体 5kg 以上。

二级——干白色、绿色或杂色，色泽鲜艳，无裂纹，无杂质，块体 3kg 以上。

三级——色泽较鲜艳，稍有裂纹，稍有杂质，块体 1kg 以上。

3. 玛瑙

玛瑙是指具有纹带状构造的玉髓，它是一种胶体矿物，主要成分为 SiO_2。玛瑙的硬度为 6.5～7，比重为 2.65，断口呈贝壳状，透明至半透明，玻璃光泽。玛瑙质纯者为白色，因为含有色素离子和杂质，便出现灰色、褐色、红色、绿色、蓝色、黑色等颜色。

(1) 主要品种

缟玛瑙——具有特别细的纹带。其中最珍贵者称“红缟玛瑙”。

带玛瑙——玛瑙肉质具带状构造，有单色或多色等不同品种。

苔藓玛瑙——含绿泥石或沿裂纹有氧化锰（黑色）的渗入，出现树枝状或苔藓植物状花纹。

火玛瑙——在条带层中含有氧化铁板片状矿物晶体的玛瑙，能闪烁火红色光泽。

染色玛瑙——由于天然的蓝玛瑙、绿玛瑙都很少见，红玛瑙虽然多，但是其颜色深浅又往往不如人意，于是就出现了“玛瑙人工染色”的新工艺，这种工艺可以将优质白玛瑙染成各种颜色。染色方法：用铬染色剂处理可染成绿色玛瑙；用钴染色剂处理可染成烧蓝玛瑙；天然红玛瑙经过“烧红”热处理，可使浅红玛瑙变成鲜红。经过染色或改色的玛瑙，其身价大为提高。

（2）玛瑙产地

中国的玛瑙产地分布广泛，几乎各省区都有，主要产地有：辽宁、黑龙江、内蒙古、河北、湖北、山东、宁夏、新疆、西藏、江苏（雨花石）等十省区。

三、观赏石欣赏

观赏石，五彩缤纷，淡雅质朴，是大自然造化的结晶。中国自古以来就有对天然石的钟爱和欣赏，“园无石不秀，斋无石不雅”，在古代园林艺术和文人墨客的庭院书斋里，都有一些奇石、怪石作为装点，以示典雅、高雅，显示“书香门第”。他们把观赏石誉为“立体的画”、“无声的诗”。

观赏石在我国古代有多种称谓，主要有供石、石玩、案石、几石，其他别称有雅石、奇石、怪石、趣石、玩石、供石、珍石、欣赏石等。在韩国称寿石，印度尼西亚、日本和我国台湾称雅石。

（一）观赏石概念体系

1. 观赏石的定义

（1）广义的定义：凡具有观赏、玩味、陈列、装饰价值，能使人感官产生美感、舒适感、联想、激情等的一切自然形成的石体。它不受大小、存在形式、地理位置的限制，包括宏观的地质构造（如广西桂林象鼻山、骆驼山、福建东山岛的风动石、黄山的飞来石）和借助于显微镜观察到的五彩缤纷的微观世界。

（2）狭义的定义：指天然形成的具有观赏、玩味、陈列和收藏价值的各种石体，包括一般未经琢磨而直接用于陈列、收藏、教学或者装盆、造园的岩石、矿物、化石和陨石等。

2. 观赏石的特性

狭义的观赏石有八大特性：

（1）天然性。观赏石通常是浑然天成，而且保持天然产出状态。经过雕刻加工者不属于观赏石的范畴。

（2）奇特性。观赏石在颜色、形态、质地、纹理、图案、内部特征等方面，常常表现出生动形象，妙趣横生，玩味无穷。体现为："新、奇、美、异、独、特"的奇矿异石。例如"阿诗玛"头像造型石，十二生肖图案石等。

（3）稀有性。观赏石只有独一无二，珍稀难求，才能在国际市场独领风骚。

宝玉石通常是稀有的，但是一般来说，作为宝玉石原料的岩石、矿物晶体或矿物集合体不应作为观赏石。观赏石与宝玉石的界线（区别）在于：如果矿物晶体、矿物集合体、岩石作为宝玉石的原料，加工成宝玉石或艺术品之后，其经济价值超过观赏石，就应将它作为宝玉石；相反，如果加工后的经济价值不如作为观赏石的价值高，则应属于观赏石之列。

（4）科学性。有些观赏石具有深奥的科学道理或反映某个时空阶段的科学事件，具有重要的科学研究价值。如陨石、南极石等。

（5）艺术性。观赏石是一种天然的艺术品。观赏石的艺术性主要体现为造型、图案给人带来的回味感，愉悦感、美感，联想或激情。从观赏中得到美的享受，得到艺术的陶冶。有些生物化石本身就是一种大自然的艺术作品。

（6）可采性。所有观赏石都应该是采集于大自然之中，并能用于室内收藏、陈列或方便于其他的欣赏方式。

自然景观的山石与观赏石的最大区别在于块度大小和可移动性，山水景观山石一般是不可以整体移动的，而观赏石是能够整体移动的。

（7）区域性。某些观赏石带有浓郁的地区色彩，地方土著风格。例如南京雨花石、江苏太湖石、宜昌的三峡石、西北地区风棱石、西南地区钟乳石等。这些观赏石的地方特色和风格非常具有地方性、土著性。

（8）商品性。观赏石作为一种特殊的矿产资源，是一种财富。它可以直接或间接地买卖，从而产生经济价值。观赏石具有一般商品的特性。

（二）观赏石分类

1. 观赏石综合分类

根据观赏石产出背景、形态特征及其所具意义等进行分类，具体如下：

（1）造型石：最常见的类型。通常是一些造型奇特的岩石等，以婀娜多姿的造型为特色。如江苏太湖石、桂林钟乳石、新疆及内蒙古的风棱石。

（2）纹理石：具有清晰、美丽的纹理或者层理、裂理、平面图案为特色，求神似，赏其意。如南京雨花石、宜昌三峡石、桂林钟乳石、柳州红河石等。

（3）矿物晶体：为近年来被国内外藏石家广泛收集、珍藏的类型，漂亮完整的单晶、双晶、连晶、晶簇或稀有品种的微小晶体。如雄黄、辰砂、辉锑矿、黑钨矿、水晶、香花石等。

（4）生物化石：完整清晰和形态生动的动物化石。如三叶虫、菊石、昆虫、恐龙蛋、植物化石。

（5）事件石：外星物质坠落、火山、地震等重大事件遗留下的或在某历史时间中有特殊意义的石体。如陨石、某次重大火山喷发的火山弹、击毙某总统的石块。

（6）纪念石：历史名人、雅士收藏过的石质品或具有特殊纪念意义、科学价值的石体。如蒲松龄、孙中山、朱德、沈钧儒、郭沫若等收藏过的砚台或雅石，国与国赠送的月岩、南极石等。

（7）文房石：质地细腻和形奇色怪，具有一定实用性石体。如端砚石、昌化石图章、蝙蝠石、镇纸石等（有人认为文房石不应归属于观赏石之列，有争论、争议——作者注）。

2. 观赏石产出特征分类

（1）岩石造型类：①地表风蚀作用为主形成的奇特造型。如泰山的雄姿、华山的险峰、黄山的“飞来峰”、内蒙古的风棱石等；②由于海蚀、河蚀（河流冲刷）作用形成的自然造型。如南京雨花石、山东长岛鹅卵石等；③淋积作用形成的自然造型。如石灰岩洞中的石钟乳和石笋，青海盐钟乳，广东孔雀石等；④火山喷发形成的岩石造型。如流纹岩、安山岩、玄武岩等；⑤沉积形成的有观赏价值的纹理岩造型。如湖南武陵源石英砂岩奇峰，北京景忠韵律石等；⑥天外来石。如陨石等。

（2）矿物晶体类：①以石取贵——本身具宝石价值或我国独特的贵稀品种。如多色电气石、海蓝宝石、方解石、雄黄、雌黄晶簇等；②以色形巧奇或组合惊人而取胜。某些矿物本身可能并不珍贵，但是难得的是各具特色的晶形。如萤石、黄铁矿晶簇，玫瑰花状的蓝铜矿和绿色丝绒般的孔雀石集合体；③特别少见奇特的有液体、气体、固体包裹体的矿物晶体。如水胆水晶、水胆绿柱石晶体，固体包裹体等。

(3) 有观赏价值的古生物化石类：①珊瑚类化石。如拖鞋珊瑚、蜂巢珊瑚（蜂窝珊瑚）；②足类。如中国石燕、鸮头贝等；③节肢动物中体态较大者。如三叶虫；④整的笔石化石；⑤软体动物中的菊石化石；⑥单体完整的鱼类化石；⑦古人类化石及古脊椎动物化石。如北京猿人、蓝田猿人、恐龙、乳齿象等；⑧有观赏价值的植物化石。如硅化木；⑨动物遗迹化石。

3. 观赏石成因分类

(1) 沉积、变质、岩浆作用形成的。如纹理石、板画石、菊花石、花纹大理石、幔岩包体、火山弹、眼球状片麻岩。

(2) 结晶作用形成的绚丽晶体或晶簇。如水晶、萤石、石膏、多色电气石、辉锑矿、辰砂、锡石、雄黄、天青石等晶体或晶簇、含金红石或电气石包体石英、水胆水晶、水胆玛瑙等。

(3) 各种成矿作用形成的矿物组合美妙、结构构造奇特的矿石。如自然金、自然银、自然铜、孔雀石以及晶洞状、伟晶状、皮壳状矿石。

(4) 风蚀、海蚀、河蚀形成的砾石或者各种形态的奇石。如雨花石（南京）、灵壁石（安徽灵璧县）、英石（英德石、广东英德）微型风蚀蘑菇石。

(5) 地下水溶蚀淋滤作用形成的怪石。如太湖石、昆山石、上水石、奇特钟乳石等。

(6) 动植物化石及动物遗迹化石。如鱼类、珊瑚、菊石、腕足类化石、包有昆虫的琥珀、团藻灰岩、硅化木。

(7) 构造作用形成的构造岩。如特殊角砾岩、被颜色鲜明矿物充填的碎裂岩。

(8) 天外来客。如陨石、月岩、雷公墨。

（三）观赏石的美学特征

观赏石之美，博大而精深，除其固有的色泽、形态、纹理和品质等方面的自然美之外，还有艺术美、抽象美。综合上述特点，把观赏石的美学特点归纳为色彩美、形态美和神韵美。

1. 色彩美

观赏石绚丽多彩的颜色，首先直观地反映在人的眼中。例如：紫色的水晶，孔雀石之绿，红宝石之红，蓝宝石的蓝色等。有些观赏石五颜六色，赤、橙、黄、绿、青、蓝、紫，非常耀眼，南京雨花石就可以产生这样的效果。水晶由于生成环境不同，可以产生各种不同的颜色，主要有无色透明、乳白色、紫色、红色、黄色、绿色、烟色以及黑色等。有些观赏石在不同的光源照射下，可以呈现不同的颜色，例如变石，在白天（日光光源）呈翠绿色，晚上在白炽灯光下，则呈紫红色。

2. 形态美

观赏石的形态美也称形体美，是与色彩美相互构成观赏石之美的重要因素。色彩美与形态美如同平面与立体，表面与内部，图画与雕刻之间的关系，二者相辅相成，互为映衬。形态美大致可以分为美的造型、美的花纹图案和美的组合等。

（1）造型美。岩石和矿物的天然造型，其精美程度巧夺天工，即使是能工巧匠也惊叹不已。有动物造型、人物造型和其他物体的造型。太湖石的冠云峰、瑞云峰，云纹石的雄鹰以及昆山石、英石、灵璧石等，都有惟妙惟肖的各种形态的造型石。

（2）组合美。主要有矿物晶体组合（晶簇）和岩石类组合。尤以矿物晶体组合为佳。例如天然的辉锑矿、辰砂、雌黄、雄黄、黑钨矿、白钨矿、石榴石、石膏晶簇、黄铁矿晶簇、水晶晶簇、方解石晶簇等。

（3）花纹图案美。造型是立体的美，图案是观赏石表面花纹勾勒出来的花纹、线条美。许多纹理石的花纹，如雨花石、三峡石、江汉石、泰山石表面呈现出象形文字、人物、动物、花卉等图案，例如：三峡石中的“中华奇石”、十二生肖图案，雨花石（玛瑙纹理）、红河石的动物和人物图案等。

3. 神韵美

神韵美也称象征美、寓意美或者内涵美。不同的石质、石体、石态，可以通过人们的想象体现出某种寓意深奥的哲理、精神、思想、感悟等，也可以表达某种性格。雨花石象征坚定、无我、幸运等。如诞生石就是人为的一种象征。

（1）象征美好幸福的宝石：在欧、美、日、东南亚等地，你可以从人们佩戴的宝石装饰品上镶嵌的宝石品种看出主人出生的月份。人们为了避邪护身戴上12种不同的宝石，配上1年12个月，称为诞生石。

1月诞生石——红色石榴石宝石，象征忠诚、友爱、贞操；2月诞生石——紫色水晶，象征诚实、心地善良；3月诞生石——海蓝宝石，象征勇敢、沉着、心情愉快；4月诞生石——钻石，象征纯洁无暇、爱情永固；5月诞生石——祖母绿，寓意新绿，象征幸福和事业的成功；6月诞生石——珍珠或变石，能净化心灵，象征富裕和健康长寿；7月诞生石——红宝石，意味火红的阳光高悬空中，象征热情和品德高尚；8月诞生石——橄榄石，融合黄色的高贵与绿色希望，象征幸福与夫妻和谐；9月诞生石——蓝宝石，雨过天晴的湛蓝天空，象征慈爱和德高望重；10月诞生石——欧泊石（贵蛋白石），如彩虹七色光谱，秋天的天空，象征希望和幸福；11月诞生石——托帕石（黄晶），带给人美貌和智慧，象征真挚的爱情；12月诞生石——绿松石（土耳其玉）鼓舞人们的心情，象征成功和必胜。

（2）宝石的其他象征有：石榴石——忠诚、友爱；紫晶——诚实、和平；海蓝宝石——勇敢、聪明；钻石——纯洁、无暇；祖母绿——幸运、幸福；珍珠——健康、富贵；红宝石——热情、尊严；橄榄石——合欢、幸福；蓝宝石——慈爱、诚实；碧玺——安乐、祥和；黄水晶——友爱、幸福；锆石——成功、尊贵。

（四）观赏石评价

1. 观赏石品质（石质）评价

观赏石品质（石质）的优劣评判，是否属于奇、美、异、独、特，有一个人们公认的多年经验总结的评价标准。主要为：

（1）天然产出，稍许粗加工者尚可。

（2）造型奇特，但是外观必须稳定、均衡。

（3）花纹别致，图案、纹理清晰逼真。

（4）晶体完整，晶形无损。

（5）颜色艳美或者色调丰满、丰富。

（6）光泽强烈或者自然柔和。

（7）组合讲究、考究或特色明显。

（8）珍奇稀少且罕见难求，独一无二者最佳。

(9) 意境深邃，含蓄回味，赏心悦目。

(10) 内涵深远或意义特殊。

(11) 硬度适宜或大，块度适中，利于搬运或运输。

2. 观赏石“以丑为美”评价

人们对于观赏石也经常采用“瘦、透、漏、皱”予以评价，这也是太湖石评价的标准。习惯上“石以丑为美”，丑的标准就是“瘦、透、漏、皱”四大评判原则。

(1) 瘦——体态苗条多姿，迎风玉立之势，或者石体挺拔俊秀，线条明晰。

(2) 透——石体表面多凹凸，高低不平，即指山石的纹理贯通，用地质学的科学术语来说，岩石的层理、构造线理（岩石的结构、构造）等。在叠石时，假山山石要顺应天然岩石的层理和线理，或者说要遵循自然岩石的结构、构造。岩石的结构是指组成岩石的物质成分与颗粒大小（粒度大小），岩石的构造是指岩石形成过程中的层理（水平层理、波状层理、交错层理、板状层理、楔状层理，厚层、薄层、纹层，生物作用的构造——生物构造）。

(3) 漏——石体具有空洞、孔隙，大孔小穴，上下、左右、前后孔孔相套，八面玲珑。这类岩石主要是碳酸盐岩的石灰岩、硅质岩类、铁质岩类等一些化学成因的岩石。假山主要是用石灰岩，少量硅质岩，也有用变质岩、花岗岩者。这些岩石在长期的风化过程中，日晒雨淋，风吹水浸，岩石中一些容易溶化的物质成分，随着时光的流失，慢慢地就溶蚀掉，留下空洞、孔隙、缝隙。岩石上有大孔、小孔、长孔、圆孔、不规则的空洞等，从而体现为涡洞相套，上下贯穿，四面玲珑。

(4) 皱——石体玲珑多孔，石纹贯通，纹理纵横，笼络隐起，即指岩石表面的凹凸褶皱。由于岩石的成分复杂，有的物质成分坚硬，有些成分则软弱，在风化过程中，软弱的物质成分，很快被溶蚀、剥蚀，形成凹陷，坚硬的部分，则不容易被剥蚀，于是突起（凸起）来，从而使岩石显现为凹凸的褶皱。山石有皱，才能显出苍老，方能显现出真山之气。

以上四种状态、形状总括起来，就是“丑”。

另外，太湖石也采用“清、顽、丑、拙”来评价：清——阴荣秀丽之美；顽——坚烈阳刚之美；丑——愚拙奇异之美；拙——浑朴敦厚之美。

3. 化石观赏石评价原则

化石观赏石评价原则主要是：真、稀、奇、形、神、色、质、量等八字原则。

（1）真——真实无伪。化石必须是天然形成的。

（2）稀——稀有难得，罕见难求。如鸟化石、蜻蜓化石、蛇化石等。

（3）奇——奇特新奇，如恐龙蛋中还有未出壳的已经成龙形的胚胎化石。

（4）形——形体形态，生物保存的完整程度，及其体态的造型美。

（5）神——神态、艺术魅力，化石所反映出的意境能否永恒地耐人寻味，久久难忘。

（6）色——色质，色对比度，化石观赏石的优劣除考虑其本身的色质，色度的鲜明和稳定程度外，对于有围岩的标本，还要考虑化石体与围岩之间的色彩对比度强弱。一般来说，底色浅，主体色深者为佳，底色深，主体色浅者稍次。

（7）质——质地，成分，一是化石的石化程度，二是化石受何种矿物成分替代。交代矿物一般有：铁质、硅质、钙质、镁质、泥质或升馏残留的炭质等，当然，植物、笔石、昆虫多数为升馏残留的炭质，不能一律视为质差者。风化强弱也是评价要点。

（8）量——份量，大小，即是标本的大小和重量，小者如卵似拳，便于手头把玩，大者如壶如盆，便于厅堂陈设品味，户外庭院立者，也以大不过人体为宜。

4. 优质砚石的评价

要求细腻有锉，均密润泽，矿物粒度、岩石硬度皆要适中。优质石砚，需具备有发墨快、不损笔、纹理美、雕工细，且具有“贮墨三日不涸”的特性。

具体要求：①砚坯上没有裂隙，没有充填的矿物细脉，例如石英脉、方解石脉等；②砚石的上下板要平整，无明显的挠曲和褶皱，厚度大于 2cm；③组成砚石岩石的矿物颗粒要细，一般不宜大于 0.01mm，颗粒分布均匀，致密，透水性弱，颜色深，击之声音清脆为佳。如有各种天然花纹或黄铁矿、白铁矿微晶使石砚呈现银星、金星、金晕时，更是锦上添花，大大提高岩石价值；④岩石硬度中等，一般要求摩氏硬度

3～4。

（五）观赏石类型与介绍

1. *纹理石观赏石*

雨花石（南京）、江汉石（汉江象形石，汉江河床）、三峡石（长江三峡，想象之花）、红河石（广西红水河上游）、锦纹石（景文石，安徽）、三江石（桂北融江、柳江局部河段）、颜神石（淄博市博山区，古称颜神镇）、彩霞石（广西柳州附近，柳城柳江一带）、丹麻石（昆仑彩石，青海）、五彩石（为早古生代寒武纪—奥陶纪浅变质岩山区河谷砾滩中）、模树石（氧化锰饱和溶液渗透沉淀成的树枝状形态，称模树石）。

2. *造型石观赏石*

太湖石（江苏三大石之一，昆山石、雨花石、太湖石）、灵壁石（宿州灵壁县）、英石（广东英德）、巢湖石（安徽巢湖）、昆山石（江苏昆山）、茅山石（南京茅山）、云纹石（沉积岩具纹理的造型石）、石钟乳（石灰岩形成）、石笋、石柱、边石堤、石幔、晶穗、水下石葡萄、水下晶花、水上晶花、鹅管、穴珠、风棱石、沙漠漆、姜石、构造岩观赏石、松香石、芦管石、菊花石。

3. *事件石*

陨石（铁陨石、石陨石、石—铁陨石）、火山弹。

4. *纪念石*

败国石——宋徽宗赵佶，花石纲（太湖石）；败家石——北宋米芾；聊斋三石——山东蒲松龄故居；三峡大坝岩芯石（岩石年龄距今8亿年）。

5. *矿物晶体观赏石*

主要矿物晶体观赏石有：辰砂、辉锑矿、雄黄、雌黄、黑钨矿、白钨矿、萤石、孔雀石、蓝铜矿、绿柱石、电气石、黄玉、石英、方解石、锡石、毒砂、黄铜矿、黄铁矿、闪锌矿、辉钼矿、车轮矿、自然金、自然银、石榴石、绿帘石类、天河石、石膏、铌铁矿-钽铁矿、磷氯铅矿、香花石等。

6. 化石观赏石

(1) 珊瑚类——六方珊瑚、贵州珊瑚、拖鞋珊瑚、链珊瑚、笛管珊瑚等。

(2) 腕足类——弓石燕、喙石燕、鸮头贝等。

(3) 头足类——震旦角石、阿门角石、假海乐菊石等。

(4) 三叶虫类——蝙蝠虫、四川虫、湘西虫、王冠虫、沟通虫等。

(5) 昆虫类。

(6) 棘皮动物——海林檎、海百合。

(7) 鱼类——多鳃鱼、弓鲛、北票鲟、真颚鱼、狼鳍鱼、江汉鱼等。

(8) 两栖类。

(9) 爬行类——陆龟、无盾龟、马来西亚鳄、贵州龙、南漳龙、矢部龙等。

(10) 哺乳类——哺乳动物牙齿化石、鹿角、牛角、羊角化石等。

(11) 植物类——叠层石、轮叶、蕨类（拟丹尼蕨、贝尔脑蕨）、侧羽叶-蕉羽叶组合、似银杏-拜拉、硅化木等。

(12) 遗迹化石——恐龙蛋、鸵鸟蛋、恐龙足迹、三叶虫痕迹化石等。

（六）典型观赏石欣赏与成因介绍

1. 文房石

(1) 主要图章石及其产地

寿山石——福建寿山；青田石——浙江青田；昌化石（鸡血石）——浙江昌化；广绿石——广东广宁，又称广东广绿；巴林石——内蒙古巴林；溧阳石——江苏溧阳；东兴石——广西东兴。

(2) 三大古砚石产地

端石——又名端溪石，产地：广东肇庆市东北西江羚羊峡一带。

歙石——又名龙尾石，产地：皖、浙、赣三省交界处，主产地在古歙州，今天江西婺源县港口砚山村龙尾山。

洮石——又名洮河石，产地：古洮州，今天甘肃省卓泥县（卓尼县）。

(3) 中国砚石背景介绍

中国主要砚石的产地、岩石类型及其地质背景见表 13－1。

表 13－1　我国主要砚石一览表

砚石名称	母岩名称	产出地层	产地
歙砚石	石英粉砂质泥质板岩	震旦系上溪群	安徽歙县（古歙州）
端砚石	绢云母泥质板岩	泥盆系桂头群砂质页岩	广东肇庆（古端州）
洮河砚石	水云母质板岩	下石炭统	甘肃洮河
鲁砚石	板岩、灰岩	前寒武系、寒武系、奥陶系	遍及山东各地
盘古砚石	钙泥质板岩	寒武系徐庄组	河南洛阳北王屋山天坛峰
松花砚石	微晶灰岩	震旦系南芬组	吉林通化
贺兰石	粉砂质泥质板岩	震旦系	宁夏银川（贺兰山）
西砚石	岩性未鉴定		浙江江山县
罗纹砚石	石英粉砂质泥质板岩	震旦系	江西玉山
菊花石	含菊花石灰岩	二叠系下统	湖南浏阳
祁阳石	变质页岩	奥陶系下统	湖南祁阳
双峰石	粉砂质泥质板岩	元古界板溪群	湖南
桃江石	粉沙粘土质板岩	元古界冷家溪群	湖南桃江
绍兴石	凝灰质板岩	白垩系上统	浙江绍兴
燕子石	含三叶虫灰岩	寒武系	湖南永顺，山东泰安大汶口

2. 典型造型石成因介绍

(1) 太湖石

成因：太湖石属于石灰岩类（碳酸盐岩），太湖地区发育的地层主要为晚古生代（石炭纪、二叠纪）和中生代（主要为三叠纪）的地层。尤其是下中三叠统地层。多数为灰色，少数灰白色和灰黑色，由于滨太湖地带长期遭受湖浪的冲击和湖水的溶蚀，在漫长的地质时代岁月里，形成被大自然雕琢的曲折圆润的太湖石。

主要太湖石：冠云峰（苏州留园）、玉玲珑（上海豫园）、绉云峰（杭州西湖）、湖石峰（苏州狮子林）、瑞云峰（苏州第十中学）、仙人峰（南京瞻园）、翥云峰（嘉定汇龙潭）。

（2）灵璧石

又称八音石，是一种结晶很细、结构致密的碳酸盐岩经风化而成（早古生代寒武纪—奥陶纪灰岩）。产地安徽灵璧县。颜色灰、白、赭、绿和杂色。可形成奇特造型，石质坚硬厚重，结构致密，体态瘦透。敲击有金属般声响，类似八个音符的声音。

（3）英石

又称英德石、英德太湖石，产地为广东英德。位于粤北山区西南部，岩溶地貌发育。英石灰黑色为多，间有白色，石质坚硬，体态嶙峋，棱角纵横，纹理细腻，具有天然的丘壑褶皱，线条曲折多变。“瘦、透、漏、皱”是其评价标准，但是英石也有体态丰满、润泽者，也是欣赏佳品。

（4）巢湖石

又称巢湖太湖石，巢湖石石质坚脆，以其瘦、漏、透，玲珑精巧、浑如天然雕塑。

（5）昆山石

产地为江苏昆山县（昆山市），昆山石主要为白云岩，成分为碳酸钙和碳酸镁，时代为寒武纪岩石。

昆山石欣赏：昆山玉峰山东山所产杨莓石、西山所产荔子峰、后山所产海蜇峰、前山所产鸡骨峰、胡桃峰等。

（6）茅山石

产地为南京茅山，岩性为白云岩。岩石为层状。

（7）云纹石

沉积形成，具有纹理的沉积岩层的岩石造型。通过层状岩石的厚薄、颜色变化和差异风化而体现奇特造型。如大鹏展翅、秃鹰回首等。

（8）松香石

产地为柳州一带，溶洞中的张性构造角砾岩带中的棕褐色文石。顺着文石的柱面，劈成不规则条块作观赏。

（9）芦管石

产地为安徽、浙江、江苏、广西、新疆伊犁赛里木湖一带。白色或黄色。它是湖边芦苇被钙化包围胶结，待湖水退后芦苇枯死，腐烂留下钙质所形成的奇特形状，并保持原芦管的岩石。

（10）菊花石

许多矿物，如红柱石、天青石、方解石、阳起石、符山石、硅灰石、电气石、锂蓝闪石、叶腊石、长石、石膏等，可形成形态各异的菊花石。主要产地为湖南、湖北（天青石矿物），北京（红柱石），新疆（锂蓝闪石），广西、贵州（电气石、方解石），柳州（黄铁矿），云南（玄武岩中的斜长石），其他地区有江西、安徽地区的沉积岩中的菊花石（二叠纪地层中的含燧石团块灰岩，一般在燧石团块中）。

观赏价值高的有湖南浏阳菊花石、京西菊花石、湖北宣恩菊花石、河北兴隆菊花石、陕西菊花石等。

第十四章

旅游地形象设计

一、旅游地形象设计的理论依据

(一) 旅游形象的起源及发展

1. 关于形象概念

形象既是一种抽象物，又是一种综合的感觉。在社会系统中，形象就是指一个地区、部门、企业文化的综合反映和外部表现，使它们通过自己的行为、产品、服务在社会公众心目中绘制的图景和造型，是公众以其直观感受对地区、部门、企业等作出的总体看法和评价。

所谓形象，《辞海》中定义为："文学艺术区别于科学的一种反映现实的特殊手段，即根据现实生活各种现象加以选择，综合所创造出来的具有一定思想内容和审美意义的具体生动的图画"。而在西方经济学研究中，形象（Image）一词则被定义为："一种抽象的概念，它包含着过去存留的印象、声誉及同事之间的评价，并蕴含着使用者的期望。"其构成要素有形象主体、感知，评价主体，形象主体同感知与评价主体之间的沟通中介。认知心理学的研究表明，人认识客观事物首先要通过感觉器官形成一定的初始印象，然后才能进一步深入研究，认识事物的本质，通过感知知觉活动所获得的初始印象就是人们心中关于此客观事物的"形象"。

2. 旅游地形象的形成

社会学家与文化研究认为，在人类逐渐从工业社会向后工业社会转变之际，生活在后现代社会趋强时空环境中的人，所具有的最基本的心理和行为特征就是形象消费方式与形象导向思维方式。

从静态来看，对旅游地形象的形成前人认为，旅游地形象的形成由刺激因素（Stimulus Factor）和旅游者特征（Torrist Characteristic）共同作用而成（具体见图 14－1）。

从动态上看，旅游地形象的形成过程可划分为三个时间阶段形象，即原生形象、引致形象和复合形象。

第一阶段是指旅游者在未决定旅游之前，头脑中已存在由经历或教育而形成对各个旅游区的形象，即原生形象；第二阶段是指旅游者有了旅游动机，有意识地搜寻有关各旅游地的信息，并对之进行加工、比较和选择，从而在心目中形成引致形象；第三阶段则是旅游者到达目的地旅游后，再通过自己的经历结合以往的知识形成一个更综合的复合形象（具体过程如图 14－2）。

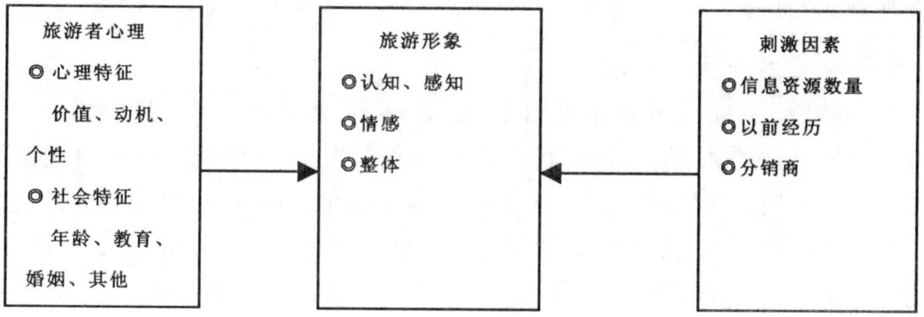

图 14－1　旅游地形象的静态形成过程

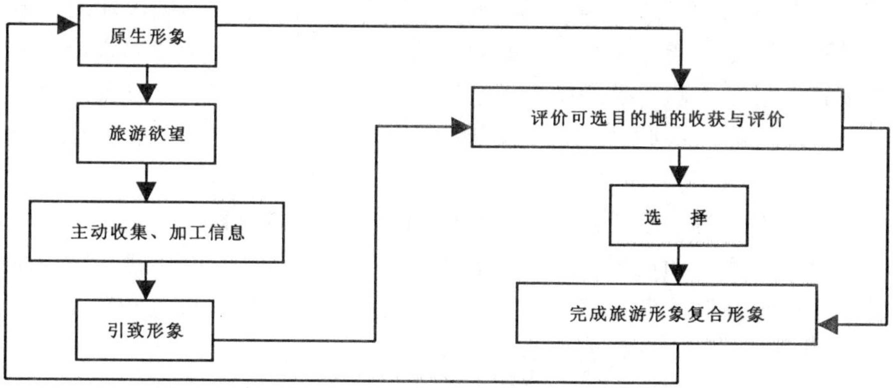

图 14－2　旅游地形象的动态形成过程

由图 14－2 我们可以看出，在旅游者形成复合形象后，在下次旅行之前，他又会从各种渠道获取有关旅游地的信息，逐步形成更高层次的原生形象，从而构成一个旅游者从原生形象——引致形象——复合形象——原生形象的认识循环动态过程。

旅游地形象具有良好的识别功能、信息浓缩功能、利益承诺功能和招徕功能。人们对旅游地形象的认知经历了从产品到心理乃至目的地管理的多角度变化，从中反映了人们对旅游地形象认知水平的提高，其过程可概括为：形象是旅游地产品属性的复合体——形象是认知者心智中的旅游地图像和概念的群集——形象是在竞争中旅游地产品（或服务）差别化的含义和联想的集合——形象是旅游地的个性表达——形象是旅游地管理的一种观念和方法。

3. 旅游地形象的发展

旅游地形象的研究在国外自 20 世纪 70 年代以来已成为热门话题。当时，世界经济进入了“印象时期”，形象设计与研究在西方企业中悄然兴起。同一时期，国外学者默瑟（Mayo）首先提出了旅游目的地形象的概念。

20 世纪 80 年代中期，企业形象设计（CIS，Corporation Identity System）基本原理的建立，引起西方管理科学的又一次革命。全球各国企业纷纷导入 CIS 并产生了良好的经济和社会效益，使许多学者从管理科学、思维科学、行为科学、人文地理科学等不同角度把 CIS 基本原理的应用领域从微观拓展到宏观，开始研究“区域形象”问题。加之旅游产品很大程度上属于一种精神产品，在物质形式的生产和消费逐步让步于非物质产品的生产和消费的精神时代里，它的营销更加依赖于形象的建立和推广。正是因为这些特殊性，推动了旅游形象问题在旅游界的推广和普及。

我国对旅游地形象设计的研究起源于不同学科对地区和企业形象策划与设计的研究，如规划、经济、公关等。直到 20 世纪 90 年代，国内学者才将 CIS 应用到旅游地形象设计方面，且在很大程度上借鉴和移植了 CIS 的模式和方法，带有强烈的实用主义特征。

当前为形象驱动阶段，是旅游向更高层次发展和综合的阶段。旅游产品若要发展，就要靠形象的传播，使其为潜在的旅游者所认知，从而产生旅游动机，并最终实现出游计划。国外研究表明，形象是吸引旅游者最关键的因素之一，“形象”使旅游者产生一种追求感，进而驱动旅游者前往。

（二）旅游地形象设计与旅游规划思想

1. 旅游规划思想带动旅游地形象设计

我国旅游地形象设计的研究主要是伴随旅游规划理念的不断提升而深入的。近二十年来，我国旅游规划思想大体经历了四个阶段，即资源导向——市场导向——产品导向——形象驱动。人们对旅游地形象的理论及实践意义的认识直接推动了旅游形象策划的研究（具体见表 14－1）。

表 14－1　中国旅游规划思想的发展

时期	资源导向	市场导向	产品导向	形象驱动
产生	20 世纪 70 年代末	20 世纪 80 年代中期	20 世纪 90 年代	21 世纪初
标志	中国出现“旅游局，风景名胜区、森林公园规划”等	我国将旅游确立为正式的产业部门	旅游成为各地龙头（或支柱）产业。一批有国际水准的品牌化主题公园旅游规划诞生	营销时代特征日益完善，形象是成为继网络之后的销售力。要求产品力、销售力和形象力的新营销组合模式
特点	是旅游业的兴起阶段，详细的旅游资源现状调查、分类和评价，注重专家意见	在科学评价旅游资源的同时，寻求与其匹配的客源市场，强调大众需求和市场细分，旅游项目的可行性论证	核心是：市场一资源一产品一市场。突出旅游形象定位，强调从大众、分众到受众的概念，以及旅游形象传播策划的操作	涵盖目的地内多个要素综合信息的目的地形象对现实和潜在旅游者决策行为产生重要影响，因此成为目的地整体营销理念中的关键概念
规划方法与技术	各种旅游资源评价模型，如层次分析法等。是以风景资源为基础的旅游规划思想	抽样调查技术，客源市场预测方法，如引力模型等。是以市场分析为基础的旅游规划思想	提出口号，明确旅游形象（宏观区域战略与为官项目设计均适用）	在旅游目的地（景区）的一体化综合开发上，又导入了旅游识别系统。注重构造和完善视觉识别系统（VIS），强化景点的行销功能
形式	资源报告＋开发措施	资源报告＋客源市场分析＋可行性论证＋开发规划	资源报告＋客源市场分析＋可行性论证＋开发规划＋旅游形象策划	资源报告＋客源市场分析＋可行性论证＋开发规划＋旅游形象策划＋旅游地营销策划

注：根据李蕾蕾《旅游地形象策划——理论与实务》(1999)，有改动

这 4 个阶段反映了我国旅游规划思想的不断发展和成熟。旅游地形象设计正是伴随着旅游地规划思想的发展逐步被人们认识并重视起来的，而

且其地位也越来越显著。

2. 旅游地形象设计在旅游规划中的重要性

伴随着旅游规划的蓬勃发展，人们发现旅游者对旅游目的地的热望与冷淡并不完全取决于旅游资源等级的高低与旅游项目策划的好坏，而旅游地的知名度、美誉度、认可度以及影响旅游地形象的某些因素则更显得重要。旅游形象设计在旅游规划中的地位越来越被重视。区域旅游规划应当首先解决规划地区的形象定位问题，研究旅游者对规划地的认知状态，设计一套有效的传播旅游地形象的模式。实际上，旅游地形象设计与旅游规划是相辅相成、相互促进的，旅游规划孕育出旅游形象设计，反过来，旅游地形象设计为旅游规划的完善起到了画龙点睛的作用。

二、旅游地形象设计的理论

（一）旅游地形象设计的含义

要认识旅游地形象设计的含义，首先必须对旅游地形象的概念有一个比较准确的定位。在旅游形象的定义和概念上目前还没有形成共识，笔者总结外国学者有关目的地形象的概念如表 14－2。

表 14－2　国外学者对目的地形象的定义

Hunt（1971）	目的地形象是人们对于自己非居住地所持的印象（Impressions）
Markin（1974）	目的地形象是我们对某地所知道的我们个人的、内化的、概念化的理解
Lawson and Bond－Bovy（1997）	个人对特定的对象或地方的一种印象、偏见、想象和情感思绪
Gartner（1993）	目的地形象由三个等级的成分发展而来，这三个等级分别是：认知（Cognitive）、情感（Affective）和意动（Conative）
Parenteau（1995）	目的地形象是人们对产品或目的地所持的喜爱或者不喜爱的态度
Alhem and Armstrong（1996）	目的地形象是旅游者在实际旅游经历之前对某个目的地的一系列期望
Goodall	目的地形象主要受可用信息的限制，人们把形象建立在他们对实际旅游经历的反映上，形象是随可获信息的改变而变化的

目前，国内学者关于旅游地形象的几种定义：

（1）旅游地形象，即一个旅游地的所有旅游产品和旅游资源在人们心目中的总体印象。

（2）旅游地形象是指旅游者对旅游目的地了解和体验所产生的印象的总和。

（3）旅游地形象是指旅游者对旅游地总体产品和服务的看法和评价，从游客角度而言，是指其从各种渠道获得的对旅游地的整体印象；从企业角度而言，是指通过了解游客的预期需提供的产品与服务而传递给游客的旅游地综合印象。

（4）旅游地形象是指旅游目的地在大众心目中所形成的、独特的、区别于任何其他旅游地的、较稳定持久的总体印象和评价。在一般情况下，它是到某地游历过的游客接受了该地各种旅游形象的刺激，然后将其感受进行总结、概括、提炼，并将其深刻的印象用精辟的语言向社会告知的结果。

（5）旅游地形象可以归纳为某一区域内外公众对旅游区总体的、抽象的、概括的认识和评价，它是旅游区的历史、现实与未来的一种理性再现。它可以在旅游前通过宣传来建立，也可以在旅游后通过亲身体验来建立，但都需要通过对具体的旅游吸引物进行感知才能最终形成。

总之，旅游地形象就是旅游目的地所提供的旅游活动、旅游产品及服务等在人们心目中形成的总体形象。是人们对一个旅游目的地的信念、意见及印象的综合（Crompton，1979）。

旅游地形象设计系统（Tourism Destination Identity System，简称TDIS）受到企业CI策划的启发与广告业的带动，以及国内旅游业的迅猛发展（同时伴随强大的市场竞争）等综合因素的影响，使得旅游地和旅游产品与企业产品具有相统一的市场供求关系和类似的运作规律。

（二）旅游地形象设计的特点

1. 主观与客观的辩证统一

对旅游地形象的认识最初只是停留在纯粹主观的概念上。随着认识的发展，仅从主观方面解释目的地形象是不够的，因为人们对某旅游地的印象除了受到经历、性格等主观因素的影响外，主要是基于该地的客观状况。许多研究者认为旅游地形象应该包含主观与客观两个方面，同理，旅游地的形象设计也同样具有这一特点。它既建立在客观资源的基础上，又为旅游者描绘出一个主观的旅游形象，是主观与客观的有机结合。

2. 多种因素的综合体

旅游地形象是多种形象要素的综合体。这也可以简称为整体性、系统性或综合性，具体包括内在的和外在的、精神的和物质的、无形的和有形的、静态的和动态的等多个方面。因而旅游地形象设计必须反映旅游地的整体特征，即整体形象。因此，旅游地形象设计的最终目的是要进行旅游地形象设计的整合，即整体设计。旅游业发达国家开发旅游的成功经验是塑造整体旅游形象，以此作为旅游吸引力来推动市场，并吸引旅游者前来旅游。

3. 旅游地形象的差异性

差异性也称区域性或独特性。旅游地自身独特的旅游资源是产生旅游流的基础，有差异才具有生命力，才能有存在的价值，因此旅游地形象设计的突出特点就是要与众不同。

4. 长期性及稳定性

旅游地形象设计是一个长期计划和实践的过程，它不可能在很短时间内给旅游者留下很深刻的印象。旅游地形象一旦形成，社会心理就容易产生定势，也就是说，在一段时间内，社会公众对既成旅游地的形象认识很难发生改变，即使影响旅游目的地形象的要素已经变化。

5. 旅游地形象设计的风险性

由于旅游地形象具有稳定性的特点，加之旅游本身是一种休闲娱乐形式，人们更注重旅游的安全和出游目的的满足，负面的印象比正面的印象更难被取代。因此，旅游地形象设计就带有很强的风险性，能激发旅游者出游的兴趣，为旅游目的地带来良好的形象和影响才是成功的旅游形象设计。如果形成不良的旅游地形象，不仅不利于该地旅游业的发展，而且还会对其产生致命的打击。

（三）旅游地形象设计的原则

1. 特色原则

这是旅游地形象设计的首要原则，也称地方特色原则或民族特色原则，主要是指当地的景观、历史、传统、文化、价值观、权利关系、组织结构等综合形成的一种独特性原则。特色性就是要通过理念的准确表达、视觉识别的准确表现以及行为的广泛传播，形成旅游地自身的个性旅游形象。

2. 导向原则

就是要根据旅游市场的需求内容和变化规律来进行旅游地的形象设计工作，也即市场导向原则。

旅游地的形象设计，就要求设计人员进行市场调查和市场预测，准确把握市场需求和竞争状况，确定正确的目标市场，然后依据不同的旅游者对该旅游地的感知形象和旅游期望确定不同的旅游地形象。

3. 尺度原则

不同空间尺度的旅游地形象设计具有不同的侧重点，表 14－3 显示了不同空间尺度旅游地形象设计的异同点，只有遵循不同的尺度标准，才能在设计中把握重点，突出特色。

表 14－3　不同空间尺度旅游地形象设计分析

尺度	地域	个性分析			共性分析		
		文脉基础	认知规律	设计重点	感知结构	感知规律	设计内容
宏观尺度	省域市域	复杂性、多元化、整体感知为主	相对容易认知、认知整体特征	偏重整体性和引导性、旅游主导功能弱化	主体：旅游者、当地居民、设计师 客体：旅游地的各种自然和人文事项	空间位置感知第一性、感知的可替代性、感知的距离衰减规律性、受客体传播力度和密度影响	基础调查：受众调查、地方性研究、可替代性分析， 实操阶段：核心理念、理念基础、传播口号、符号设计
中观尺度	县域	较复杂、也以个体形象感知为引导	介于两者之间	有整体性、也涉及土地利用等实体规划			
微观尺度	景区	单一性、简单化	认知受替代性影响、认知局部	具体设计、注重可操作性			

4. 系统原则

旅游地形象设计是一项系统工程，它不仅代表某旅游地旅游业的发展水平，而且是旅游地整体管理水平的体现。旅游地在反映地方特色的同时，还要将本地旅游资源开发的产品规划作为宏观旅游地域系统的一部分。

另外，旅游本身就是一个“食、住、行、游、购、娱”相结合的有机整体，旅游地的形象设计应以旅游资源开发为重点，其他旅游设施与服务应该围绕具有特色的主体旅游资源进行设计安排，使之成为一个完整的体系。

5. 品牌原则

旅游地形象设计一定要围绕一定的主题，建立自己的品牌，所以也称主题化原则。

科学的旅游地主题设计能够有效集中该地有限的人力、物力和财力资源，增强旅游地整体吸引功能。在旅游地形象设计中必须抓住旅游地的主题形象，取其精髓，借以放大，这样可以达到扩大设计效果的目的，如苏州园林、桂林山水等都是古人对苏州、桂林主题形象的描绘。

（四）旅游地形象设计的功能

1. 促进旅游地自身发展

旅游地形象设计可以推动旅游地自身的旅游业发展，增强旅游地的凝聚力和扩散力，也有利于旅游地对外交流和合作，吸引外来资金、先进技术、管理经验和高级人才，由此带动其他行业和部门的发展。新加坡和香港就是注重形象塑造使其旅游业长盛不衰的成功典范。

2. 为旅游决策部门提供发展方向

旅游地形象设计对决策者来说可以在众多旅游资源中识别出最能代表地方性的部分，在此基础上决定本地未来旅游产品开发和市场开拓的方向，并在宏观上规划、布局围绕旅游形象塑造的各相关要素的开发建设，提升整体竞争力。

3. 为旅游者提供出游信息咨询

旅游地形象已成为吸引游客的关键因素。通过成功的旅游形象设计、策划和建设，可以使旅游地建立起本身特有的形象体系，增加旅游地的识别度。这就给旅游者在选择出游方案时提供了明确的方向和参考。

4. 为旅游企业提供技术支撑

旅游地形象设计可以为旅游企业、特别是旅游批发商和旅游零售商提供产品组织及销售方面的技术支持，如旅行社的线路设计等，都与旅游目的地形象的建立与推广具有密切的联系。

5. 能够增强公众的旅游意识

旅游地形象的建立有赖于当地公众的参与。而成功的旅游形象设计，可以使旅游地的公众对本地特征有一个较深刻的理解。对于公众来说可以了解本地旅游开发的前景和潜力，增强旅游意识，积极参与地方旅游的开发和建设。

三、旅游地形象设计的程序

旅游地形象设计系统主要包括：地方性研究、总体形象定位、理念识别设计、视觉识别设计、行为识别设计和其他感知识别设计，在此基础上进行宣传与推广，其研究方法及程序基本按照上述顺序进行。

（一）旅游地的地方性研究

1．旅游地的地文背景分析

地方文脉是指旅游地所在地域的地理背景，包括地质、地貌、气候、土壤、植被和水文等自然环境特征，也包括当地的历史、社会、经济、文化等人文地理特征，因而是一种综合性的、地域性的自然地理环境、历史文化传统和社会心理积淀的三维时空组合。

旅游地的文脉分析是旅游地旅游形象设计的基础工作之一，主要包括自然地理特征、历史文化特征和现代民族民俗文化的研究。

2．旅游地基础调查

准确把握旅游地形象，设计出符合本地特色的旅游地形象，就必须进行专业的、详尽的旅游地基础调查。这是确定旅游地总体形象定位、选择促销口号的科学基础和技术前提，主要包括受众调查和竞争市场调查两方面内容。

（1）受众调查。受众调查的基本目的之一是了解人们对旅游地的感知形象。受众调查的主要内容包括调查旅游者的个性特点、经济实力、对城市的了解程度、出游意愿等。旅游地的知名度、美誉度和认可度是旅游者关于目的地印象的定量评价指标。旅游地的认可度是指旅游者把旅游地的产品和服务纳入自己消费对象的程度。

（2）竞争市场调查。在当今旅游处于买方市场的情况下，有许多可互相替代的旅游地供游客选择，人们可将有关的旅游地进行形象比较，最终选择能满足其旅游需求和心理预期的旅游目的地。在毗邻地区，由于旅游资源具有相似性、目标市场具有一致性，使其面临更加直接的挑战，所以旅游地形象设计必须将竞争分析放在重要的位置，通过竞争市场调查对旅游形象进行审慎的抉择，对旅游地形象做出独特的定位。

（二）旅游地总体形象定位

1. 定位的含义

对于一个旅游地而言，旅游形象定位是指从形象评价的角度出发，在对一个旅游地目前的旅游资源、旅游环境和旅游条件进行系统分析的基础上，着重对今后发展起长期、稳定、根本作用的因素进行综合分析研究，并对该地区的旅游事业进行定位。这是一种来源于现实又高于现实的综合定位，并最终用高度概括的文字表达出来。

2. 定位的原则和方法

建立旅游地形象的根本目的是展示旅游地总体独特的旅游魅力，该项工作的核心与前提是解决旅游地形象的定位问题。旅游地形象定位工作对于塑造旅游地形象、扩大知名度、增强吸引力、拓展客源市场、激发当地居民归属感以及主动宣传和参与等都具有积极的意义。而成功的旅游地形象定位则必须遵循独特性、系统性、导向性、整体性、优势性等原则，从总体上讲，旅游地形象定位的原则与旅游地形象设计的原则是一致的。旅游地形象定位的常用方法见表 14 - 4。

3. 定位的意义

旅游地形象定位能使旅游产品在目标旅游者心目中树立生动、鲜明而强烈的感知形象，造就该地与众不同的突出地位。它是一项实践性很强、文化品位很高的工作，是旅游地形象设计与传播的前提和核心。好的旅游地形象定位，是在深入研究市场特征尤其是市场竞争特性的基础上，充分整合资源而形成的全新的概念和市场卖点，是对旅游地特色的个性化综合。它能够最大限度地强化竞争力，对于区域旅游开发起着关键作用。许多国家和地区都十分重视旅游地形象定位并在广大目标市场树立其牢固的形象。比如：海滨沙滩——美国夏威夷、中国海南岛，文明古国——埃及、希腊和中国，人类奇迹——埃及金字塔和中国的万里长城，赌城——美国拉斯维加斯和中国澳门等，这些都是国内外旅游形象定位的成功范例。

表 14-4 旅游地形象定位的方法汇总

名称	方法及重点	应用	实例
领先定位	把握在不同类别的旅游形象阶梯中占据第一位置的、领先的形象。最鲜明、最具有驱动效应	适用于独一无二或无法替代的旅游资源或文化理论	中国的万里长城；埃及的金字塔
比附定位	旅游地通过原来根植于人们心中的第一形象相比附，确定“第二位”的形象。其实质就是借冕增誉、借光增辉	适宜于规模小、自身特色不明显、知名度低或形象定位起步晚的旅游地	海南岛——“东方夏威夷”；大连——“北方香港”
反差定位	强调并宣传定位对象是消费者心中习惯形象的对立面和相反面，同时开辟一个新的、易于接受的心理形象阶梯，抢占另一片市场	适用于存在尚未开发的、且目标市场有相当大的需求的新特质的旅游资源	川蜀——冰雪旅游
重新定位	是旅游地采取的再定位策略，即针对旅游地发展的生命周期或旅游市场需求的变化，以新形象替换旧形象，从而占据有利位置	适用于旅游形象已经过时，旅游周期已经处于衰落期的旅游资源或文化理论	美国加州形象的重塑；香港回归后的重新定位
导向定位	是以目标客源市场为中心的定位方法，主要目的是在稳定和扩大客源市场的同时增加对其他客源的吸引力	适用于客源市场明确，即某一类客源比例达到相当的份额的旅游地	莆田市——妈祖圣地；澳门——赌城
多头定位	是从不同角度透视同一个旅游地，从而使同一旅游地存在几个形象定位，具有针对性强的优势，可以最大限度的吸引潜在旅游者	适用于旅游地的功能和区域角色多样，难以进一步作形象整合的情况	北京——国内形象与国外形象等
组合定位	以区域联合的形式推出大区域整体旅游地形象，是一种相辅相成、互助互利的形象定位策略。又可细分为主从组合定位、并列组合定位和互补组合定位	适用于以集群形态出现的中小旅游地或特大城市周边的旅游地	湖南省张家界、天子山、索溪峪——武陵源风景区

（三）旅游地的形象设计要素

旅游地形象设计（TDIS）是基于旅游形象定位而展开的一个复杂的系统工程，旅游地形象设计的要素可以划分为理念识别设计（Mind Identity，简称 MI）、视觉识别设计（Visual Identity，简称 VI）、行为识别设计（Behavior Identity，简称 BI）和其他感知识别设计四大部分。

1. 理念识别设计

旅游地理念识别设计也称旅游地定位理念识别，是指一个旅游目的地，在对旅游地经营者意向、文化形态、各种资源和旅游地内外部环境进行周密分析的基础上，提炼出的具有个性的旅游地精神，确立出与众不同的经营理念和思路，设计出体现旅游地价值追求的形象口号。旅游地的理念形象应是协调该旅游地内外关系及整体发展的灵魂。它由旅游目的地整体价值观（旅游目的地精神）以及各种观念、意识及价值取向等组成。它主要以形象定位为基础，包括旅游规划目标、旅游资源特色、旅游经营方针与原则、旅游规划管理者的哲学思想和旅游服务的行为准则等。旅游规划总目标、各阶段分目标、旅游资源特色等，都要在理念识别设计中予以反映。理念识别与形象定位有一定的相似之处，但又有所不同，在内容上增添了经营方针和发展目标，而在形式上则通常采用按旅游地的特色层次确定旅游地各级理念（一般分目标理念和精神理念），并最终以简洁的主题和宣传口号来进行综合表述。

总之，定位是粗略地确定旅游地的整体形象，而理念识别设计则是用来指导旅游地形象系统的设计，它是旅游地形象设计要素的根本，是旅游地形象设计要素系统的核心和灵魂，是最高决策层次，它把握着整个设计要素系统的发展方向，被称为“旅游地形象设计要素的头脑”。

2. 视觉识别设计

旅游地视觉识别设计就是将理念通过静态的、具体化的视觉传播形式，有组织、有计划地传达给社会，树立统一性的识别形象，是旅游地形象设计中最直接和最直观的表现。它包括视觉景观系统和视觉符号系统两个方面。作为旅游目的地，其视觉形象泛指一切作为旅游地旅游形象载体的物品与符号，是旅游地理论和行为的外在表现。

（1）视觉景观系统

视觉景观系统又包括物质景观和社会文化景观。

物质景观指旅游地所具有的、能体现旅游形象功能的那些具体景观，它又可分为：①背景景观——是旅游区存在的依托，存在于广泛的范围内（如旅游区及交通线周围的山川河流、田野农庄），不需要太多的设计和改造。在景观形象的设计需要注意的是，生产建设和旅游开发活动应当加强控制管理（尤其对建设规模、建筑体量、造型、色彩等方面的控制），尽可能维护和强化自然资源的特色，避免环境污染和对旅游资源的破坏；②旅游区景观——是区域旅游资源景观条件最突出的地段。对于旅游地而言，要特别关注以下几类关键区位的形象设计：其一是第一印象区和最后印象区，第一印象区是指旅游者到达（进入）旅游吸引物或交通中枢、服务基地时最先接触到的地区，最后印象区是指游客离开旅游地或某个吸引物时与其最后接触的地点，在很多情况下与第一印象区相重合。二者通常是指旅游地对外交通的火车站、机场、港口、码头、高速公路收费站等；其二是光环效应区，也就是能使游客的印象起放大作用的地段，它对旅游地的整体形象具有决定性的意义；其三是地标区，即旅游地中惟其独有的、逐渐成为其标志形象特征所在的区域，与第一印象区有着同等的地位；③城镇物质景观——城镇作为游客进入目的地的交通枢纽和旅游活动的服务基地，在烘托和加强游客对目的地整体形象感知方面具有重要作用。城镇物质景观形象主要通过城市建筑、街道景观、广场、雕塑、行道树及环境绿化等方面体现出来。

社会文化景观形象是当地居民的居住、生产、生活等活动构成目的地的社会文化景观。它们同样具有对地方形象特征的影响作用。社会文化景观形象设计的总原则就是要突出地方风俗和民族文化，通过举办节庆活动、组织各种参与性表演活动等方式加以展现。

(2) 视觉符号系统

旅游地视觉识别的符号系统主要包括以下内容：旅游地名称、旅游徽志、标准字体及标准色、旅游吉祥物及其他（如市树、市花、市鸟、旅游地人物等）。

旅游地视觉识别的基本要素和应用要素如图 14－3 所示。

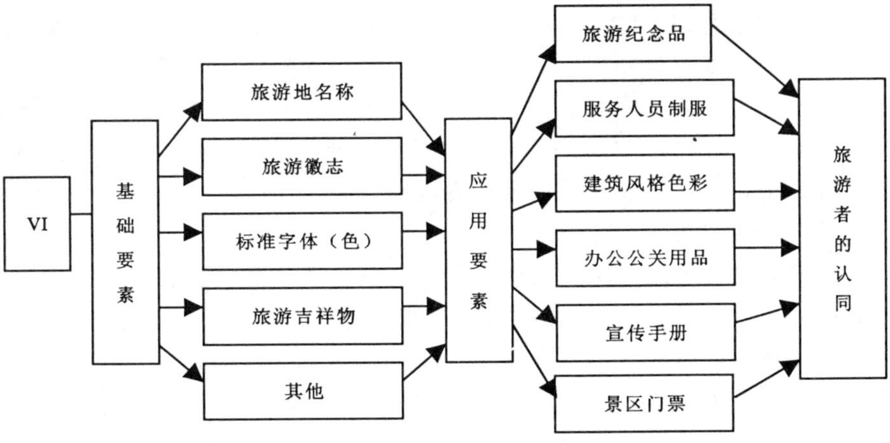

图 14－3　旅游地视觉识别基本要素和应用要素

3. 行为识别设计

旅游地行为识别设计是其理念识别设计的具体体现，理念是抽象的、内在的，行为识别是把旅游地旅游的理念识别外化，使之成为人们看得见、摸得着的东西，通过形形色色的活动展现口号式的理念，达到旅游地形象的“语言和行动的统一”。依据 BI 原理，旅游地行为识别设计主要由旅游事件、政府行为、企业行为和居民行为四部分组成。

(1) 旅游事件

在旅游研究中，一些学者根据旅游吸引物的吸引性质，将其分为场所吸引物和事件吸引物。场所吸引物是指旅游地固有的物质实体（如自然风景、名胜古迹）对游客的吸引，这样的实体即是场所吸引物。若旅游者去一个地方旅游，主要是因为这一地方发生着什么事情，这种吸引就是事件吸引。这种由事件引起的旅游可称之为事件旅游，而作为吸引物的事件则称为旅游事件。

(2) 政府行为

旅游地形象设计从某种意义上讲就是城市政府的控制行为，是该地政府行使的对旅游地形象塑造的运筹、构思、规划的职能，因此在众多的旅游行为形象中政府行为显得尤为重要。

政府首先应构建“公正、高效、廉洁、务实、敬业”的新形象，应是尊重人民、服务人民的。政府形象的树立主要表现在旅游综合发展规划的制订、旅游政策的制定与实施、旅游节事活动的策划与组织、旅游市场调研、旅游产品营销与宣传、有关部门日常办事效率的提高等方面。在具体实施过程中，要有全局观念，善于协调各部门之间的关系，以形成对外形象的展示合力；调控旅游业与相关产业，预防各种恶性事故，保证游客人身财产安全等，扎扎实实的做好一些实际工作，以推进旅游管理的法制化、健康化，为旅游业发展搭建良好的操作平台。

(3) 企业行为

旅游地行为识别系统中的企业行为形象设计包括一般的接待服务企业（运输、住宿、餐饮等）、旅游企业（景区、旅行社等）、窗口行业（金融、商贸、邮政、电信等）等的形象塑造。也就是对 TDIS 中的窗口行业形象、旅游服务部门形象的设计。企业行为是旅游地行为的指示器，良好的企业形象不仅是旅游地经济发展的一笔无形资产，而且可以促进旅游地经济健康发展。企业形象设计首先是要加强对旅游从业人员的培训，通过建立培训体系，实行持证上岗、开展服务技能技术比试等活动，提高旅游从业人员的素质和服务水平，培养自觉服务的意识，鼓励员工以游客满意为宗旨，即实施顾客满意战略（CS战略）；其次，应推进景区服务质量向标准化方向发展，重视抓好旅行社、宾馆等接待服务的“窗口”行业，切实提高接待水平和服务质量；其三，要加大旅游商品的研究开发，推出一批富有地方特色、文化内涵深厚、科技含量高的旅游纪念品；此外，还应全面整顿旅游市场秩序，加强行业管理，培育完善的旅游市场体系，引导旅游企业的有序竞争，杜绝宰客、欺客事端。良好的企业行为形象，将使旅游者在旅游消费过程中，充分体验到精神层次和社会层次的满足感。

（4）居民行为

在旅游地，居民是人数最多的一类人，在旅游者眼中，旅游地居民的生活方式、语言、服饰、行为活动等都是旅游地风景的一部分，当地居民从外表到性格行为特征，构成一种形象——居民形象。同样，居民也会相应地将旅游者作为观赏对象，这样，旅游者与当地居民之间就存在一种相互交流与观赏，这种观赏会影响到两者对对方的态度和行为。因此，居民形象是旅游地形象的重要组成部分，是要造就一个勤奋、正直、热情好客、诚信待人、文明礼貌、爱护城市旅游形象、具有较强文化法律意识的居民群体。这可以从以下几方面入手：①开展全民的旅游意识教育，增强居民旅游意识，使居民认识到旅游是人们之间相互了解和增进友谊的重要形式，从而从一个更高的层次规范自身行为；②大力弘扬社会主义精神文明，增强居民的主人翁责任感，即与地方精神文明建设结合起来；③提倡全体居民广泛使用普通话和礼貌文明用语，提高居民素质，培养积极热情的态度；④对城市“窗口”系统的居民进行培训，倡导热情服务、礼貌待客的良好风尚。

此外，居民的地方性或者民族性的形象也是旅游地重要的旅游吸引要素，是旅游形象构成中的重要环节。

总之，行为识别设计是定位理念的动态表达，是理念识别设计的具体化、外在化，被称为“旅游地形象设计要素的手脚”。对以服务为主体的旅游业来说，更多的靠人——员工及当地居民的行为来传递旅游业的形象。因此，在操作中，做好行为识别设计的工作也就是在实际中形成旅游地的旅游形象设计。

4. 其他感知识别设计

随着旅游地形象设计观念的深入人心，人们认识到一个旅游地形象设计越丰富、全面，其形象感染力就越大，不仅能广泛吸引潜在的旅游者，也能给实地的旅游者以深刻的印象。因此，除了视觉形象要素的设计外，其他感知形象要素也可以进行相应的识别设计。这些感知识别设计主要有：味觉、嗅觉、听觉以及旅游地的方言、民歌、旅游区的主题曲和宗教音乐等。

（四）旅游地形象的宣传与推广

旅游地形象要素设计完成后，旅游地面临的就是如何将这些要素信息有效地传播给受众（现实或潜在的旅游者）。如果旅游地的形象不能以有效的途径加以传播推广，就不能实现形象设计的根本目标。因此，旅游地形象的宣传与推广是旅游地形象及公众对旅游地感知不可或缺的重要组成部分，旅游宣传是旅游业赖以生存和发展的必不可少的重要手段，只有通过广泛深入的宣传促销，才能使众多和独特的旅游资源被世人所认识、理解和接受，推动他们产生购买的欲望。常用的宣传推广策略有以下七个方面：

1. 联合促销策略

联合促销就是一个旅游区与其他利益共同体联合行动、共同促销的行为。若干个距离接近、产品互补、线路相连且具有共同客源市场的目的地，最适合进行联合促销。它包括企业与政府的联合，企业之间的联合，以及本地政府与外地政府的联合。联合促销有利于旅游地完善产品结构、拓展客源市场、实现规模经营、降低销售成本，是现阶段区域旅游合作的有效形式。

2. 公共关系策略

公共关系是一种促进与公众建立良好关系的方式，其影响面广、影响力大，有利于迅速塑造并传播良好的旅游形象。它作为一个重要的营销工具，正在当今全球的营销实践中进入一个爆炸性的发展阶段。对于旅游产品的营销来说，公共关系具有更显著的优势和更广阔的施展空间，同时也具有更迫切的需要。因此，要积极参加、组织各种与旅游有关的展览会、交流会、研讨会、演出会、招商引资会、新闻发布会等形式的公关活动，邀请专家学者、旅游企业的管理人员、著名作家、影响广泛的新闻媒介记者来旅游地旅游参观，以扩大旅游地的知名度。

3. 旅游事件策略

旅游节事包括节庆（Festivals）和盛事（Special Events，Mega-events）两方面，节庆是有主题的公众庆典，而盛事则指历史上或社会上发生的不平常的大事。旅游节事能够融自然与人文观光、休闲度假娱乐、商贸洽谈、科技文化交流于一体，使其成为当今旅游地宣传的拳头产品之一。旅游节事可以分为以下几种类型：

（1）传统节庆型

主要是以传统民俗活动为吸引内容的旅游事件，它们常常与当地所处的地理环境、生产状况、生活条件、文化内涵有着密切关系，带有十分浓厚的地方文化特色。除了我国传统的民俗节庆，如元宵灯会、端午赛龙舟、中秋赏月、重阳登高等外，还有各地因自然条件而形成的特殊节庆，如牡丹节、荷花节、荔枝节、葡萄节等；同时，传统文化和现代生活相结合形成的新兴节庆也越来越多，如美食节、啤酒节、电影节等。据不完全统计，国内各地已有三百多个名目繁多的各式各样的旅游节庆活动，如：青岛——国际啤酒节、大连——国际服装节、山东潍坊——国际风筝节、海南岛——国际椰子节等。

（2）商务型

由于全球经济的迅速发展，跨国公司的不断壮大，企业合作趋势的日益加强，以城市为中心的各种商务、会议活动数量不断增加，随之带来的大量客流已受到极大的重视，并出现了不少商贸、会议城市。以商贸、会议事件活动为主要内容的商务型旅游事件正是在这样的背景下产生的，例如广交会、上海“99财富论坛”等。这种类型的旅游由于基本上不属于自费旅游，因此表现出强烈的高消费特点。

（3）博览型

各种展览事件均属于博览型旅游事件，目前人们普遍称为会展旅游。时代的进步、社会的发展使人们更加注重提高自身素质，培养高尚情操，拓宽知识面等。不同类型的展览活动正是顺应了人们的强烈需求，以琳琅满目的各类展品吸引大量游客前来观赏，增长见识，如珠海航展、昆明世界园艺博览会等。

（4）体育型

体育运动是人类展示健康体魄、冲击人体极限的主要方式之一。竞技体育由于其强烈的观赏性、高度的对抗性以及所体现出来的拼搏精神引起了众多体育爱好者的兴趣，由此也形成了体育型旅游事件，如奥林匹克运动会、世界杯足球赛、亚运会等。

4. 广告促销策略

广告是一种高度大众化的信息传递方式，传播面积广、效率高、速度快。据调查，约有68.6%的顾客是因广告的宣传而光顾产品的。它不仅有推销商品的作用，还可以达到宣传和建立企业、产品形象的目的。因此，通过广播、电视、报纸、书刊等传媒进行宣传，是目前旅游区树立和强化旅游形象的首要途径。

广告可分为通知型、说服型和提醒型三类。通知型广告主要用于旅游地及其产品的市场开拓阶段，目的在于触发初始需求。一个新的旅游区、一条新的旅游路线在投放市场之前必须告诉顾客有关的各种情况；说服型广告一般在于建立选择需求，增强顾客对特定品牌的信任；提醒型广告在旅游地及其产品的成熟期起着重要的作用，其目的在于使到过该旅游地的游客保持对该地美好的回忆。此外，还要将旅游地的定位口号、形象代表性景观等制作成可在电视、广播、报刊、杂志、网络等媒介上宣传与推广的广告制品，把这些旅游产品通过以上方式推荐出去。为了增强信息传播的效果，还要讲求广告宣传的技术性策略，包括广告的大小、色彩、频度、流动性、位置、对比等。表14－5表示的是各广告媒体的不同特色。各旅游地可依据自身的发展情况的不同来细分市场以及财力状况等，选择不同的广告媒体。还可以运用各媒体的组合，发挥其各自的功能，从而达到预期的效果。

表14－5　不同广告媒体的特色分析

媒体	特　色
电视	形声兼备，受众广泛，但价格昂贵、保留性差，持续作用小
广播	传播的速度快，覆盖面广，但冲击力不强，表现力差
报纸	发行量大、时效性强，但寿命短暂、信息量小
杂志	针对性强、信息量大、易于保存，但周期长、传播范围狭窄

5. 网络传播策略

信息时代的来临也使网络深入到人们的日常生活之中。网络传播是目前传播信息和交流文化最有效便捷的手段之一。网络能把旅游地形象信息丰富、详实、图文并茂的传播开来，因此，越来越多的旅游地和旅游企业已使用电脑建立和传播自己的旅游形象和旅游服务信息。网络是旅游形象传播不容忽视的手段。在采用此手段时应做到以下几方面：

(1) 旅游地要请专业人士建立自己的主页，全面介绍旅游地的所有旅游资源。

(2) 要有专门的专业人员定期进行维护和更新。

(3) 力争进入各主要网络搜索引擎，与热门站点友情链接。

(4) 利用电子邮件发送传播旅游形象的电子宣传品。

(5) 建立网上预定服务系统，包括预订机票、火车票，预订客房，预订风景区（点）门票等，给游客以更便捷的服务等。

网络传播具有价格低廉、传播速度快、范围广的特点，但目前由于我国的互联网普及率等还存在很多的不足，主要是没有自觉的突出城市旅游形象，局限于对景点、宾馆、交通、旅行社等旅游要素平铺直叙的介绍，更新不及时，形象不鲜明，用语不生动等。相信随着计算机技术的进步以及互联网的逐步普及，这些问题都将被完善。

6. 其他宣传策略

旅游地形象的宣传和推广还可以采用以下方式：

(1) 优惠政策。如淡季的降价、奖励销售，对旅游代理商和批发商的销售激励，发放优惠券等。

(2) 制作有关的旅游音像制品（如风光片、电影和电视剧）、文艺作品（与旅游目的地有关的文学作品、地方音乐作品）等。

(3) 设计发行或赠送旅游宣传画册（图片资料）、导游地图、明信片、台历、邮票等。

旅游地各种宣传策略及方法的比较见表 14－6。

表 14－6　旅游地宣传途径的比较

途径	优　　点	缺　　点	传播效果
公共关系	①影响面广；②影响力大	涉及的人较多，成本高	好
电视广告	①易接近于大众旅游市场；②通过音乐、色彩、动画的综合作用增强震撼力	费用高	好
报纸杂志	①覆盖面广，发行量大；②费用较低	①必须为彩色；②立体感不强	较好

续表 14-6

途径	优　　点	缺　　点	传播效果
网络宣传	①价格低廉；②传播速度快；③范围广	更新速度慢	较好
宣传单	费用低	分发途径小，受地域限制	稍差
影视画面	①易接近于大众旅游市场；②震撼力强；③故事中穿插画面，记忆力强；④费用比电视广告低	单位面积内播放频率低	较好
歌曲	①便于人们记忆；②费用低，传播久	看不见摸不着	较好
旅游事件	①影响面广；②影响力大；③带动性强；④可带来客观的经济效益	①成本高；②技术要求含量高；③受地域限制	好

(五) 旅游地形象设计的一般模式

综上所述，旅游地形象设计的一般模式可以用图 14-4 表示出来。

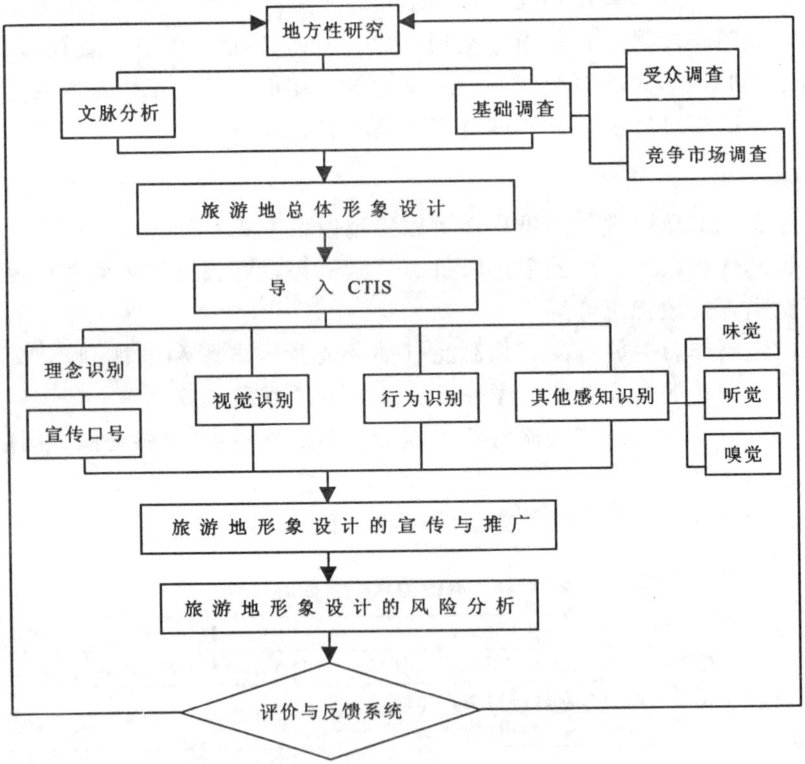

图 14-4　旅游地形象设计的一般模式

第十五章

旅游地空间结构

一、旅游地空间结构理论

旅游地空间结构是区域旅游研究的重要内容，长期以来就是旅游学界和地理学界关注的热点，学者们纷纷将区域科学理论引入到旅游发展中来，用以指导旅游开发规划过程中的空间结构构建，当前广泛应用于旅游地空间结构的基础理论主要有以下六种："核心—边缘"理论、旅游中心地理论、陆点轴结构理论、地域游憩系统理论、旅游区位论和环城游憩带（ReBAM）理论。

（一）核心—边缘理论

1. "核心—边缘"理论模式

完整提出"核心—边缘"理论模式的，是美国区域规划专家弗里德曼（J. R. Friedman）。1966 年，弗里德曼根据对委内瑞拉区域发展演变特征的研究以及根据缪尔达尔（Myrdal）和赫希曼（Hirschman）等人有关区域间经济增长和相互传递的理论，出版了他的学术著作《区域发展政策》一书，系统提出了核心—边缘理论。

弗里德曼认为，任何一个国家都是由核心区域和边缘区域组成。核心区域是一个城市或城市集群及其周围地区所组成。边缘的界限由核心与外围的关系来确定。核心区域指城市集聚区，工业发达，技术水平较高，资本集中，人口密集，经济增长速度快，包括：①国内都会区；②区域的中心城市；③亚区的中心；④地方服务中心。边缘区域是那些相对于核心区域来说，经济较为落后的区域，又可分为过渡区域和资源前沿区域。过渡区域包括上过渡区域和下过渡区域。上过渡区域是联结两个或多个核心区域的开发走廊，虽然处在核心区域外围，但与核心区域之间建立了一定程度的经济联系，受核心区域的影响，经济发展呈上升趋势，就业机会增加，能吸引移民，具有资源节约利用和经济持续增长等特征。该区域有新城市、附属的或次级中心形成的可能。下过渡区域的社会经济特征处于停滞或衰落的向下发展状态，这类区域可能曾经有中小城市发展的水平，其衰落向下的原因可能是由于初级资源的消耗，产业部门的老化，以及缺乏某些成长机制的传递，而放弃原有的工业部门，与核心区域的联系不紧密等。

根据核心—边缘理论，核心居于统治地位，边缘在发展上依赖于核心。但核心与边缘区的空间结构地位不是一成不变的，核心区与边缘区的边界会发生变化，区域的空间关系会不断调整，经济的区域空间结构不断变化，最终达到区域空间一体化。

2. 核心—边缘理论在旅游规划中的应用

迈奥斯克（Miossec，1976）和戈曼森（Gormsen，1981）从空间结构和空间动力学角度观察了目的地旅游演变过程，并将旅游者的行为和类型同旅游者的地理分布模型结合起来考虑。希尔斯（Hills）、朗德格仁（Lundgren，1977）和布里敦（Britton，1980）建立了关于核心—边缘理论的模型（core - periphery model），强调了边缘地区对核心地区的依赖。这种依存关系不仅对于旅游者来说是这样，对于其他一些事物，如资金、企业能力、熟练劳动力、技术甚至于利润等，都存在着边缘对核心的依赖，如图 15 - 1。

V·史密斯（V. Smith）认为旅游区域是一个用来提供旅行者服务、可交易的目的地，同时该目的地又有相关的支持带环绕。因此，一个旅游

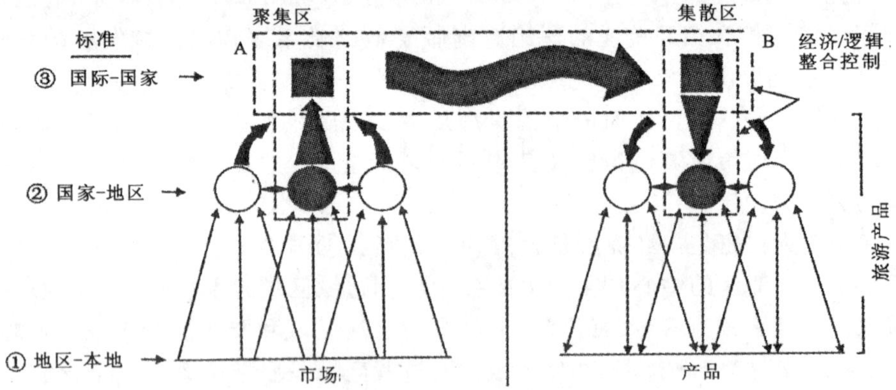

图 15 - 1　核心—边缘模型（据 Hills and Lundgren，1977）

区域结构图应由核心区、直接支持带、间接支持带等三部分组成。S·史密斯（S. Smith）则将旅游区域分为都市旅游区、户外休憩活动带、别墅疗养区和城市郊区旅游带，确定了四个基本区域旅游资源的类型。1965年，冈恩（Gunn）提出“社区-吸引物综合体”的概念，建构了以服务中心为核心的吸引物综合体模型。福斯特（Forster，1973）提出旅游区环境开发的“三区结构”：核心是受到严密保护的自然区，限制乃至禁止游客进入；围绕它的是娱乐区，配置野营、划船、越野、观望点等设施与服务；最外层是服务区，为游客提供各种服务，有饭店、餐厅、商店或高密度的娱乐设施。

（二）陆点轴结构理论

1. 陆点轴结构理论的提出

完整提出“点-轴系统”理论的是我国著名经济地理学家陆大道先生。他以克里斯泰勒（Christaller，1933）的中心地理论、赫格尔斯德兰（T. Haegerstrand）的空间扩散理论、佩鲁克斯（F. Perroux）的增长极理论为理论基础，通过对宏观区域发展战略的深入研究，于1984年首次提出“点-轴系统”理论模型，1995年出版专著《区域发展及其空间结构》，系统阐述了“点-轴”空间结构的形成过程、“发展轴”的结构和类型、“点-轴渐进式扩散”、“点-轴-聚集区”等问题，分析了不同社会经济发展阶段空间结构的基本特征，标志着“点-轴系统”理论体系的形成。

他认为“点”是各级居民点和中心城市，是人口和各种职能集中的地方，是区域内重点发展的对象；“轴”是在一定方向上联结若干不同级别的中心地而形成的相对密集的人口和产业带。由于轴线及其附近地区已经具有较强的经济实力且有较大的发展潜力，又可称为“开发轴线”或“发展轴线”。点轴结构的形成经历一个时间过程，从初期的较孤立的数个中心地，逐步发展成为具有一定空间网络结构的发展轴线，如图 15－2。

2. 陆点轴结构理论在旅游规划中的意义

“点-轴系统”反映了社会经济空间组织的客观规律，是区域开发的基础性理论。对区域旅游开发具有非常重要的理论意义和实践意义。

（1）点轴模型的形成，离不开“点”的扩散辐射作用，可以发挥城市对区域旅游的辐射作用。“点-轴”开发必然在空间上集聚成点、然后产生

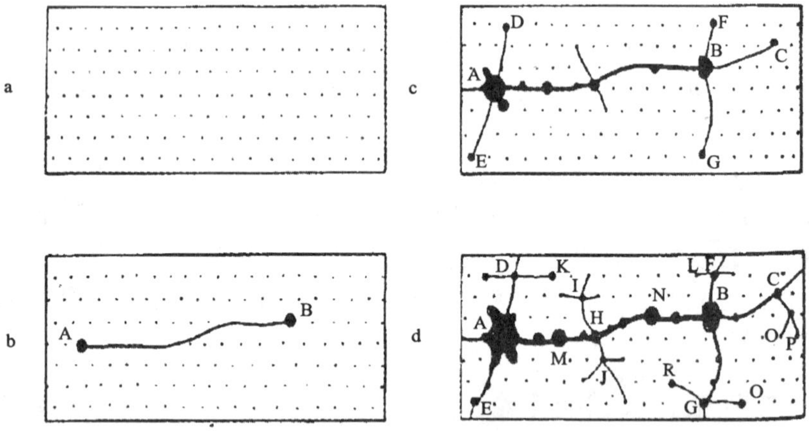

图 15－2　点轴空间结构的系统过程（据陆大道，1998）

集聚和扩散效应，可以充分发挥各级中心城市对区域旅游的辐带作用。

（2）“点-轴系统”可以提高区域旅游的可达性，即在区域内建立“点-轴”空间结构系统，在具备完善的“点-轴”空间结构系统的情况下，要想进入本区域，可以利用干线直接到达区域的中心，然后在合理衔接过程中实现一次或多次中转，从而使整个区域可达性最大。

（3）按照“点-轴系统”开发模式组织区域旅游开发，可以科学地处理好集中与分散、公平与效益、从不平衡发展到较为平衡发展之间的关系。一个地区在旅游开发初期，旅游发展水平是不平衡的，随着开发进程的延伸（轴线和“点”的延伸），“点”和轴线的等级差异变小，相对均衡的状态开始形成，即由“点”到“线”到“面”的空间开发和发展状态的形成，从而实现区域旅游的最佳发展。

（4）“点-轴开发”最适用于旅游资源丰富、旅游业有所发展但发展程度不高、旅游开发的空间结构还不完整的地区，特别是区内中心城市作用重大，又有交通干线与之相连与外界相通的地区，指导旅游开发规划过程中的空间结构的构建，特别是旅游资源和旅游线路比较显著呈带状分布的区域结构的模拟。

（三）旅游中心地理论

克里斯泰勒（Christaller，1933）的中心地理论是进行旅游中心地分析的原始理论基础。

中心地理论的基本思想是：中心地存在于一定范围的区域之内，不同大小的服务区域对应于不同规模的中心地；不同规模的中心地构成一个等级序列；中心地体系的具体空间排列服从于中心地的功能性质。中心地理论的创始人克里斯塔勒（Christaller）曾从旅游需求出发研究过旅游区位，但是没有建立理想的空间模式，在此基础上，逐渐形成旅游中心地理论。

吴必虎把中心吸引物供给地看作是旅游中心地，直接借用了中心地理论的概念。他认为中心吸引物是指在少数的地点（中心地）生产、供给，而由多数的客源市场前来消费的商品，它一般是在外来旅游者或本地居民抵达吸引物后实现的，中心吸引物的供应者如风景区度假村、娱乐中心等，一般布局在旅游者容易到达的交通便利的少数地点；旅游中心地的职能就是供给中心吸引物的职能，旅游中心地就是供给中心吸引物的职能的布局场所。

林刚（1996）将旅游中心地的区域旅游地空间结构分为两种类型，如图 15－3。第一，凡具有旅游中心地的区域旅游地空间结构，旅游地空间结构是旅游中心地以辐射状路径与周边旅游地相连的辐射状模式。根据该模式，在中心结构中存在两种节点，即中心节点和边缘节点。如果一个周边旅游地仅以一段路径直接与中心地相连，往返再无其他旅游地，该边缘节点称为末端节点，如果一个周边旅游地除了直接与中心地相连，往返还有其他旅游地，该边缘节点称为次要节点。第二，区域上具有旅游中心地的空间结构还有比较复杂的类型，即周围旅游地除了以辐射状路径与中心

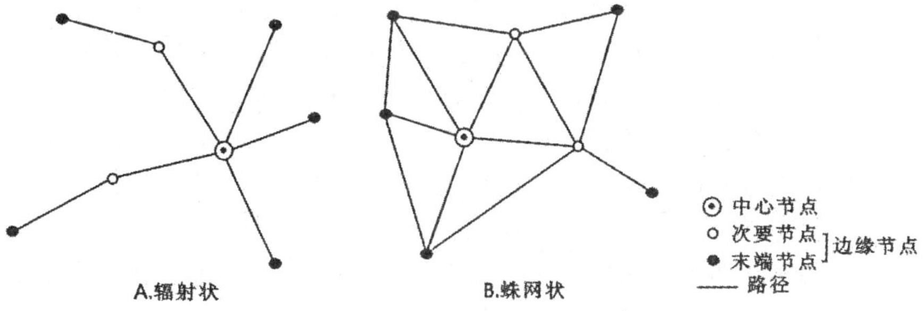

图 15－3　旅游地中心结构的类型

节点相连之外，互相之间还有路径相连，形成一种蛛网状图式。

旅游中心地是旅游活动的重要节点，是区域旅游服务的中心，在旅游空间上呈现鲜明的特点：①旅游中心地与其直接服务的旅游吸引物所在区域形成一个整体，与旅游地域系统功能分区相一致；②旅游中心地具有一定的服务区域，区域内具备一定的旅游吸引物，该旅游中心地直接地或者通过下一级的旅游中心地间接地为区域内旅游吸引物提供服务功能；③旅游中心地体系具有复杂的内部结构，包括由于旅游中心地服务功能不同而形成的职能结构、由于对外服务等级不同而形成的规模结构以及由点、线、面不同要素整合的空间结构。旅游地的空间结构一般包括两个层次：一是旅游中心地与其直接服务的旅游吸引物通过区域内的以旅游中心地为中心辐射到各个旅游吸引物的旅游交通线路整合为一体，形成旅游功能区内的旅游空间结构；二是通过区域间的旅游交通网络，不同职能、不同规模的旅游中心地与其各自服务的区域整合为一体，形成不同等级旅游圈内的空间结构。

不同地方的旅游地由于旅游资源、经济、地理区位的关系构成了一定的空间联系，认清旅游地的空间结构及某一旅游地在空间结构中的位置，对旅游地旅游开发的目标定位及当地旅游业的发展具有重要意义。旅游中心地在旅游空间结构中起着重要作用，首先，旅游中心地是直接为区域内的旅游吸引物服务的中心；其次，它是区域内、区域外旅游线路的起点、端点，是旅游线路规划与设计的控制点；它代表了相应的旅游功能区与旅游圈，是核心。

（四）地域游憩系统理论

在前苏联，地理学家们建立了地域游憩系统的概念来描述旅游空间结构模式（普列奥布拉曾斯基等）。在前苏联解体之前，形成了旅游经济地区组织的基本规律，即旅游设施在城市市区附近相对均衡的分布，它们在地区内的集中配置一定适合于游憩之用；新的游憩区域在社会需求推动下不断出现，这些地区不同类型的游憩设施的分布特征较明显。

1998 年，吴承照将游憩活动归纳为室内游憩、社区游憩、城区旅游憩、地区游憩这四个层次，形成了由近及远、从大众化到专门化、从多数人到少数人、从短时间到长时间、从小费用到高费用、从小尺度到大尺度的游憩体系，如图 15－4。并从空间环境的分异格局、布局形态和相互作用从这三个方面分析了城市商业游憩区的空间结构，揭示了商业游憩区空间布局和演化、发展的规律。

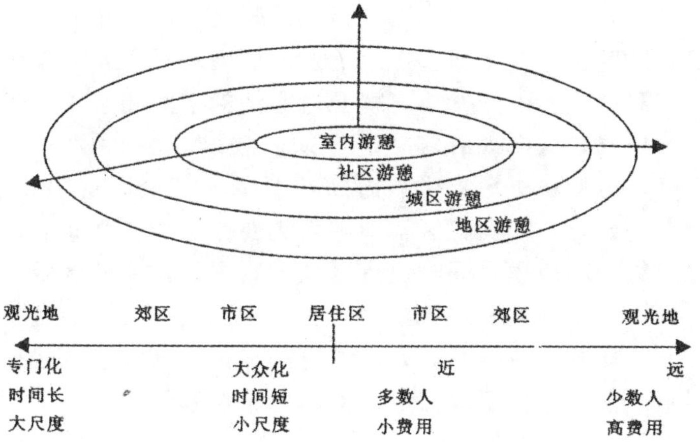

图 15－4　城市游憩体系及空间布局

（五）旅游区位论

“区位”一词源于德文的 Standort，于 1882 年由高次首次提出。该词于 1886 年被译为英文的 Location（刘继生、张文奎等，1994）。区位的主要含义是某事物占有的场所，具有位置、布局、分布、位置关系等方面的意义（李小建、李国平等，1999），并有被设计的内涵（杨吾扬、梁进社，1997）。区位论最早出现于 19 世纪初，主要应用于农、工、商等领域（在第一章中提到），旅游发展的区位论的研究相对较晚，始于 20 世纪 50 年代至 60 年代之间。北京大学杨吾扬教授较早地将区位论引进中国的经济地理学研究（杨吾扬，1985）。日本学者对区位论在旅游开发规划中的应用进行了较深入的研究，发展成为较成熟的“观光立地论”（胁田武光，1995）。

旅游开发及其发展，实质上是旅游业和各产业部门在一定地域的布局和配置过程，其本身就是区位研究和实践的过程，需采用区位论的原理与方法来指导。旅游区位论的研究涉及到 6 个影响旅游发展的因子，其中自然因子是指旅游地的自然条件和自然资源；运输因子是指生产过程在流通中的延续；劳力因子是指劳动力的数量和质量及其地理分布；市场因子是指市场的位置、规模及其结构；集聚因子是指产业空间布置的集中或分散；社会因子是指经济的社会环境及政治、文化等方面的要求。就具体内容而言，旅游发展的区位研究应侧重于以下几个方面：①旅游发展的区位选择，即选择旅游发展的区域对象及其位置；确定区域优势、客源地；明确开发地与客源地之间的空间相互关系等；②旅游交通与路线布局，即实现游客“进得来、散得开、出得去”，并能够及时供应物资，方便快捷地提供旅游所需要的一切资源；③选址与规模、结构、等级的确定，即确定旅游中“六大要素”的空间布局，最终确定合理的空间结构和规模，同时通过区位理论对旅游地的旅游资源条件等级进行评判；④不同旅游地域空间组合结构及其演变特点分析，即旅游区功能区分、旅游项目与基础设施的空间安排、旅游基地建设及它们在一定空间范围内的最佳组合，最终形成以旅游基地为中心、有不同等级空间组织结构的旅游区域。

利用区位概念进行旅游开发分析，可以确定旅游空间组织层次与规划层次，制定旅游发展战略，为旅游空间布局模式提供依据。

（六）环城游憩带（ReBAM）理论

吴必虎通过对大城市旅游发展的实证研究，于1999年提出了环城游憩带（ReBAM）理论。ReBAM指发生于大城市郊区，主要为城市居民光顾的游憩设施、场所和公共空间，特定情况下还包括位于城郊的外来旅游者经常光顾的各级旅游目的地，一起形成的环大都市游憩活动频发地带，简称“环城游憩带（ReBAM，Recreational Belt Around Metropolis)”。

ReBAM区位的形成，往往是在土地租金和旅行成本的双向力量作用下，投资者和旅游者达成的一种认同和平衡。因为离开城市距离越远，级差地租越低，投资商的资金压力越小。但是离开城市越远，旅游者的旅行成本越大，其出行意愿和实际出游率越低，最终在某个适当的位置形成游憩区域，如图15－5。其形成和发展主要受城市居民周末游憩消费的需求、旅游投资者的投资意愿、政府区域产业政策调整的影响。环城游憩带，一般都是在土地利用、交通可达性、人群流动等因素综合影响下，以中心城市为核心而呈现放射状的圈层结构，即以大城市为客源地，形成紧

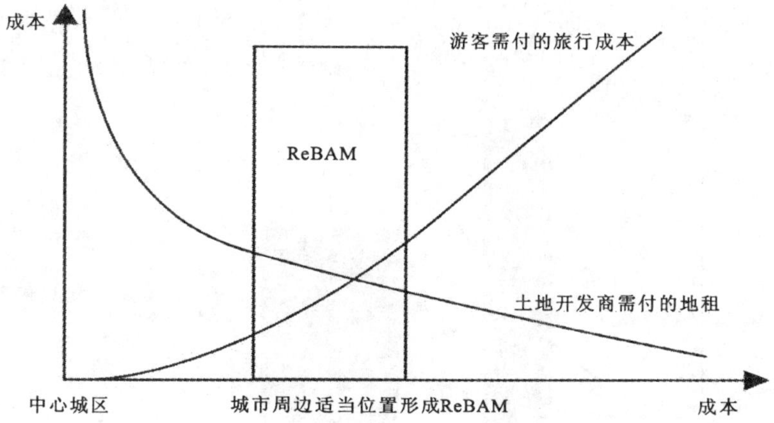

图 15－5　ReBAM 的形成机制

密围绕城市并逐步向外扩散的第一旅游环带、第二旅游环带、第三旅游环带。在实际中，由于受地形、通过条件和旅游开发的限制，这种环状布局结构也可能呈现不规则形状，但不论什么形状，都是围绕中心城市客源地而展开的。

吴必虎在对发达国家和发展中国家的 RAS 的区位差别作了比较之后，认为 ReBAM 模型在中国的区域旅游规划和城市旅游规划基本适用，这是因为它的形成是在居民出游力普遍较为低下的情形下出现的。作为旅游客源地，西方的城市具有较高的出游能力，城市的出游腹地远远大于中国，西方居民的旅游度假目的地的出游半径大于中国公民。而中国城市居民的出游半径主要集中在距离城市较近的 ReBAM 之内，如图 15－6。不同的游憩活动的空间的位置，就会发现西方发达国家的城市居民的 RAS 距离城市中心的距离远于中国城市居民，相对较近的 RAS 构成了 ReBAM。

ReBAM 理论对核心城市周边县市发展旅游业，进行旅游地合理空间布局具有重要指导意义。在旅游空间结构分析中，城市显然处于核心地位，对于周边县市来说，大城市是游客的重要客源地，研究城市游憩物质与环境空间结构、游憩行为与需求特征、游憩行为空间分布规律等要素，可以为周边县市的旅游开发、旅游地空间布局提供参考价值。

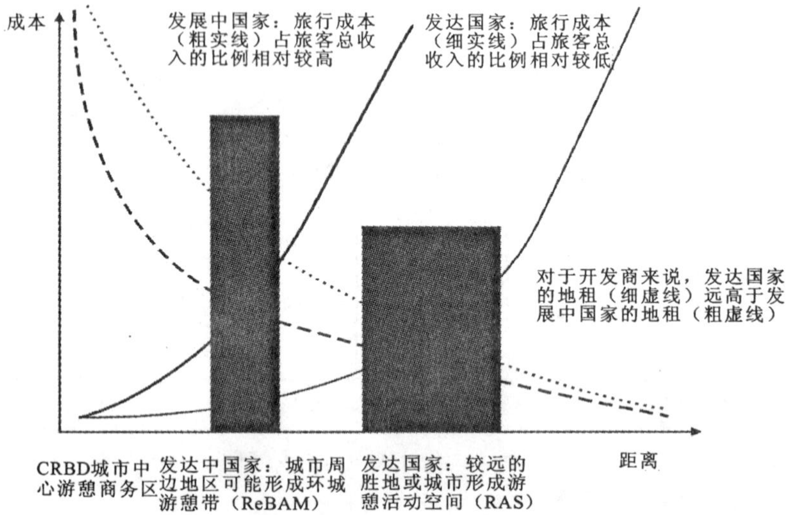

图 15－6　发达国家和发展中国家的 RAS 的区位差别

二、旅游地空间结构要素及空间相互作用

（一）旅游地空间结构要素分析

旅游地空间结构是指在某个或某些特定地域范围内，人类的旅游活动作用于整个旅游地旅游系统的组织形式，因而必须分析旅游系统中诸要素之间的关系，如相互作用、关联性、互补性、整合性等，构建合理的旅游地空间结构，首先必须认识和分析旅游地空间结构的诸要素。

旅游地空间结构的关键要素是指旅游地空间构成的基本单元，主要由三要素构成：点要素，主要指旅游中心地；线要素，包括联系旅游中心地、目的地和区域内旅游线路、联系不同旅游中心地的区域间旅游线路；面要素，主要指旅游区，旅游区又包括旅游资源区、旅游功能区、旅游圈等。

旅游地空间结构是点、线、面的要素集合。

1. 点要素

在旅游地范围内，旅游活动内聚力极化而成的中心称之为（节）点。

旅游地空间结构中的（节）点要素，一般是旅游活动最密集、最活跃的地方，（节）点以其自身的功能在各个方向上构成一个空间吸引域，即节点区域，一般为旅游中心地。旅游中心地是旅游活动的重要节点，是区域旅游服务的中心，旅游中心地直接为旅游功能区内的旅游吸引物提供各种服务，旅游中心地与旅游区呈现“中心-腹地”的关系，旅游中心地功能的实现必须以旅游功能区内的旅游吸引物为依托，旅游中心地在旅游区内的空间结构中起着带动和组织作用，使区域旅游更有效率。

2. 线要素

线要素，也称通道要素，由城市交通、通讯等线状基础设施组成的路径或通道，也可指在城市地域空间上具有确定线段的旅游交通线路。在旅游地的空间结构中，线要素不仅具备重要的联系功能，同时也会因自身特点的不断培育而起到塑造富有特色的旅游地空间结构的作用。在旅游地空间结构研究中，线要素主要指旅游线路，旅游线路是指旅游者在旅游地的各吸引物聚集体和服务设施之间的流动轨迹，旅游地旅游路线的设计应根据旅游者的旅游动机和切身利益来设计，但还受其他一些因素的影响，比如，各旅游节点之间的直接通达性、潜在路线的景观质量、旅游者使用的交通工具等，这些都影响旅游路线的规划与设计。旅游地并非所有的旅游节点之间都直接通达，也并非所有的旅游者在返程时都选择同一路线，因此，旅游地的路线设计应是循环路线。

3. 面要素

面要素，也称域面要素，受节点（中心）吸引或辐射影响的腹地称之为面，是旅游地各种活动的地域依托，是节点和线要素赖以存在的空间基础，具有确定的空间范围。在旅游地空间结构研究中，面要素主要指旅游区，任一旅游地区都由一些不同旅游主题的旅游节点和旅游范围组成，如果一个范围内有一特定的风格和旅游重点，那么，这个范围就称为旅游区。一处旅游区包含一个或多个相似的旅游节点，旅游区的存在使一旅游地可以满足不同类型的旅游者的多样性需求和旅游期望。如果能从空间角度把一旅游地的各旅游区很好地规划与设计，使这些旅游区能加强地域合作而共生共存，这一旅游地就能产生比各旅游区的吸引力简单相加更强大的区域旅游吸引力。

（二）旅游地空间结构的展布

旅游地的规模与组合形式不同，其旅游功能也不尽相同，笔者认为旅游地的空间结构展布过程分三个阶段：

（1）点状展布阶段。旅游地面积范围较小，旅游景区（点）相对独立，旅游功能单一，仅仅是一个供人们游览的空间环境，一般不具备完整的或齐全的旅游设施，但可以自身特有的吸引功能招徕游客，如湖南岳阳楼。

（2）点-线状展布阶段。旅游地以点状展布到了一定的阶段，如其环境容量趋于饱和，或者当地经济水平逐渐提高，旅游地便会依托其区内主要交通干线，以点状展布向线状展布发展，旅游地面积逐渐扩大。

（3）点-线-面状展布阶段。旅游地发展的成熟阶段，这时由开始的一个旅游点发展到整个区域以发展旅游业为主要经济产业，如桂林。

笔者试将旅游地分为以下几种空间展布类型，如表 15－1。

表 15－1　旅游地空间展布类型

阶段 开发程度	展布阶段
未开发的旅游地	旅游资源非常有特色，但通达性差，基本旅游设施和接待能力低，几乎没有旅游客源市场，只有少量勇于追求新奇风情的旅游者来观光。但以后的开发前景大，因为旅游者的类型和需求在不断调整和变化，这时是旅游地形成的初期阶段，为点状展布阶段
半开发的旅游地	旅游资源吸引力较强，经济欠发达，具有满足基本游客需求的旅游设施，与周边较大、经济水平较发达的城市距离较近，有潜在的客源市场，可进入性一般，政府在招商引资的情况下，已经开发部分旅游资源，但有些在无规划的情况下，已经对旅游资源及环境产生了负面影响，一般多为点-线展布阶段，如规划布局合理，后期发展潜力大，最后形成点-线-面的发展格局，旅游业即可成为当地的支柱产业
已开发的成熟的旅游地	以早期开发的旅游地或风景名胜区为带动作用，经济比较发达，具有一定规模和接待能力的旅游设施，交通畅达，这类的旅游地一般为经济发达的旅游城市或者是具有一定知名度的风景名胜区。整个区域以发展旅游业为主要经济产业，旅游地空间为点-线-面状展布阶段，但某些过热的旅游地，其旅游地生命周期处于巩固甚至停滞阶段，旅游环境容量已趋于饱和或被超过，应考虑对其游客分流，以使旅游地可持续发展

对旅游地空间展布类型的划分，可以确定一个旅游地的范围和界线，了解不同旅游地的性质和特征，确定旅游地的优劣势，可以更好的在全国形成合理的旅游地分工体系，合理开发、保护旅游资源；对已开发的成熟的旅游地起合理的游客分流作用，减缓其负荷和环境承载力，使其可以可持续发展；对正在开发的旅游地合理布局，优化其生态环境，促进旅游地的经济发展。

（三）旅游地空间相互作用

1. 旅游地空间竞争

旅游地空间竞争是由于多个旅游地在同一地域内出现引起的，当多个旅游地在同一地域内出现时，它们各自的吸引力往往会出现此消彼长或同步增长的动态变化。

决定区域旅游竞争优势为五个基本因素：要素条件、需求条件、旅游环境、区域行为、介入机会。要素条件指区域赋存的旅游资源类型结构、数量、质量；需求条件主要是指由旅游者需求偏好、出游能力、旅游规模结构等综合性的、多层次因素组成的客源市场条件；旅游环境既包括为旅游服务的一些外围环境，如一个区域的自然、人文、社会、经济等条件和发展水平，也包括支持旅游业发展的相关行业如娱乐、餐饮等；区域行为是对一个旅游区域旅游系统进行管理、监控等，旅游系统的多层次性决定了区域行为的复杂；介入机会是指围绕旅游活动而发生的一种空间联系现象，包括空间交通线路组织、市场营销宣传、网络信息等。介入机会是外生变量，它通过影响其他四个因素对区域旅游竞争力起作用。上述五个因素相互作用、共同整合，形成一个完整的功能结构图，如图 15－7。

2. 旅游区域合作

旅游区域合作包括区域之间的旅游合作和区域内部地区与地区间的旅游合作。在区域性的旅游资源开发过程中加强合作有助于发挥组合开发、优势互补的作用。一个地区的自然旅游资源永远具有不可替代性，同时也具有永久的缺憾之处。转变这种缺憾的惟一途径就是在较大区域范围内进行更多的选择，通过资源优势互补的作用，加强区域旅游开发合作，实现战略双赢；区域合作有利于旅游网络结构的形成，旅游圈是一种特殊的旅游网络结构，在一定范围内，以某个或某些旅游中心城市或中心旅游目的

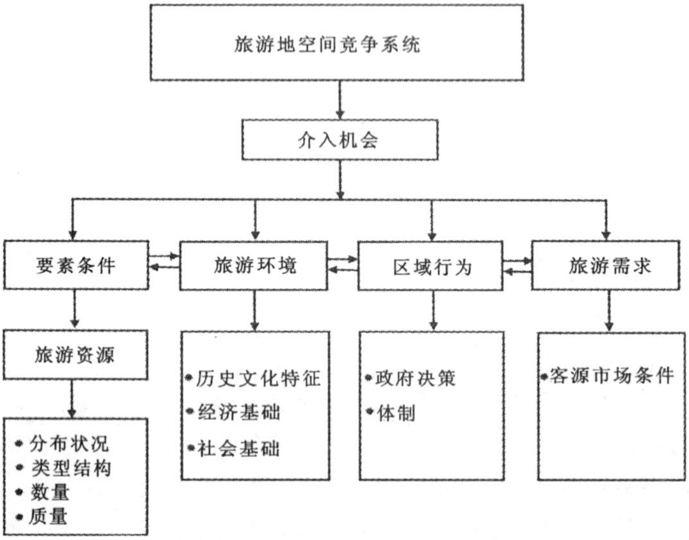

图 15－7　旅游地空间竞争系统

地为核心，区域旅游协作和空间共扼将会促进旅游圈的形成和发展。

3. 旅游地竞争合作模式

空间竞争和空间合作是旅游地空间相互作用而又不可分割的两个方面，旅游资源具有一定的关联性，地理位置相临近的旅游地，应该倡导“竞争性合作”或“在合作中竞争”的发展模式，推动和实现区域旅游的一体化。

旅游空间竞争合作模式，如图 15－8 所示。旅游的空间竞争与合作，要置于区域整体发展框架中，通过协调、合作，联手打造具有强势竞争力的区域旅游共同体，最终实现区域旅游的可持续发展。旅游空间竞争与合作，要以市场为主导，以政府协作为补充，以旅游线路为纽带，建设富有吸引力的旅游目的地，实现区域旅游的可持续发展。

三、旅游地空间结构布局与发展战略

为了合理利用旅游地的旅游资源，区域旅游业的合理布局与发展、旅游地旅游开发全局利益能得以保证及旅游目的地的可持续发展，必须研究

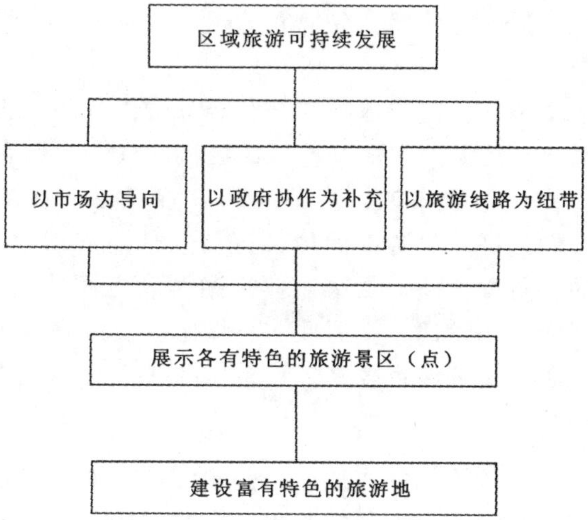

图 15－8　旅游竞争模式的基本构架

和分析旅游地的空间结构。旅游地空间结构则受到旅游资源、区位特征、社会文化、经济结构和发展速度与水平、交通条件、客源市场需求及当地居民的旅游需求和消费特点等多种因素的影响和制约。

旅游空间结构体系主要包括：旅游资源空间结构体系、旅游市场空间结构体系、旅游交通空间结构等。

（一）旅游地空间结构布局的影响因素

旅游地空间布局作为旅游区域布局的中观层面，它既要符合区域旅游宏观布局的总体要求，又要能对旅游地微观布局进行指导。旅游空间结构布局主要受资源、区位、市场、社会经济及旅游交通等多种因素的影响和制约。

1. 区位条件

（1）与外部客源地间的相对区位关系。主要指客源地在旅游城市周围的分布和相互距离。通常，客源地的分布密度越大，越相对集中，距某旅游区越近，其越容易形成数量大且稳定的客源流，这种现象从本质上看，是距离衰减规律在发挥作用。然而现代社会，随着科学技术的进步，交通条件的改善，交通费用开支所占比重可能减低，旅游交通所花费的时间也会越来越少，各旅游区与外部客源地间的相对区位关系的改变影响着旅游地空间结构布局。

（2）内部区位条件。旅游地内部存在着一个由外部客流和内部客流共同构成的客源系统。旅游地内的某些旅游区同时作为内部客源地，并且存在大小强弱的区别。一般来说，旅游地距旅游客源中心越近，交通越方便，内部区位条件越好。旅游地的内部区位条件还表现为游览点的分布，接待服务系统的完备程度及地域分布，沟通两者之间的交通是否通畅等。一般来说，区域内经济发达、交通便捷、设施健全的旅游区，其内部区位条件较优越，旅游发达程度也较高。

2. *旅游资源*

旅游资源是旅游供给的物质载体，是旅游业能够借以开展经营活动的凭借物。旅游资源是旅游业发展的基础，丰富而颇具特色的旅游资源往往成为旅游业发展的天然禀赋和先决条件，凡是能够造就对旅游者具有吸引力环境的自然事物、文化事物、社会事物或其他任何客观事物，都可构成旅游资源。旅游资源通常具有一定的空间结构，即区域性，深刻影响旅游区域空间竞争的性质、程度与发展战略，而且对旅游资源开发的速度、规模、效益以及时空安排都有着重要影响。

（1）旅游资源质量。历史文化悠久、自然、人文及社会等旅游资源质量高的旅游区往往被优先重点开发，可能成为旅游地或区域旅游的中心，即旅游网络的重要节点。在旅游资源和历史文化积淀不很丰富的旅游区域，其旅游开发强度一般较低，只作为满足当地居民游憩休闲活动场所的需要，在旅游空间布局中地位不高，可能成为旅游地旅游网络的末端节点。旅游地某区域若有重大自然或历史遗产发现，或重大建设项目落成，其资源质量等级提高，原有的旅游地旅游空间格局将会发生改变，高质量的旅游资源能吸引更多的旅游者，吸引范围大，而低质量旅游资源的吸引范围则小的多。

（2）旅游资源类型。按照不同的分类标准，所划分出来的旅游资源的类型也不同，一般根据常见的旅游资源表现内容的基本属性，将旅游资源划分为两大类：一类是自然旅游资源；另一类是人文旅游资源。自然旅游资源指以大自然造物为吸引力本源的旅游资源，包括地文景观类、水域景观类、生物景观类、天象与气候景观；人文旅游资源指以社会文化事物为吸引力本源的旅游资源，是古今人类精神文明和物质文明的结晶，具有鲜明的民族性、历史性、艺术性和文化性，主要包括遗址遗迹、建筑与设施、人文活动等。种类齐全、数量丰富的旅游资源有利于旅游地综合旅游区的形成。

(3) 旅游资源分布状况。旅游资源的分布形态差别很大，对区域旅游空间布局的影响各不相同，很难总结一般规律。旅游资源的分布或集中或分散，集中分布的旅游资源便于开发，会成为旅游地旅游开发的优先区域，旅游资源的分散分布状况决定旅游地开发的格局。区域应根据其旅游资源的分布状况对旅游地进行空间布局，认识分布状况对旅游空间布局的影响，使旅游空间布局同资源分布状况相适应。

3. 旅游客源市场

客源市场是旅游业发展的生命腺，客源市场的大小、潜在游客的多少是旅游业发展的基础。随着全球旅游热的兴起，旅游业竞争愈来愈激烈，旅游竞争的焦点在于抢占旅游客源市场。为了适应不断变化的市场环境，在激烈的竞争中获得生存与发展，各旅游地、旅游企业必须研究旅游客源市场结构，明确自己的客源市场目标，以便对自己的旅游产品进行正确的定位，制定切实可行的客源市场规划，调整旅游产品经营组合，制定合理的价格政策，并集中人力、物力、财力等，选择最佳的宣传促销渠道，有针对性、有秩序地开拓自己的客源市场，以提高旅游客源市场占有率和旅游经济效益。

旅游客源市场空间分布集中性可用地理集中指数来定量分析，其公式为：

$$G = 100 \times \sqrt{\sum_{i=1}^{n} (\frac{x_i}{T})^2}$$

式中：G——客源地的地理集中指数；X_i——第 i 个客源地的游客数量；T——旅游地游客总量；n——客源地总数。G 值越接近 100，游客来源越集中，旅游经营越不稳定；G 值越小，则客源越分散，客源市场越稳定。

旅游资源的主体是自然或人文景观，大多是在历史上形成的，地域分布往往不均衡。资源分布的不平衡必然造成旅游供需的不平衡。一方面，某些地区旅游资源丰富，但区位条件不佳，远离客源地，供给过剩，需求不足；另一方面，某些地区旅游资源贫乏，游览点稀少，但旅游需求旺盛。由于旅游资源不可移动，因而需要根据旅游需求的空间分布状况来确定旅游供给的空间规划布局。

吴晋峰等（2004）认为旅游客源市场空间结构研究对旅游地空间布局有以下指导意义：

（1）旅游地开发应以本省和邻近省市为主要目标市场。吸引向性高的旅游地，可以采取积极的市场营销手段，结合高品味旅游产品，争取旅游购买力高、交通联系便捷的远程大、中城市市场。

（2）提高交通可达性（尤其是铁路）、扩大知名度、丰富旅游资源和产品类型等是扩大旅游地客源市场的有效途径。

（3）客源市场空间结构特征决定了空间上邻近的旅游地具有非常强烈的市场竞争。因此，新开发旅游地时，不仅要考察旅游地知名度、区位和吸引向性，而且要做严格的市场空间竞争分析，避免人为分散市场。

（4）旅游资源是旅游业发展的必要条件而非充分条件，拥有国家级的旅游资源，不一定会拥有全国性市场。对旅游地和旅游资源定级评价应结合其市场吸引力，唯此对旅游开发才具有实际的指导意义。

4. 旅游交通

旅游交通指旅游者利用某种手段和途径，实现从一个地点到达另外一个地点的空间转移过程，旅游交通是实现游客在客源地与旅游区之间流动的主要通道，它对旅游业的发展有着不可忽视的影响。交通不便、可进入性差，往往成为许多风景资源难以开发、旅游业“疲软”的制约因素。

旅游地旅游交通的非均衡发展有可能会导致区域旅游空间结构的演变，一个旅游交通条件建设很好的旅游地有可能会吸引周边旅游地的一些客源，对交通建设落后的一些旅游地或旅游景点产生屏蔽效应，旅游资源区位优势者会屏蔽区位劣势者，即使旅游资源质量等级高，如果区位不好，那它也不会得到较好的开发，只好让位于区位有优势者屏蔽，从而导致区域旅游非均衡发展的加剧。

旅游地建设与交通布局紧密相连，旅地的开发建设离不开旅游交通可达程度，旅游景区（点）空间布局主要聚集于国道、高速公路及铁路等主要交通干道附近，这主要与旅游地的开发建设离不开交通等基础设施的开发建设有关。旅游地空间布局过程中，旅游规划者和开发商会自觉、不自觉地考虑旅游交通的空间布局状况并力求向旅游交通便利的区域集中规划布局。旅游景区（点）主要聚集于交通便利与资源富集区，旅游景区

（点）空间布局分散与聚集同时并存，一方面，竞争使旅游景区（点）空间布局趋于分散，以占据尽可能大的市场空间；另一方面，旅游资源大多是历史赋存的，具有不可移动性，这也导致了旅游景区（点）空间布局的分散现象。旅游景区（点）空间布局总体上聚集现象大于扩散现象，因此，旅游地的空间布局主要聚集于交通设施便利的区位。

影响旅游资源及景点的等级旅游景点的空间布局主要向旅游资源富集及旅游交通设施便利的区域聚集。另外，旅游交通的空间布局状况也影响旅游景点及旅游资源区域的等级。然而，旅游交通空间布局对旅游资源开发建设的影响不是绝对的，旅游开发部门可以先解决交通基础设施问题，然后再开发旅游资源，这就要求旅游规划者要充分分析旅游交通空间结构并优化旅游交通空间布局。

5. 社会经济因素

（1）社会因素分析。旅游的发展离不开城市整体社会环境的支撑，其中，旅游地的硬环境和软环境对旅游地的发展影响最大。新建的交通设施，社会治安状况，管理水平，用地状况，物价水平，居民的文化素质、文明程度及友好态度等都会影响旅游地的发展及旅游地空间布局。另外，社会宏观因素对旅游地空间布局的影响也较为显著。近年来，随着中国公民休假制度的改变，特别是双休日的实行、带薪假期及公共假日的增加，城市居民休闲时间随着增加，城市居民假日休闲促进了我国大中城市游憩商业区的发展，尤其是商业步行街的开发和建设。双休日的实行进一步开发了短中途旅游市场，特别是近郊游及环城游市场。近年来，城市郊区（县）的旅游资源得以有效开发，使区域旅游空间布局发生了很大改变。社会因素是影响旅游地空间布局的宏观因素，旅游空间布局必须充分考虑社会因素对旅游地发展和空间布局的影响，以不断调整旅游地空间布局来适应不断增长的旅游需求。

（2）经济因素分析。发达的旅游地经济能力能为旅游业的发展提供必须的基础设施、财力资源和服务管理等条件。强大的经济实力和迫切的旅游需求有力地推动了旅游地的发展，促使城市旅游开发的范围逐步扩大，旅游地的空间布局也因此由点发展到轴带再发展到成熟网络，甚至可能发展为类似于连绵区的旅游版块。对于处在同一旅游资源区的不同城市，也有可能因为经济实力的不同，对类似的旅游资源的开发程度不同，从而形成的区域旅游空间布局也大不相同。经济因素对旅游空间布局既起到积极作用，也存在消极影响。

6. 旅游地屏蔽因素

对于一组特定的旅游地，因资源相互关系不和谐，而导致的某一或某几个旅游地旅游资源开发价值降低的现象，即是旅游地的资源屏蔽。

（1）旅游地要素屏蔽。旅游地的要素屏蔽是指旅游资源质量一般的旅游地内，因资金、劳动力、开发技术和土地等生产要素的不利影响，而使旅游资源的开发价值显得更低的现象。如果一个区域内的生产要素出现制约作用，旅游资源的开发必将受阻。

（2）旅游地资源屏蔽。它可分两种情况：首先是同类旅游资源的空间竞争而使相对较弱的旅游资源开发价值更低的现象。这又表现为两个方面的屏蔽：一是优者屏蔽劣者，在空间上距离愈近，哪怕优者只是微微的优势，较劣者也可能被屏蔽。这种优与劣往往又与人们旅游消费心理密切相关；二是开发早者屏蔽开发迟者，这一点尤其典型的是资源类型极其近似，旅游者对它们的兴趣又相差不多，形成的旅游产品又不可能有明显差异者，开发早者先声夺人，形成了声誉和品牌，占领了市场，迟开发者就无法与之竞争了。其次是不同类别资源之间的竞争使旅游资源的开发价值更低的现象。这亦表现在三方面：第一是资源的开发价值不一样，旅游资源开发价值不如其他资源好；第二是决策者的意识倾向于旅游资源以外的资源开发，这是在旅游资源的开发价值与其他资源开发价值基本相当，甚至更好的状态下，决策者出于个人爱好而否定旅游资源开发，钟情于其他资源开发的现象；第三是旅游资源的开发条件不具备，即使是旅游资源的价值大，也得不到开发，而其他资源开发或许进展顺利。

（3）旅游地区位屏蔽。旅游地之间的区位屏蔽主要是指由于旅游地的空间位置关系及其旅游地与客源地之间的空间关系，导致由于一旅游地或几个旅游地的存在而对某特定旅游地形成的空间竞争势态，并使之处于劣势的现象，即是旅游地的区位屏蔽现象，它有两类情况：一是距离性区位屏蔽。是指客源地与旅游地之间的空间距离过于遥远，使旅游者难于从时间、费用的花费上接受旅游地的消费，使许多遥远的旅游地失去了部分市场。二是组合性区位屏蔽。是指由于旅游地之间的空间位置关系，而使某旅游地失去部分旅游者，或处于竞争劣势的状态。这种相互影响又与交通线路有密切关系，有三种情形：第一是全阻挡型屏蔽，指特定旅游地的主要客源市场的交通线前方均有其他旅游地存在的现象；第二是并列型屏蔽，指特定旅游地与某一旅游地分享主要客源市场的现象；第三是略强型屏蔽，指特定旅游地与某几个旅游地分享主要客源市场时，处于交通的有利位置上的现象，如图 15－9。

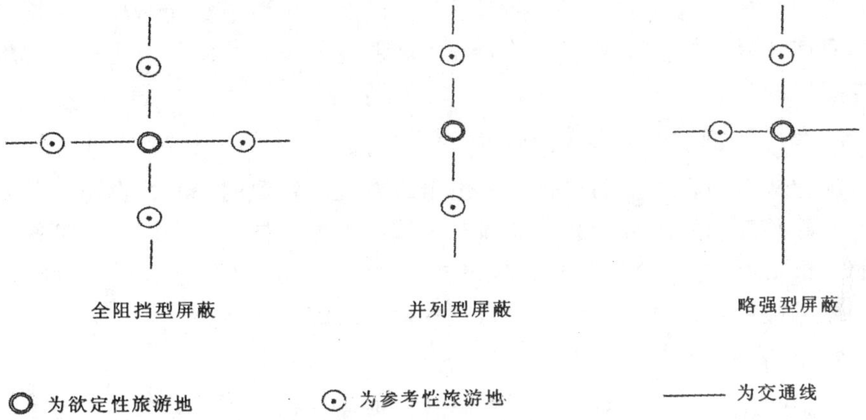

图 15－9　旅游地区位屏蔽类型（据许春晓，2001）

（4）旅游地条件屏蔽。旅游地的条件屏蔽是指由于旅游地本身的开发条件不利，使其相对于开发条件优越的区域，开发价值较低而不能顺利开发的现象。旅游地开发条件不利的情况较多，主要指交通条件和便游条件。

（5）旅游地事故屏蔽。在旅游地的旅游开发进程中，由于管理上或其他方面的缘故，出现较多的或重大的事故，而使旅游者产生畏惧心理，不敢或不愿来旅游地旅游的现象，即是旅游地的事故屏蔽现象。如旅游地的犯罪率、交通事故率、自然灾害率等。

（二）旅游地空间布局原则

1. 整体协调发展原则

旅游地空间布局应在时间上、空间上有机组合，要有整体观念，要顾及整体利益，而不是盲目追求个体利益及部门利益，实现协调发展。在地域空间空间布局上，要统筹兼顾，安排要体现合理性，使区域内资源整合作用、规模积聚作用能充分发挥出来，形成以旅游中心地为中心，向周围旅游资源富集的地区辐射扩散，带动整个区域旅游业的整体发展，促进旅游产业的空间合理布局。把旅游中心地进行分级建设，根据它们各自应具有的服务功能和接待规模，以最小的投入，实现旅游地功能的最佳组合，使各旅游区联成网络，相互配合，并能针对不同的旅游对象进行顺畅有序的分流，实现当地旅游业的可持续发展。同时，旅游地空间布局要遵循一定的原理及科学方法，通过科学的分析和调查研究，才能制定出科学的旅游空间规划。

2. 特色性原则

旅游地空间布局规划应首先提出本旅游区域发展的中心，提出本区域的主要旅游区和旅游带，通过加强对区域内人才、技术、资源、信息等因素的“重新组合”，加强对旅游区域内外的分工与协作，形成规模效应，体现区域特色，力争使旅游区成为别具特色的游览区。

3. 先导性原则

旅游区域空间布局应着眼未来旅游发展的趋势，要有先导性，应考虑现在与未来各种影响区域旅游发展的有利与不利因素，根据对未来旅游发展趋势的预测分析，制定旅游空间布局规划，还应有“高瞻远瞩”的超前意识。

4. 可持续发展原则

旅游地空间布局的指导思想是旅游可持续发展理论，要求旅游业的开发必须既满足当代人发展的需要，又保证后代人的发展需要，强调的是环境与经济的协调，追求的是人与自然的和谐，实质上是永续利用。旅游地空间规划优化的长远利益体现在以下几个方面：首先，旅游业开发与旅游环境、资源的保护相结合；其次，新旅游地开发与老旅游地生命周期的延伸相结合；再次，促进旅游区社会进步与注重文化多样性相结合。

（三）旅游地空间发展战略

旅游地空间发展战略主要有三种：旅游空间地扩散发展战略、旅游空间地聚集发展战略及旅游地空间合理规划布局发展战略，如图 15－10。

1. 旅游地空间扩散发展战略

通过对旅游者和旅游设施的空间扩散能减轻大众旅游所带来的环境和文化负面影响并且通过对扩大城市的旅游空间界限能增大城市的生态环境

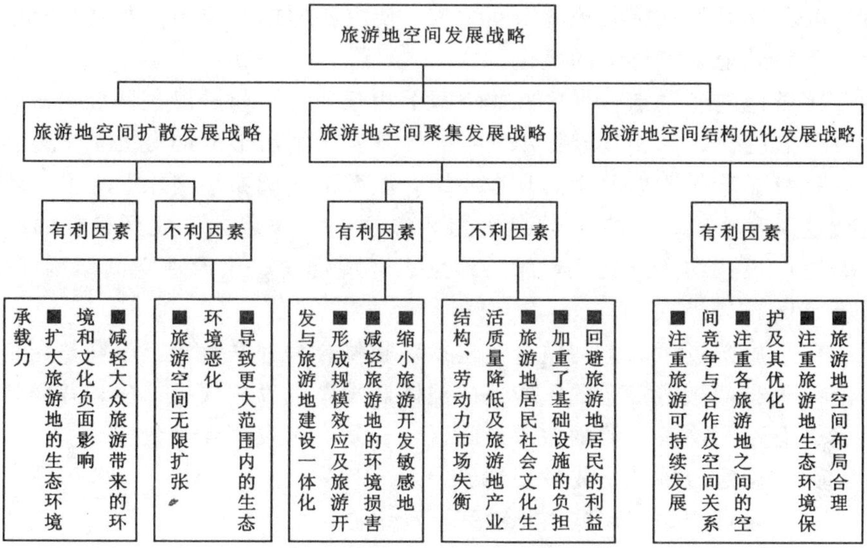

图 15－10　旅游地空间发展战略分析图

承载力。然而，空间扩散发展战略伴随着旅游业扩张，日益膨胀的旅游业发展反而导致了更大空间范围的生态环境恶化。我国政府和一些专家学者也日益关注这种旅游发展战略所带来的负面影响，并采取措施，如在一些自然保护区内严格划定了允许旅游开发的地域及核心保护地带等，实行旅游空间集聚或小规模发展战略。

2. 旅游地空间集聚发展战略

通过缩小旅游地旅游开发敏感地带的地理范围能减轻旅游地的环境损害。但这种发展战略忽略了旅游地长期的环境、经济和社会文化影响，尤其是忽略了以下一些问题：旅游业发展过程中各方一味回避旅游地居民的利益，空间集聚式发展战略加重了旅游地基础设施的负担，物价与地价的狂升使旅游地居民的社会文化生活质量降低，旅游业作为朝阳产业有很多负面影响，集聚式发展战略使旅游设施会沿干线道无计划地带状或簇状发展、并会导致旅游地产业结构的畸形发展与劳动力市场的畸变。

3. 旅游地结构优化发展战略

既然旅游地空间集聚与扩散发展战略都不利于旅游地生态环境的优化，那我们就必须采取科学的方法，运用科学的原则来对旅游地进行合理的空间布局，优化旅游地的空间结构，使旅游地的空间结构及其空间布局有利于旅游地生态环境的优化。

旅游地内各景点、景区并非空间上相互独立，而是以各种形式密切联系在一起的。这些相互起作用的各实体单位之间所形成的有机系统必然会动态地影响着旅游地的生态环境系统。旅游地空间布局与旅游地生态环境优化这两种学科可以在旅游地生态环境这一共同目标下找到最佳的结合点，这一最佳结合点就是：旅游地生态环境优化、旅游地空间结构优化、旅游空间布局合理。

（1）旅游资源的空间整合，包括串联整合和并联整合。串联整合是指具有某种类似旅游资源的旅游地的整体开发，以发挥规模效应；并联整合是指具有不同旅游资源的旅游地的联合开发，以发挥互补效应。

（2）确定旅游地优先发展地段。

（3）合理规划布局旅游地游客活动中心。

（4）管理对旅游资源的过度需求，采取有效的空间战略，促进旅游地生态环境的优化。

附录 1

国家建设部关于风景名胜区的用地类型规定

国家建设部在《风景名胜区规划规范》中规定了风景名胜区的用地类型，分为甲、乙、丙、丁、戊、己、庚、辛、壬、癸十个大类。主要用地名称为：风景游赏用地（甲）、游览设施用地（乙）、居民社会用地（丙）、交通与工程用地（丁）、林地（戊）、园地（己）、耕地（庚）、草地（辛）、水域（壬）、滞留用地（癸）等。进一步分为 36 中类，具体分类情况见附录 21 表。

附录 1 表　风景名胜区用地分类表

类别代号			用地名称	范　围	规划限定
大类	中类	小类			
甲			风景游赏用地	游览欣赏对象集中区的用地。向游人开放	▲
	甲 1		风景点建设用地	各级风景结构单元（如景物、景点、景群、园院、景区等）的用地	▲
	甲 2		风景保护用地	独立于景点以外的自然景观、史迹、生态等保护区用地	▲
	甲 3		风景恢复用地	独立于景点以外的需要重点恢复、培育、涵养和保持的对象用地	▲
	甲 4		野外游憩用地	独立于景点之外，人工设施较少的大型自然露天游憩场所	▲
	甲 5		其他观光用地	独立于上述四类用地之外的风景游赏用地。如宗教、风景林地等	△
乙			游览设施用地	直接为游人服务而又独立于景点之外的旅行游览接待服务设施用地	▲
	乙 1		旅游点建设用地	独立设置的各级旅游基地（如部、点、村、镇等）的用地	▲
	乙 2		游娱文体用地	独立于旅游点外的游戏娱乐、文化体育、艺术表演用地	▲
	乙 3		休养保健用地	独立设置的避暑避寒、休养、疗养、医疗、保健、康复等用地	▲

续附录1表

类别代号			用地名称	范　　围	规划限定
大类	中类	小类			
	乙4		购物商贸用地	独立设置的商贸、金融保险、集贸市场、食宿服务等设施用地	△
	乙5		其他游览设施用地	上述四类之外，独立设置的游览设施用地，如公共浴场等用地	△
丙			居民社会用地	间接为游人服务而又独立设置的居民社会、生产管理等用地	△
	丙1		居民点建设用地	独立设置的各级居民点（如组、点、村等）的用地	△
	丙2		管理机构用地	独立设置的风景区管理机构、行政机构用地	▲
	丙3		科技教育用地	独立地段的科技教育用地。如观测科研、广播、职教等用地	△
	丙4		工副业生产用地	为风景区服务而独立设置的各种工副业及附属设施用地	△
	丙5		其他居民社会用地	如殡葬设施等	○
丁			交通与工程用地	风景区自身需求的对外、内部交通通讯与独立的基础工程用地	▲
	丁1		对外交通通讯用地	风景区入口同外部沟通的交通用地。位于风景区外缘	▲
	丁2		内部交通通讯用地	独立于风景点、旅游点、居民点之外的风景区内部联系交通	▲
	丁3		供应工程用地	独立设置的水、电、气、热等工程及其附属设施用地	△
	丁4		环境工程用地	独立设置的环保、环卫、水保、垃圾、污物处理设施用地	△
	丁5		其他工程用地	如防洪水利、消防防灾、工程施工、养护管理设施等工程用地	△
戊			林地	生长乔木、竹类、灌木、沿海红树林等林木的土地，风景林不包括在内	△
	戊1		成林地	有林地，郁闭度大于30%的林地	△
	戊2		灌木林	覆盖度大于40%的灌木林地	△
	戊3		苗圃	固定的育苗地	△
	戊5		其他林地	如迹地、未成林造林地、郁闭度小于30%的林地	○
己			园地	种植以采集果、叶、根、茎为主的集约经营的多年生作物	△
	己1		果园	种植果树的园地	△
	己5		其他园地	如花圃苗圃及其他多年生作物园地	○

续附录 1 表

类别代号			用地名称	范　　围	规划限定
大类	中类	小类			
庚			耕地	种植农作物的土地	○
	庚 1		菜地	种植蔬菜为主的耕地	○
	庚 2		水浇地	指菜地以外，一般年景能正常灌溉的耕地	○
	庚 4		旱地	无灌溉设施、靠降水生长作物的耕地	○
	庚 5		其他耕地	如季节性、一次性使用的耕地、望天田等	○
辛			草地	生长各种草本植物为主的土地	△
	辛 1		天然牧草地	用于放牧或割草的草地	○
	辛 5		其他草地	如荒草地、杂草地	△
壬			水域	未列入各景点或单位的水域	△
	壬 1		江、河		△
	壬 4		滩涂	包括沼泽、水中苇地	△
	壬 5		其他水域用地	冰川及永久积雪地、沟渠水工建筑地	△
癸			滞留用地	非风景区需求，但滞留在风景区内的各项用地	×
	癸 4		未利用地	因各种原因尚未使用的土地	○
	癸 5		其他滞留用地		×

注：规划限定说明：应该设置▲；可以设置△；可保留不宜新置○；禁止设置×。

附录 2

265 处国家级自然保护区

（截至 2006 年 2 月 23 日）

一、华北 38 处

北京 1 处

1. 北京松山国家级自然保护区

天津 3 处

2. 天津古海岸与湿地国家级自然保护区
3. 天津蓟县中上元古界国家级自然保护区
4. 天津蓟县八仙山国家级自然保护区

河北 8 处

5. 河北昌黎黄金海岸国家级自然保护区
6. 河北小五台山国家级自然保护区
7. 河北泥河湾国家级自然保护区
8. 河北大海陀国家级自然保护区
9. 河北雾灵山国家级自然保护区
10. 河北围场红松洼国家级自然保护区
11. 河北衡水湖国家级自然保护区
12. 河北省柳江盆地地质遗迹国家级自然保护区（秦皇岛）

山西 5 处

13. 山西阳城莽河国家级自然保护区
14. 山西芦芽山国家级自然保护区
15. 山西庞泉沟国家级自然保护区

16. 山西历山国家级自然保护区
17. 山西五鹿山国家级自然保护区

内蒙古 21 处

18. 内蒙古达里（来）诺尔国家级自然保护区
19. 内蒙古白音敖包国家级自然保护区
20. 内蒙古黑里河国家级自然保护区
21. 内蒙古大黑山国家级自然保护区
22. 内蒙汗玛国家级自然保护区
23. 内蒙古辉河国家级自然保护区
24. 内蒙古红花尔基国家级自然保护区
25. 内蒙古达赉湖国家级自然保护区
26. 内蒙古科尔沁国家级自然保护区
27. 内蒙古图牧吉国家级自然保护区
28. 内蒙古大青沟国家级自然保护区
29. 内蒙古锡林郭勒草原国家级自然保护区
30. 内蒙古西鄂尔多斯国家级自然保护区
31. 内蒙古乌拉特梭梭林（蒙古野驴）国家级自然保护区
32. 内蒙古贺兰山国家级自然保护区
33. 内蒙古额济纳国家级自然保护区（胡杨林）
34. 内蒙古自治区阿鲁科尔沁国家级自然保护区
35. 内蒙古哈腾套海国家级自然保护区
36. 内蒙古额尔古纳国家级自然保护区
37. 内蒙古鄂尔多斯遗鸥国家级自然保护区
38. 内蒙古赛罕乌拉国家级自然保护区

二、东北 35 处

辽宁 11 处

39. 辽宁白石砬子国家级自然保护区
40. 辽宁鸭绿江口滨海湿地国家级自然保护区
41. 辽宁医巫闾山国家级自然保护区

42. 辽宁盘锦双台河口国家级自然保护区
43. 辽宁北票鸟化石群国家级自然保护区
44. 辽宁努鲁儿虎山国家级自然保护区
45. 辽宁大连斑海豹国家级自然保护区
46. 辽宁金洲城山头国家级自然保护区
47. 辽宁旅顺口蛇岛一老铁山国家级自然保护区
48. 辽宁庄河仙人洞国家级自然保护区
49. 辽宁秃顶子国家级自然保护区

吉林 9 处

50. 吉林伊通火山群国家级自然保护区
51. 吉林龙湾国家级自然保护区
52. 吉林鸭绿江上游国家级自然保护区
53. 吉林莫莫格国家级自然保护区
54. 吉林向海国家级自然保护区
55. 吉林龙井天佛指山国家级自然保护区
56. 吉林长白山国家级自然保护区
57. 吉林省大布苏国家级自然保护区
58. 吉林珲春东北虎国家级自然保护区

黑龙江 15 处

59. 黑龙江扎龙国家级自然保护区
60. 黑龙江兴凯湖国家级自然保护区
61. 黑龙江宝清七星河国家级自然保护区
62. 黑龙江饶河东北黑蜂国家级自然保护区
63. 黑龙江丰林国家级自然保护区
64. 黑龙江凉水国家级自然保护区
65. 黑龙江三江国家级自然保护区
66. 黑龙江同江洪河国家级自然保护区
67. 黑龙江同江八岔岛国家级自然保护区
68. 黑龙江富锦挠力河国家级自然保护区
69. 黑龙江牡丹峰国家级自然保护区

70. 黑龙江五大连池火山国家级自然保护区
71. 黑龙江呼中国家级自然保护区
72. 黑龙江大兴安岭南瓮河国家级自然保护区
73. 黑龙江凤凰山国家级自然保护区

三、华东 41 处

上海 2 处

74. 上海市九段沙国家级自然保护区
75. 上海崇明东滩鸟类国家级自然保护区

江苏 3 处

76. 江苏盐城沿海滩涂国家级自然保护区
77. 江苏大丰麋鹿国家级自然保护区
78. 江苏泗洪洪泽湖湿地国家级自然保护区

浙江 9 处

79. 浙江临安清凉峰国家级自然保护区
80. 浙江临安国家级自然保护区
81. 浙江南麂列岛国家级自然保护区
82. 浙江泰顺乌岩岭国家级自然保护区
83. 浙江大盘山国家级自然保护区
84. 浙江古田山国家级自然保护区
85. 浙江省长兴地质遗迹国家级自然保护区
86. 浙江凤阳山百山祖国家级自然保护区
87. 浙江九龙山国家级自然保护区

安徽 6 处

88. 安徽鹞落坪国家级自然保护区
89. 安徽牯牛降国家级自然保护区
90. 安徽金寨天马国家级自然保护区
91. 安徽扬子鳄国家级自然保护区

92. 安徽升金湖国家级自然保护区
93. 安徽铜陵淡水豚国家级自然保护区

福建 11 处

94. 福建厦门珍稀海洋物种国家级自然保护区
95. 福建将乐龙栖山国家级自然保护区
96. 福建天宝岩国家级自然保护区
97. 福建深沪湾国家级自然保护区
98. 福建漳江口红树林国家级自然保护区
99. 福建南靖虎伯寮国家级自然保护区
100. 福建建阳武夷山国家级自然保护区
101. 福建梁野山国家级自然保护区
102. 福建梅花山国家级自然保护区
103. 福建戴云山国家级自然保护区
104. 福建闽江源国家级自然保护区

江西 5 处

105. 江西鄱阳湖候鸟国家级自然保护区
106. 江西彭泽桃红岭梅花鹿国家级自然保护区
107. 江西九连山国家级自然保护区
108. 江西铅山武夷山国家级自然保护区
109. 江西井冈山国家级自然保护区

山东 5 处

110. 山东即墨马山国家级自然保护区
111. 山东黄河三角州国家级自然保护区
112. 山东长岛国家级自然保护区
113. 山东临朐山旺古生物化石国家级自然保护区
114. 山东滨州贝壳堤岛与湿地国家级自然保护区

四、中南 57 处

河南 10 处

115. 河南吉利黄河湿地国家级自然保护区
116. 河南新乡北黄河故道国家级自然保护区
117. 河南焦作太行山猕猴国家级自然保护区
118. 河南南阳恐龙蛋化石群国家级自然保护区
119. 河南伏牛山国家级自然保护区
120. 河南内乡宝天曼国家级自然保护区
121. 河南鸡公山国家级自然保护区
122. 河南罗山董寨鸟类国家级自然保护区
123. 河南连康山国家级自然保护区
124. 河南小秦岭国家级自然保护区

湖北 7 处

125. 湖北郧县青龙山国家级自然保护区
126. 湖北神农架国家级自然保护区
127. 湖北五峰后河国家级自然保护区
128. 湖北石首天鹅洲麋鹿国家级自然保护区
129. 湖北石首长江天鹅洲白暨豚国家级自然保护区
130. 湖北长江新螺段白暨豚国家级自然保护区
131. 湖北星斗山国家级自然保护区

湖南 11 处

132. 湖南炎陵桃源洞国家级自然保护区
133. 湖南岳阳东洞庭湖国家级自然保护区
134. 湖南石门壶瓶山国家级自然保护区
135. 湖南张家界大鲵国家级自然保护区
136. 湖南桑植八大公山国家级自然保护区
137. 湖南宜章莽山国家级自然保护区
138. 湖南道县都庞岭国家级自然保护区

139. 湖南永顺小溪国家级自然保护区
140. 湖南黄桑国家级自然保护区
141. 湖南乌云界国家级自然保护区
142. 湖南鹰嘴界国家级自然保护区

广东 9 处

143. 广东始兴车八岭国家级自然保护区
144. 广东仁化丹霞山国家级自然保护区
145. 广东深圳内伶仃-福田国家级自然保护区
146. 广东珠海珠江口中华白海豚国家级自然保护区
147. 广东湛江红树林国家级自然保护区
148. 广东肇庆鼎湖山国家级自然保护区
149. 广东博罗象头山国家级自然保护区
150. 广东惠东港口海龟国家级自然保护区
151. 广东韶关南岭国家级自然保护区

广西 12 处

152. 广西花坪国家级自然保护区
153. 广西猫儿山国家级自然保护区
154. 广西合浦山口红树林国家级自然保护区
155. 广西合浦儒艮国家级自然保护区
156. 广西北仑河口海洋国家级自然保护区
157. 广西防城上岳金花茶国家级自然保护区
158. 广西十万大山国家级自然保护区
159. 广西弄岗国家级自然保护区
160. 广西金秀大瑶山国家级自然保护区
161. 广西环江木论国家级自然保护区
162. 广西千家洞国家级自然保护区
163. 广西大明山国家级自然保护区

海南 8 处

164. 海南琼山东寨港国家级自然保护区

165. 海南文昌铜鼓岭国家级自然保护区
166. 海南万宁大洲岛国家级自然保护区
167. 海南东方大田坡鹿国家级自然保护区
168. 海南乐东尖峰岭国家级自然保护区
169. 海南琼中五指山国家级自然保护区
170. 海南昌江霸王岭国家级自然保护区
171. 海南三亚珊瑚礁国家级自然保护区

五、西南 55 处

重庆 3 处

172. 重庆南川金佛山国家级自然保护区
173. 重庆大巴山国家级自然保护区
174. 重庆北碚缙云山国家级自然保护区

四川 20 处

175. 四川彭州白水河国家级自然保护区
176. 四川攀枝花苏铁国家级自然保护区
177. 四川叙永画稿溪国家级自然保护区
178. 四川平武县王朗国家级自然保护区
179. 四川川县唐家河国家级自然保护区
180. 四川马边大风顶国家级自然保护区
181. 四川长宁竹海国家级自然保护区
182. 四川宝兴宝兴蜂桶寨国家级自然保护区
183. 四川川卧龙国家级自然保护区
184. 四川南坪九寨沟国家级自然保护区
185. 四川小金四姑娘山国家级自然保护区
186. 四川尔盖湿地国家级自然保护区
187. 四川贡嘎山国家级自然保护区
188. 四川察青松多国家级自然保护区
189. 四川亚丁国家级自然保护区
190. 四川美姑大风顶国家级自然保护区

191. 四川长江合江-雷波段珍稀鱼类国家级自然保护区
192. 四川米仓山国家级自然保护区
193. 四川雪宝顶国家级自然保护区
194. 四川都江堰龙溪-虹口国家级自然保护区

贵州 7 处

195. 贵州赤水桫椤国家级自然保护区
196. 贵州梵净山国家级自然保护区
197. 贵州麻阳河黑叶猴国家级自然保护区
198. 贵州草海国家级自然保护区
199. 贵州雷公山国家级自然保护区
200. 贵州茂兰国家级自然保护区
201. 贵州习水中亚热带森林国家级自然保护区

云南 15 处

202. 云南屏边大围山国家级自然保护区
203. 云南金平分水岭国家级自然保护区
204. 云南绿春黄连山国家级自然保护区
205. 云南文山老君山国家级自然保护区
206. 云南无量山国家级自然保护区
207. 云南西双版纳国家级自然保护区
208. 云南景洪纳板河国家级自然保护区
209. 云南大理苍山洱海国家级自然保护区
210. 云南保山高黎贡山国家级自然保护区
211. 云南德钦白马雪山国家级自然保护区
212. 云南沧源南滚河国家级自然保护区
213. 云南药山国家级自然保护区
214. 云南会泽黑颈鹤国家级自然保护区
215. 云南永德大雪山国家级自然保护区
216. 云南哀牢山国家级自然保护区

西藏 10 处

217. 西藏芒康滇金丝猴国家级自然保护区
218. 西藏穆朗玛峰国家级自然保护区
219. 西藏申扎色林错国家级自然保护区
220. 西藏羌塘国家级自然保护区
221. 西藏雅鲁藏布大峡谷国家级自然保护区
222. 西藏察隅慈巴沟国家级自然保护区
223. 西藏拉鲁湿地国家级自然保护区
224. 西藏类乌齐马鹿国家级自然保护区
225. 西藏墨脱国家级自然保护区
226. 西藏林周雅鲁藏布江中游黑颈鹤国家级自然保护区

六、西北 39 处

陕西 7 处

227. 陕西太白山国家级自然保护区
228. 陕西洋县长青国家级自然保护区
229. 陕西佛坪国家级自然保护区
230. 陕西牛背梁国家级自然保护区
231. 陕西汉中朱鹮国家级自然保护区
232. 陕西子午岭国家级自然保护区
233. 陕西周至金丝猴国家级自然保护区

甘肃 13 处

234. 甘肃祁连山国家级自然保护区
235. 甘肃敦煌西湖国家级自然保护区
236. 甘肃安西极旱荒漠国家级自然保护区
237. 甘肃民勤连古城国家级自然保护区
238. 甘肃水江国家级自然保护区
239. 甘肃花山国家级自然保护区
240. 甘肃碌曲尕海-则岔国家级自然保护区
241. 甘肃省太统-崆峒山国家级自然保护区
242. 甘肃连城国家级自然保护区

243. 甘肃小陇山国家级自然保护区
244. 甘肃盐池湾国家级自然保护区
245. 甘肃安南坝野骆驼国家级自然保护区
246. 甘肃兴隆山国家级自然保护区

青海 5 处

247. 青海青海湖国家级自然保护区
248. 青海可可西里国家级自然保护区
249. 青海玉树隆宝国家级自然保护区
250. 青海三江源国家级自然保护区
251. 青海循化孟达国家级自然保护区

宁夏 6 处

252. 宁夏中卫沙坡头国家级自然保护区
253. 宁夏同心罗山国家级自然保护区
254. 宁夏灵武白芨滩国家级自然保护区
255. 宁夏固原六盘山国家级自然保护区
256. 宁夏哈巴湖国家级自然保护区
257. 宁夏贺兰山国家级自然保护区

新疆 8 处

258. 新疆若羌阿尔金山国家级自然保护区
259. 新疆若羌罗布泊野骆驼国家级自然保护区
260. 新疆和静巴音布鲁克国家级自然保护区
261. 新疆温宿托木尔峰国家级自然保护区
262. 新疆留西天山国家级自然保护区
263. 新疆乌苏家湖梭梭林国家级自然保护区
264. 新疆哈纳斯国家级自然保护区
265. 新疆塔里木胡杨国家级自然保护区

参考文献

阿西摩夫（Asimov）．王涛、黔东等译．宇宙、地球和大气．北京：科学出版社，1979

保继刚、彭华．名山旅游地的空间竞争研究——以皖南三大名山为例［J］．人文地理，1994，(6)

保继刚等．旅游地理学．北京：高等教育出版社，1993

卞显红、王苏洁．旅游地旅游空间结构的分析及其优化研究——以江苏常州市为例［J］

卞显红．城市旅游空间结构研究［J］．地理与地理信息科学，2003，(1)

卞显红．旅游目的地空间规划布局研究［J］．江南大学学报（人文社会科学版），2004，(2)

柴彦威、林涛等．旅游中心地研究及其规划应用［J］．地理科学，2003，(10)

陈安泽、李如生．风景名胜科学基础（内部培训教材），1998

陈安泽、卢云亭、陈兆棉．旅游地学的理论与实践（旅游地学论文集第七集）．北京：中国林业出版社，2000

陈安泽、卢云亭等．旅游地学概论．北京：北京大学出版社，1991

陈吉环．中心地方论在旅游资源开发中的应用，大西南旅游资源开发设想．旅游学刊，1987，(2)

陈诗才．自然风景旅游．北京：地震出版社，1993

邓辉．帝都风韵聚幽燕——北京．武汉：中国地质大学出版社，1997

冯天驷．中国地质旅游资源．北京：地质出版社，1998

甘枝茂、马耀峰．旅游资源与开发．天津：南开大学出版社，2002

高曾伟．中国民俗地理．苏州：苏州大学出版社，1996

侯国林、黄震方、赵志霞．城市商业游憩区的形成及其空间结构分析［J］．人文地理，2002，(10)

黄金铸．七朝都会——开封．武汉：中国地质大学出版社，1997

黄润祥、李雪．中国名胜地质丛书——庐山名胜．北京：地质出版社，1985

金相郁．20 世纪区位理论的五个发展阶段及其评述［J］．经济地理，2004，(5)

景才瑞．黄山．北京：科学出版社，1984

雷明德．旅游地理学．西安：西北大学出版社，1988

雷学华．秦中自古帝王居——西安．武汉：中国地质大学出版社，1997

李文华、赵献英．中国的自然保护区，1984
李小建、李国平．经济地理学．北京：高等教育出版社，1999
李修平．古老的保康．香港：华夏文化艺术出版社．1996
李英铨．九朝名都——洛阳．武汉：中国地质大学出版社，1997
林刚．试论旅游地的中心结构——以桂东北地区为例 [J]．经济地理，1996，(6)
林越英．旅游环境保护概论．北京：旅游教育出版社．1999
刘本培等．地史学教程．北京：地质出版社，1986
刘振礼、王兵．新编中国旅游地理．天津：南开大学出版社，1999
流连．江南佳丽地——南京．武汉：中国地质大学出版社，1997
卢云亭．现代旅游地理学．南京：江苏人民出版社，1988
陆大道．关于“点-轴”空间结构系统的形成机理分析 [J]．地理科学，2002，(5)
陆大道．论区域的最佳结构与最佳发展——提出“点-轴系统”和“T”型结构以来的回顾与再分析 [J]．地理学报，2001，(2)
陆玉麒．区域发展中的空间结构研究 [M]．南京：南京师范大学出版社，1998
陆玉麒．中国区域空间结构研究的回顾与展望 [M]．地理科学进展，2002，(7)
马晓京、田野．东南形胜第一州——杭州．武汉：中国地质大学出版社，1997
马耀峰．旅游地图制图．西安：西安地图出版社，1996
庞规荃．中国旅游地理．北京：旅游教育出版社，1990
秦学．城市游憩空间结构系统分析——以宁波市为例 [J]．经济地理，2003，(3)
全华、王丽华．旅游规划学．大连：东北财经地学出版社，2003
邵友程．中国名胜地质丛书——古城西安．北京：地质出版社，1983
邵友程．中国名胜地质丛书——西岳华山．北京：地质出版社，1984
石林、春江．中国名胜地质丛书——承德览胜．北京：地质出版社，1983
石培基、李国柱．点-轴系统理论在我国西北地区旅游开发中的运用 [J]．地理与地理信息科学，2003 (9)
孙培善．城市地质工作概论．北京：地质出版社，2004
孙毓飞、蒋木青、陈仁钧．中国名胜地质丛书——东南第一山九华山．北京：地质出版社，1982
陶良喜．中国名胜地质丛书——济南的泉水．北京：地质出版社，1982
陶世龙、万天丰、程捷．地球科学概论．北京：地质出版社，1999
田树谷．珠宝五百问．北京：地质出版社，1995
V.F. 韦斯科夫．张志三等译．人类认识的自然界．北京：科学出版社，1979
汪宇明．核心-边缘理论在区域旅游规划中的运用 [J]．经济地理，2002，(5)
王曙．珠宝玉石和金首饰．北京：中国发展出版社，1995
王会昌．中国文化地理．武汉：华中师范大学出版社，1992

王建辉、易学金．中国文化知识精华．武汉：湖北人民出版社，1995
魏宝忠、杜升云．太阳系．北京：北京出版社，1978
吴必虎．区域旅游规划原理．北京：中国旅游出版社，2001
吴晋峰、包浩生．旅游系统的空间结构模式研究［J］．地理科学，2002，(2)
吴晋峰、马耀峰．旅游客源市场空间结构对比研究［J］．干旱区资源与环境，2004，(9)
辛建荣．旅游地学．天津：天津大学出版社，1996
辛建荣．旅游区规划与管理．天津：南开大学出版社，1999
徐成彦、赵不亿．普通地质学．北京：地质出版社，1986
徐泉清、孙志宏．中国旅游地质．北京：地质出版社，1997
许春晓、董明辉．旅游业空间结构理论研究概况及近期动向［J］．常德师范学院学报，2000，(5)
杨新军、马晓龙．区域旅游：空间结构及其研究进展［J］．人文地理，2004，(2)
殷维翰．中国名胜地质丛书——南京山水地质．北京：地质出版社，1979
尹贻梅、陆玉麒、邓祖涛．国内旅游空间结构研究述评［J］，2004，(12)
尹贻梅、邢相勤、刘志高．旅游空间合作研究进展［J］．地理学与国土研究，2002，(11)
余树勋．园林美与园林艺术．北京：科学出版社，1987
袁奎荣、邹进福．中国观赏石．北京：北京工业大学出版社，1994
张寿懋、刘兴诗等．中国名胜地质丛书——三峡风景．北京：地质出版社，1986
张文奎．人文地理学概论．长春：东北师范大学出版社，1989
本著作中选取和引用的部分图文资料，由下列网站获得：
[1] http：//www. baidu. com
[2] http：//www. earth－science. net
[3] http：//www. nuist. edu. cn
[4] http：//resource. yqedu. com. cn
[5] http：//www. hqjy. net
[6] http：//www. ppwz. edu. sh. cn
[7] http：//www. nuist. edu. cn
[8] http：//www. hnzx. nh. edu. cn
[9] http：//www. workman. 51. net
[10] http：//www. pjedu. com
[11] http：//lwl. czyz. com. cn
[12] http：//www. xfzyzx. com
[13] http：//pupk. com

[14] http：//jwc. cugb. edu. cn
[15] http：//www. worldgeopark. org
[16] http：//www. cigem. gov. cn
[17] http：//www. cgp. gov. cn
[18] http：//www. zhb. gov. cn
[19] http：//www. losn. com. cn
[20] http：//www. chnsd. com
[21] http：//www. nies. ogr
[22] http：//www. people. com. cn
[23] http：//www. forestry. gov. cn
[24] http：//www. nre. cn
[25] http：//www. google. com
[26] http：//www. sina. com
[27] http：//www. yahoo. com
[28] http：//www. 161. 155. 107. 154
[29] http：//www. sxzx. szfiedu. cn
[30] http：//www. cnta. gov. cn
[31] http：//www. nju. edu. cn
[32] http：//www. cycnet. com
[33] http：//www. astron. sh. cn
[34] http：//www. singtaonet. com
[35] http：//www. cma. gov. com
[36] http：//www. baoshicheng. com